地球观测与导航技术丛书

地理空间关联模式挖掘的理论与方法

邓　敏　蔡建南　何占军　陈袁芳　著

科 学 出 版 社

北　京

内 容 简 介

本书首先介绍了地理空间关联模式挖掘的研究背景与意义、研究进展以及相关理论基础；进而描述了地理空间关联模式挖掘方法，包括空间点数据的全局关联模式、局部关联模式、异常关联模式以及时空点数据关联模式和地理事件时空关联模式挖掘方法。本书亦介绍了地理空间关联模式挖掘在生态环境、城市空间、公共安全、交通出行等领域的具体应用。

本书可供测绘、地理、环境、交通等相关学科的科研人员、高年级的本科生和研究生阅读参考。

图书在版编目（CIP）数据

地理空间关联模式挖掘的理论与方法 / 邓敏等著. —北京：科学出版社，2023.4

(地球观测与导航技术丛书)

ISBN 978-7-03-075378-6

Ⅰ. ①地… Ⅱ. ①邓… Ⅲ. ①地理信息系统-数据处理 Ⅳ. ①P208

中国国家版本馆 CIP 数据核字（2023）第 062520 号

责任编辑：任 静 / 责任校对：胡小洁

责任印制：吴兆东 / 封面设计：图阅社

科学出版社 出版

北京东黄城根北街 16 号

邮政编码：100717

http://www.sciencep.com

北京天宇星印刷厂印刷

科学出版社发行 各地新华书店经销

*

2023 年 4 月第 一 版 开本：720×1000 1/16

2024 年 8 月第二次印刷 印张：11 3/4 插页：2

字数：237 000

定价：98.00 元

（如有印装质量问题，我社负责调换）

“地球观测与导航技术丛书”编委会

“地球观测与导航技术丛书”编写说明

地球空间信息科学与生物科学和纳米技术三者被认为是当今世界上最重要、发展最快的领域之一。地球观测与导航技术是获得地球空间信息的重要手段，而与之相关的理论与技术是地球空间信息科学的基础。

随着遥感、地理信息、导航定位等空间技术的快速发展和航天、通信和信息科学的有力支撑，地球观测与导航技术相关领域的研究在国家科研中的地位不断提高。我国科技发展中长期规划将高分辨率对地观测系统与新一代卫星导航定位系统列入国家重大专项；国家有关部门高度重视这一领域的发展，国家发展和改革委员会设立产业化专项支持卫星导航产业的发展；工业和信息化部、科学技术部也启动了多个项目支持技术标准化和产业示范；国家高技术研究发展计划(863 计划)将早期的信息获取与处理技术(308、103)主题，首次设立为“地球观测与导航技术”领域。

目前，“十一五”规划正在积极向前推进，“地球观测与导航技术领域”作为 863 计划领域的第一个五年计划也将进入科研成果的收获期。在这种情况下，把地球观测与导航技术领域相关的创新成果编著成书，集中发布，以整体面貌推出，当具有重要意义。它既能展示 973 计划和 863 计划主题的丰硕成果，又能促进领域内相关成果传播和交流，并指导未来学科的发展，同时也对地球观测与导航技术领域在我国科学界中地位的提升具有重要的促进作用。

为了适应中国地球观测与导航技术领域的发展，科学出版社依托有关的知名专家支持，凭借科学出版社在学术出版界的品牌启动了《地球观测与导航技术丛书》。

丛书中每一本书的选择标准要求作者具有深厚的科学研究功底、实践经验，主持或参加 863 计划地球观测与导航技术领域的项目、973 计划相关项目以及其他国家重大相关项目，或者所著图书为其在已有科研或教学成果的基础上高水平的原创性总结，或者是相关领域国外经典专著的翻译。

我们相信，通过丛书编委会和全国地球观测与导航技术领域专家、科学出版社的通力合作，将会有一大批反映我国地球观测与导航技术领域最新研究成果和实践水平的著作面世，成为我国地球空间信息科学中的一个亮点，以推动我国地球空间信息科学的健康和快速发展！

李德仁

2009 年 10 月

前　言

随着卫星定位、对地观测、泛在传感、网络通信等前沿技术的快速发展，对地-对人观测时空大数据应运而生，为全方位记录地理环境与人类行为、全尺度开展人地复合系统定量研究提供了前所未有的机遇，地理信息科学研究全面进入大数据时代。如何从海量、多来源、多类型、多粒度时空大数据中发现地理要素间隐含的关联关系，对于深入刻画地理现象时空分异格局、深刻揭示地理过程动态演化机理具有重要的指导意义。地理空间关联模式挖掘作为自动发现人地要素关联关系的有力工具，受到来自不同领域学者的广泛关注，有望成为大数据时代下复杂人地关系定量研究的关键突破口。

自从地理空间关联模式挖掘于 20 世纪 90 年代被提出，已历经近 30 年的研究发展。尽管国内外学者在该领域取得了一系列创新研究成果，国内相关的著作却屈指可数。因此，本书在对国内外相关研究进行系统梳理的基础上，建立地理空间关联模式挖掘理论与方法研究框架，结合典型应用案例，重点阐述作者研究团队近年来在地理空间关联模式挖掘领域取得的代表性前沿研究成果，从而进一步完善地理空间关联模式挖掘理论与方法体系，持续推进地理空间关联模式挖掘研究。

本书内容兼顾基础性与前沿性，共分为八个章节，包括：绪论(第 1 章)、地理空间关联模式挖掘的理论基础(第 2 章)、空间点数据全局关联模式挖掘方法(第 3 章)、空间点数据局部关联模式挖掘方法(第 4 章)、空间点数据异常关联模式挖掘方法(第 5 章)、时空点数据关联模式挖掘方法(第 6 章)、地理事件时空关联模式挖掘方法(第 7 章)和总结与展望(第 8 章)。本书充分考虑地理空间数据的特性，结合地理空间认知、空间关系计算和空间统计分析的理论与方法，构建了“全局空间关联模式→局部空间关联模式→空间异常关联模式→时空关联模式”挖掘的模型与方法链条，并在共生物种探测、设施集群提取、犯罪机理解析、出行供需分析、空气污染传播等典型应用场景中开展大量实例分析，旨在加深读者对地理空间关联模式挖掘理论方法及其应用前景的理解。

本书的研究成果受到国家自然科学基金重点项目(大数据环境下地理关联模式挖掘的理论与方法，NO.41730105)的资助。在撰写过程中亦得到国内外诸多学者的帮助和指导。非常感谢武汉大学龚健雅院士、中国科学院地理科学与资源研究所周成虎院士、深圳大学郭仁忠院士、武汉大学刘耀林院士、北京大学邬伦院士、南京大学李满春院士等对我们研究团队长期给予的指导和帮助；感谢中国科学院地理科学与资源研究所裴韬研究员、陆锋研究员，北京大学刘瑜教授、武汉大学唐炉亮教授等在本书撰写过程中给予的建设性意见。诚挚感谢中南大学时空数据挖掘与信息服务研究团队刘慧敏、刘启亮、石岩、唐建波、杨学习等同仁们对本书成稿给予的有益帮助！感谢中南大学各级领导对本书的出版给予的关心与支持！

本书力求尽善尽美，但限于作者的学识与认知，难免存在不足之处，望读者不吝赐教、批评指正！

作　者

2022 年 9 月

目　　录

第1章　绪　　论

1.1　地理空间数据挖掘与地理关联模式挖掘

1.1.1　地理空间数据挖掘的主要任务

城市化的发展是促进人类进步和社会经济发展的重要驱动力。中国的城市化被诺贝尔经济学奖得主——约瑟夫·斯蒂格利茨(Joseph Eugene Stiglitz)认为是除美国高科技之外影响21世纪人类社会发展进程的另一件大事。中科院发布《中国新型城市化报告2012》指出：2011年中国城市化率首次突破50%，意味着中国城镇人口首次超过农村人口，中国城市化已经进入快速发展的关键阶段，这必将引起深刻的社会变革。城市化进程涉及人口分布迁移、土地利用变化、产业结构调整、经济形态变迁等一系列复杂的演化与转型过程(刘海猛等, 2019)。然而，在城市化进程不断推进的同时，交通拥堵、环境恶化、生态失调、秩序混乱等诸多“城市病”问题亦日益凸显。中共中央、国务院印发《国家新型城镇化规划(2014—2020年)》指出：我国“城市病”问题的重要原因在于城镇空间分布和规模结构不合理，与资源环境承载能力不匹配。城市化进程中人–地关联关系的不协调已然成为构建可持续发展的新型智慧城市的“卡脖子”问题。为深入整治“城市病”、实现人与自然协同共进的美好愿景，近十年来国际上“未来地球计划”“恢复力联盟(Resilience Alliance)”“人与自然耦合系统项目(Coupled Human and Nature System)(Liu et al., 2007)”以及国家自然科学基金重大项目(傅伯杰, 2014; 方创琳等, 2016)、国家重点基础研究发展计划项目(邬建国等, 2014)等重大科学研究项目均致力于推进城市化进程中人与自然关联机理的研究。可见，探究城市化进程中人文与自然地理要素间的关联与协调机制既是地球科学的前沿研究热点(傅伯杰等, 2015)，亦是国家战略对可持续城市化健康发展提出的迫切需求。

当前虽已累积了大量的地理空间数据，但数据中蕴含的深层次规律和知识却难以被感知(马荣华等, 2007)。早在20世纪80年代末，国内外学者们就意识到数据中隐藏着大量的知识，并提出从数据库中发现知识。随后，数据库被形象地比喻为矿床，从中发现知识的过程被称为数据挖掘。数据挖掘技术是融合数据库、数理统计、模式识别、机器学习等众多领域的相关理论和方法的综合性技术，旨在从海量的数据中发现“潜在的、未知的、深层次的、有应用指导价值”的知识

(Miller et al., 2009; Han et al., 2011; 刘大有等, 2013; 李德仁, 2016)，从而解决“数据丰富而知识匮乏”的困境。通常认为，数据挖掘是知识发现中通过特定算法在可接受的计算效率限制内生成特定模式的一个步骤，因此数据挖掘和知识发现的概念常被一起使用(李德仁等, 2013)。

通过现有研究可以发现，在计算机领域已提出了众多数据挖掘模型和方法，但这些模型和方法难以直接移植应用于地理空间数据，主要因为地理空间数据具有诸多特性，如空间/时空相关性、异质性、尺度依赖性。这些独特性使得地理空间数据挖掘仍然是当前地理信息科学领域的热点和难点问题。首先，地理空间数据的采集和获取速度远非传统事务型数据所能比拟。例如，对地观测技术已成为当前人类获取资源环境动态信息的重要手段，对地观测系统已形成一个多层次、多角度、全方位、全天候的全球立体观测网，高、中、低轨道结合，大、中、小卫星协同，粗、细、精分辨率互补，从而使得数据获取呈爆炸式增长，数据量需以 TB、PB 级(甚至更大)计算。以 Landsat 为例，每两周就可以获取一套覆盖全球的卫星影像数据，目前已经积累了全球几十年的数据(李德仁等, 2000)。其次，地理空间数据来源多种多样，可能来自不同的部门，使用不同的传感器，导致数据的结构、标准、分辨率等也各不相同，数据的多源性、异构性同样给数据分析带来困难(Zheng, 2015)。最后，由于地理空间数据的不确定性、时空依赖性、分布异质性及多尺度特性(裴韬等, 2001)，导致经典数理统计分析模型及已有数据挖掘模型不能适用于地理空间数据。考虑到地理空间数据独特性以及蕴含的丰富知识，李德仁院士于 1994 年在加拿大 GIS 国际学术会议上率先提出了从 GIS 空间数据库中发现知识的概念，并系统阐述了空间知识发现的特点和方法(Li et al., 1994)。随后，李德仁院士进一步提出空间数据挖掘和知识发现，并创新性地研究了空间数据挖掘与知识发现的理论、技术及方法(李德仁等, 2001, 2002)。

最初，空间数据挖掘主要侧重于发现数据在空间的分布模式和规律。随着数据获取速度的提升，空间数据的时效性越来越强，从而使得空间数据挖掘不再局限于只发现空间维度的规律，而是综合考虑数据在空间、时间维度的分布特征和规律，即时空数据挖掘，亦称作地理空间数据挖掘(李连发等, 2014)。当前，地理空间数据挖掘已开展了大量的研究，主要内容大致可分为：空间/时空聚集模式挖掘、空间/时空异常模式挖掘、空间/时空关联模式挖掘和时空演化模式挖掘(Miller et al., 2009; Shekhar et al., 2011)，旨在探索时空分布模式、推理时空关系、建模时空行为并预测时空演化趋势。随着大数据时代的到来，地理空间数据挖掘需要融合不同领域、不同来源、不同类型的地理空间数据，对地理空间数据中隐藏的时空模式进行多视角、全方位的描述，发现其中蕴含的深层次关联关系，以更好地服务于地理现象的解释与预测。

1.1.2 地理空间关联模式挖掘的研究意义

由于地理空间数据中同时蕴含有空间、时间信息，地理空间关联模式不仅体现在地理现象间属性的关联，同时体现在地理现象在空间位置和时间次序上的依赖关系，从而使得地理空间关联模式的形式更为多变，应用也更为广泛。地理空间关联模式挖掘不仅可单独作为一种时空关联知识的诊断性分析工具(朱庆等, 2017)，亦可为其他地理空间数据挖掘方法(如聚类分析、异常探测和预测建模)提供重要的知识补充(邓敏等, 2020)，其研究意义可主要归纳为：

(1) 地理空间关联模式对于深入理解不同地理要素间的时空交互作用机制具有重要的科学价值。地理空间关联模式是对不同地理要素在邻近空间位置和时间上依赖关系的空间认知与抽象表达，是时空关联关系在时空域内最为直接的表现形式。例如，在经济学领域中，具有资源共享、供需合作等关联关系的企业会在空间上邻近，进而产生聚集经济效应(吴学花, 2010)，发现该类空间关联模式是解释企业间交互机制的重要依据，且对产业结构的调整与规划具有重要指导意义(田晶等, 2015)。

(2) 地理空间关联模式可以作为多类别地理要素聚集模式的关键指示性特征，服务于地理要素分布格局的动态监测。由于不同要素间存在时空依赖性，每类地理要素的自相关结构亦可能受到其他相关要素的影响，形成诱导性聚集模式(Fortin et al., 2005)，地理要素的时空关联对该类聚集模式具有重要的指示作用(Leibovici et al., 2011)。例如，在海洋科学领域中，基于多类海上活动(如海运、冲浪、划艇等)交互事件的时空关联信息可以及时发现海上冲突的聚集趋势，为海上突发事件提供早期预警信号(Leibovici et al., 2014)。

(3) 地理空间关联模式能够作为多元时空异常探测的评判标准，丰富时空异常模式在多要素视角下的地理内涵。时空异常模式挖掘的首要任务是确定其对立面(即正常模式)，当存在多类地理要素时，可以参考研究区域或邻近域内要素间频繁发生的关联规律，将时空异常模式理解为显著偏离规律性关联模式的地理现象(Shi et al., 2018)。例如，在公共安全领域中，通过比较邻近范围内 ATM 机与抢劫事件间的同现频率，可以有效定位具有异常同现行为的高风险基础设施，从而为监控与巡逻任务的部署提供技术支持(杨学习等, 2018)。

(4) 地理空间关联模式可以辅助时空预测模型中协变量的选择，助力地理要素演变过程的精确模拟与预测。地理要素的未来发展状态不仅与其自身(即预测变量)的历史状态有关，还可能受其他相关要素(即协变量)时空分布的影响，为此，地理相关要素的识别是进行准确预测的前提(杨文涛, 2016)。例如，在大气环境领域中，通过在 PM2.5 浓度时空预测模型中同时纳入温度、湿度、风力、降水等关联地理要素的影响，可以更加有效地建模 PM2.5 浓度的变化趋势，为空气质量的预报预警提供可靠的决策信息(Yang et al., 2018)。

1.2 地理空间关联模式挖掘的研究进展

地理空间关联模式的早期雏形是事务型数据库(如顾客购物记录)中的关联规则(Agrawal et al., 1994)。随后，Kopersk 等(1995)定义了空间谓词和空间事务表，将关联规则挖掘的概念拓展至空间数据集。Shekhar 等(2001)定义了空间关联模式在空间点数据集中的表现形式，称为空间同位模式(Spatial Co-location Pattern)，该挖掘任务旨在发现频繁出现在邻近空间域的点事件类型集合，以理解不同地理要素或地理现象在空间域的相互依赖关系，对揭示地理现象或要素间的伴生、共存关系具有重要意义。在此基础上，学者们陆续提出时空同现模式(Spatio-temporal Co-occurrence Pattern(Wang et al., 2005))和局部同位模式(Regional Co-location Pattern(Celik et al., 2007))等概念，分别实现了同位模式由空间维度向时空维度、由全局尺度向局部尺度的重要拓展(后文统称为空间同现模式)。在此过程中，大多数研究针对计算效率问题开展了改进工作。随着空间异质性等地理学问题的提出，局部同现模式挖掘逐渐受到关注。近年来，通过引入空间统计学思想，针对同现模式的显著性检验问题亦开展了初步工作(Barua et al., 2011)。图 1.1 给出了地理空间关联模式挖掘方法的发展脉络、代表性工作以及不同学科所关注的研究

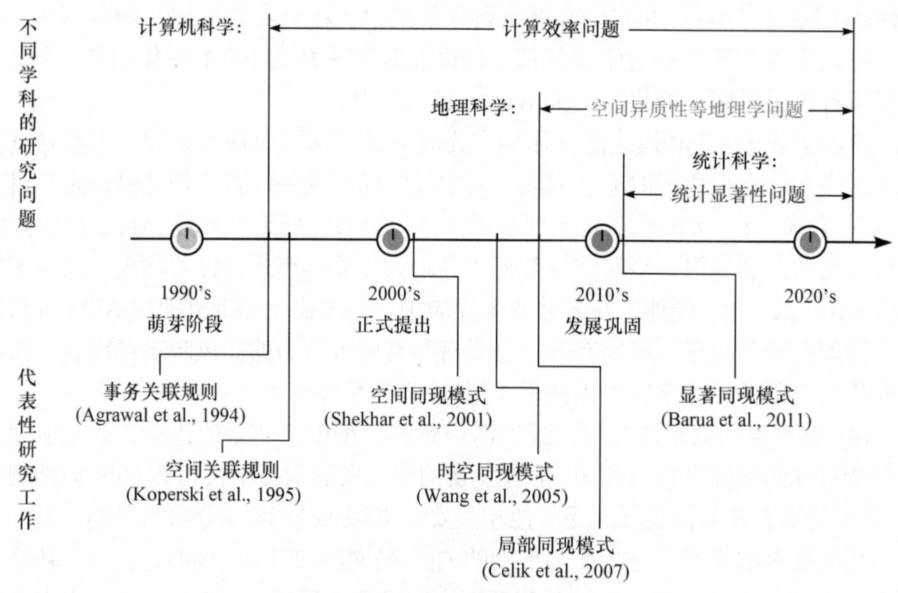

图 1.1　地理空间关联模式挖掘方法研究的发展脉络

问题。需要注意的是，国内外学者亦发展了一些定量分析多类地理要素空间交互作用的经典方法，如地理加权回归(Fotheringham et al., 2003)、地理时空加权回归(Huang et al., 2010)、地理探测器(Wang et al., 2010；王劲峰等, 2017)等，因其内涵与本书所关注的地理空间关联模式存在显著差异，在此不做重点阐述。

地理空间关联模式挖掘的分类存在多种标准。根据地理数据的时空维度，可以分为空间关联模式和时空关联模式；按照研究范围，可分为全局关联模式和局部关联模式；依据度量空间，又可将其分为欧氏空间关联模式和网络空间关联模式，如图 1.2 所示。下面对当前地理空间关联模式挖掘的相关研究工作进行全面系统地回顾与总结，首先介绍事务型关联规则基本概念，阐述全局空间关联模式挖掘的主要方法，归纳全局时空关联模式挖掘的代表性工作，并总结全局关联模式挖掘方法在局部层次的主要拓展研究。

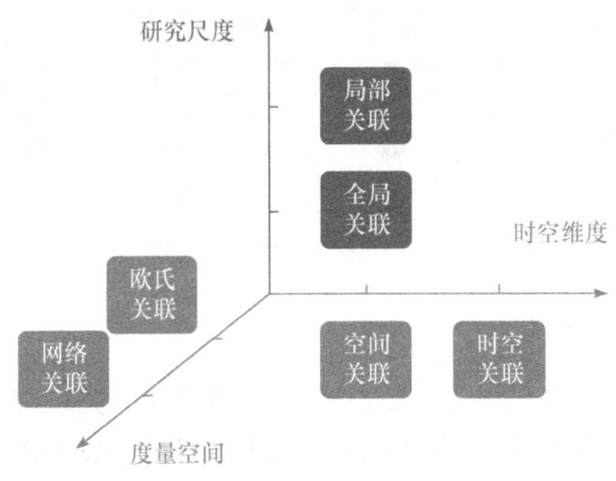

图 1.2 地理空间关联模式的多维度分类

1.2.1 事务型关联规则挖掘

事务型关联规则是指频繁出现于同一事务的数据项集合所组成的规则，旨在描述事务型数据库中数据项之间的相互联系，为相关决策提供科学指导。如图 1.3 所示，一个经典的应用案例是商城的购物篮分析，主要是通过分析大量顾客的商品购物记录，发现数据背后隐藏的顾客频繁性购买行为，帮助商家调整货物摆放次序或制定其他市场营销策略，实现商场收益的提升。

关联规则挖掘的关键在于频繁项集的产生。事务型数据库中不同项组成的所有可能组合数目是项数的幂次函数，若采用枚举策略对所有可能项集进行逐一测试，则需要巨大的计算开销。为突破海量数据中事务型频繁项集和关联规则挖掘的计算瓶颈，Agrawal 等(1994)开创性地提出了 Apriori 算法。该算法在大幅提升计算效率的同时，能够保证挖掘结果的完整性和正确性，且具有良好的可扩展性和可移植性，在诸多科学和应用领域中被广泛使用，并在 2006 年数据挖掘领域顶级国际会议ICDM(IEEE International Conference on Data Mining)上被评为影响力排名前十的数据挖掘算法(Wu et al., 2008, 2009)。但是，Apriori 算法在产生每个候选频繁项集之前均需要遍历数据库。为了降低 Apriori 算法的计算复杂度，后续出现大量的改进研究工作，其中影响深远的算法是 FP-growth 算法(Han et al., 2000)。该算法无需生成候选项集，且只需遍历数据库两次，可以带来执行效率的数量级提升，同时亦能保证结果的正确性和完整性。地理空间同现模式是事务型频繁项集和关联规则在空间域和时空域的拓展，Apriori 算法和 FP-growth 算法为地理空间同现模式挖掘奠定了重要的理论与方法基础。

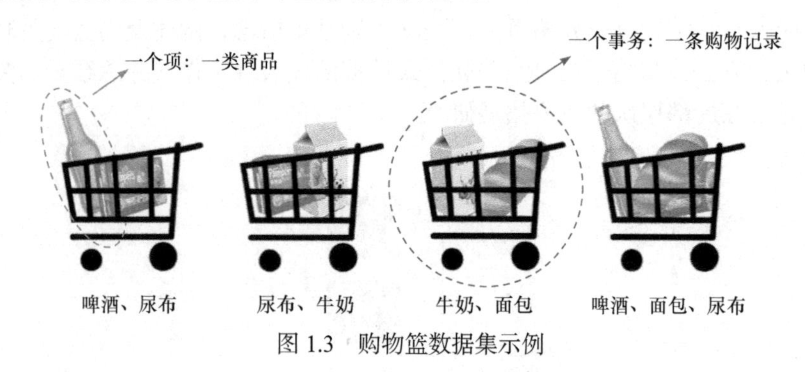

图 1.3 购物篮数据集示例

1.2.2 空间关联模式挖掘

空间关联模式是事务型关联模式在空间数据集上的概念延伸，主要用来发现不同类型空间要素空间位置、属性间的相互依赖关系(Koperski et al., 1995)。现实中，大部分地理要素或地理现象可以抽象表达为点数据集。为此，本书主要针对点数据集中的空间关联模式展开讨论。空间点数据集的关联模式称为空间同现模式，主要表现为在邻近空间位置频繁出现的集合，如生态学中的共生物种、经济学中的产业集群等。根据挖掘策略的不同，现有空间同现模式挖掘方法大致可以分为：①基于频繁模式的方法；②基于空间聚类的方法；③基于可视化的方法；④基于空间统计的方法；⑤基于混合策略的方法，如图 1.4 所示。

基于频繁模式的空间同现模式挖掘方法是事务型关联规则挖掘方法(如 Apriori)在布尔型空间数据集上的拓展。不同于事务型数据库，连续的空间数据集内不存在离散的空间事务，使得 Apriori 等经典方法难以直接移植于空间数据集。针对该问题，现有研究主要发展了两类方法，包括事务化的方法(Koperski et al., 1995; 李光强等, 2008)和免事务的方法(Huang et al., 2004; Yoo et al., 2006)。前者通过特定的空间划分策略将空间数据集离散化为事务型数据集，而后者则利用空间邻近图建模空间同现关系，避免硬性空间划分带来的连续边界破坏问题，可以更加完备地发现数据集中的空间同现模式。

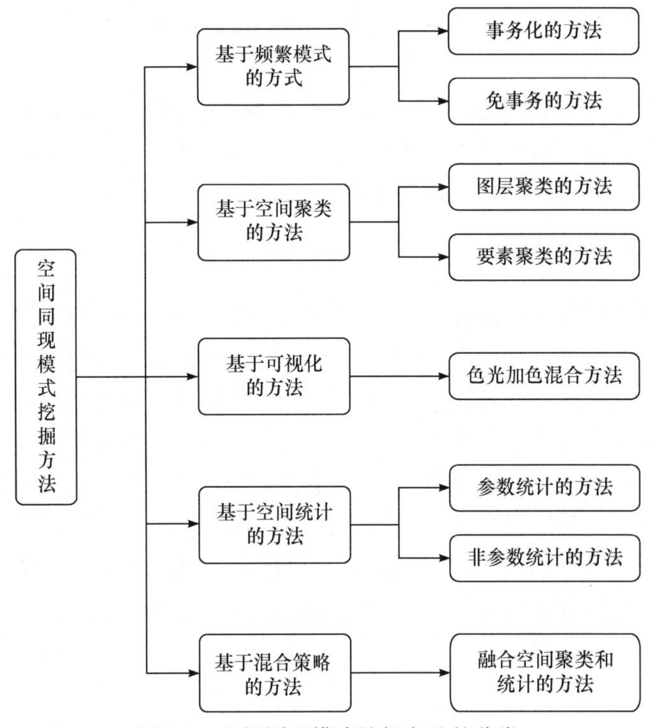

图 1.4 空间同现模式挖掘方法的分类

空间聚类是地理要素自相关性建模的有力工具，旨在发现具有相似空间特征的对象集合，能够揭示地理要素的空间分布格局(邓敏等, 2011)。现有研究发现空间聚类亦能作为空间同现模式挖掘的重要手段，进而发展了基于空间聚类的空间同现模式挖掘方法。根据聚类对象的不同，又可以将该类方法进一步细分为图层聚类的方法(Estivill-Castro et al., 1998; 2001)和要素聚类的方法(Huang et al., 2006)。前者利用每类空间要素图层聚集结构的空间叠置关系识别空间同现模式，而后者以相关空间要素组成的聚类簇定义空间同现模式。

基于可视化的方法旨在通过视觉语言抽象概括地理数据所蕴含的空间知识，以实现分析过程与结果的可视化表达。该类方法基于色光加色混合原理，对不同要素空间分布密度进行色彩混合，进而建立空间同现模式图谱，实现不同要素空间分布相关性的直观表达(艾廷华等, 2017; Zhou et al., 2019)。

基于空间统计方法将空间同现模式挖掘理解为多类地理要素独立分布零假设下的显著性检验问题，假设不同要素之间不存在空间依赖性(即零假设)，对空间同现模式的显著性进行统计评价。依据零模型的构建是否依赖于对数据分布的先验假设，该类方法可进一步划分为参数统计的方法(Barua et al., 2014)和非参数统计的方法(Deng et al., 2017; Cai et al., 2019a)。前者需要基于特定的空间分布模型构建显著性检验的零假设，而后者通过空间分布特征拟合的策略避免了对分布模型的依赖。

基于混合策略的方法通过融合多种挖掘技术实现不同类型方法间的优势互补。例如，可借助要素聚类的技术精简表达空间同现模式的候选集，进而通过空间统计方法评价候选同现模式的显著性(Cai et al., 2020)。

1.2.3　时空关联模式挖掘

随着时态 GIS 概念(Langran et al., 1988)的提出，顾及地理要素时间特征的时空分析引起了国内外学者的广泛关注。地理空间关联模式的内涵亦从空间域拓展至时空域，旨在发现不同地理要素在邻近空间以及时间位置上同时或依次出现的频繁性时空规律，如犯罪学中不同类型犯罪案件间的时空诱导机制。该类时空关联模式称为时空同现模式，挖掘时空同现模式对于深入理解不同地理要素间的时空交互机制具有重要的科学价值。当前，在空间同现模式挖掘模型的基础之上已经发展了一系列时空同现模式挖掘方法。根据处理时间特征策略的不同，可以将时空同现模式挖掘方法分为时空分治的方法和维度附加的方法，如图 1.5 所示。

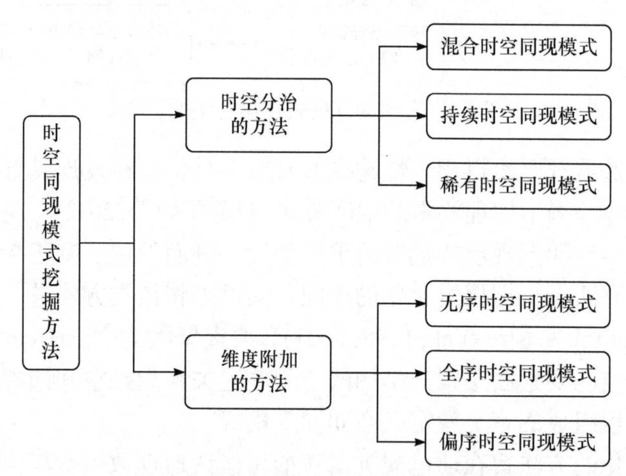

图 1.5　时空同现模式挖掘的方法分类

时空分治的方法旨在分别从空间维度与时间维度计算时空同现模式的空间和时间频繁度，以获得综合的时空挖掘结果。该类方法需要首先将连续时间域离散化为若干时间切片，在各个时间切片识别频繁的空间同现模式，进而评价空间同现模式的时间频繁度。依据对空间和时间频繁度的不同定义，该类方法识别的时空同现模式可以进一步分为：①混合时空同现模式，该类模式在多个时间切片具有较高的空间频繁度(Celik et al., 2006a, 2008)；②持续时空同现模式，该类模式在混合时空同现模式的基础上，附加了空间频繁度随时间递增的约束(Celik et al.,

2006b)；③稀有时空同现模式，该类模式可能并不频繁存在于整个时间域，但在各类地理要素生存期内具有较高的出现率(Celik, 2015)。

时空分治的方法可理解为对时间维度的事务化处理，为修复邻近时间事务间的时空关系，可将空间同现模式中免事务的挖掘思想拓展至时空维度，因此，维度附加的方法应运而生。该方法将地理数据的时间维度视为其空间维度的附属维度，通过同时从空间维度和时间维度施加双重约束，定义地理要素间的时空同现模式。根据时空邻近关系的定义是否考虑地理要素实例的发生次序，又可以将时空同现模式分为：①无序时空同现模式，该类模式仅关注不同类型的地理要素是否频繁出现于邻近时空位置，而不考虑要素的发生次序(Wang et al., 2005; Cai et al., 2019b)；②全序时空同现模式，该类模式要求不同类型的地理要素严格按照特定次序出现于邻近时空位置(Huang et al., 2008)；③偏序时空同现模式，该类模式则是前两种模式的折中状态，仅对部分地理要素施加发生次序的约束(Mohan et al., 2011)。

1.2.4 局部关联模式挖掘

地理要素的属性可能会随空间位置的变化而存在明显差异，即空间异质性或空间非平稳性(Goodchild, 2004; Phillips, 2004)。地理空间关联模式作为地理要素间一种重要的空间模式，亦会呈现区域分异的性质(Celik et al., 2007)。对于空间点数据集，一些地理要素可能仅在部分空间区域内的邻近空间位置上频繁同现，此类空间点数据集中的局部关联模式称为局部同现模式。例如，经济学中，具有差异化共生经济表现的区域性产业种群(乔越等, 2016)。挖掘局部同现模式能够提供关于不同地理要素交互作用的微观描述信息(沙宗尧等, 2009)。局部同现模式由于仅出现于部分子区域，在全局尺度可能表现为较低的频繁度，在这种情况下，全局同现模式挖掘方法难以有效发现潜在的局部同现模式。局部同现模式挖掘的研究重点在于如何发现不同地理要素的同现区域。根据区域发现方式的不同，可以将现有方法分为区域划分的方法和区域探测的方法，如图 1.6 所示。

区域划分是对同现模式空间异质性建模的最直接策略，该类方法通过特定的划分机制将研究区域预先切割为若干子区域，在每个子区域内采用全局挖掘模型识别频繁的空间同现模式，所有包含指定同现模式的子区域即视为该模式的局部分布区域。该类方法的核心工作在于区域划分机制的确定，代表性工作包括：基于四叉树格网的方法(Celik et al., 2007)、基于多分辨率格网的方法(Ding et al., 2011)和基于 k 近邻图的方法(Qian et al., 2014)等。

通常，特定的区域划分机制难以准确描绘空间同现模式的真实分布。针对该问题，一些学者进一步提出了区域探测的策略。该类方法关注每个候选空间同现模式自身的分布结构，针对每个候选模式，采用特定的区域探测方法识别频繁出现的局部区域。代表性的区域探测方法包括：基于邻近图的方法(Mohan et al., 2011)、基于扫描统计的方法(Wang et al., 2013)和基于自适应模式聚类的方法(Cai et al., 2018)等。

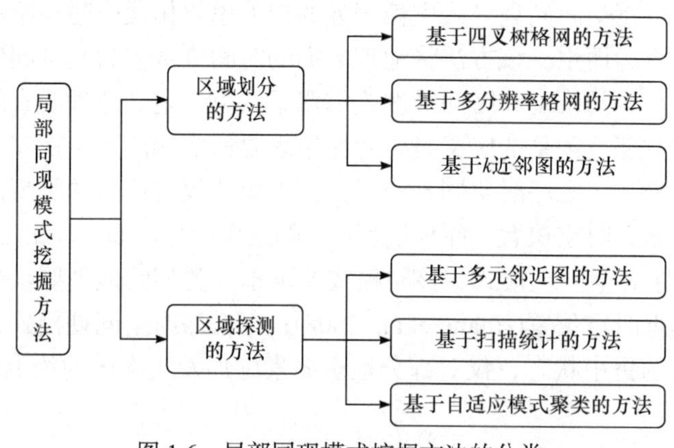

图 1.6　局部同现模式挖掘方法的分类

1.3　地理空间关联模式研究的难点问题

通过分析国内外研究现状可以发现，自 21 世纪初 Shekhar 等(2001)前瞻性地提出空间同现模式挖掘的概念以来，后续研究主要从时空维度和研究范围两个方面实现地理空间同现模式由空间到时空、由全局到局部的内涵拓展，并主要从提升计算效率的角度丰富和改进面向点数据集的地理空间关联模式挖掘理论方法。经过近 20 年的发展，已提出许多地理空间关联模式挖掘方法，但大部分方法都是经典事务型关联规则挖掘方法(如 Apriori 和 FP-growth 算法)在空间/时空域的简单拓展，缺乏对地理空间数据特性(相关性、异质性和尺度依赖性等)的深入思考，导致方法难以客观地对地理要素间的空间关联机制进行建模。下面依次从地理空间关联模式挖掘的四个重要环节(即：模式认知→算法设计→参数设置→结果评价)对现有方法在解决地理学问题时的局限性进行分析，具体包括：

(1) 模式认知难以体现地理学视角下的深刻内涵。当前研究主要对不同地理要素在邻近时空位置同现的频繁性进行数学抽象，从时空维度和研究范围的视角逐步形成了空间、时空和局部频繁关联模式的认知体系。数学上抽象表达的频繁关联模式难以体现综合性、区域性和复杂性的地理学内涵。尽管局部关联模式能够一定程度地反映地理学的区域性特征，但仍然是在局部层次对关联模式频繁性的数学抽象，缺乏对不同要素空间依赖性的地理学认知。

(2) 算法设计未充分顾及地理现象的客观性。为了提高计算效率，现有地理空间关联模式挖掘方法大多是基于事务型关联规则挖掘中的先验原理进行算法设计。其中一个关键的隐含假设是关联模式兴趣度量的反单调性，该性质对于地理空间数据未必成立。例如，在流行病学中，一个潜在致病因子可能不会直接诱发疾病的发生，但在多个因子的耦合作用下将会显著提高疾病的发生率。因此，为了发现更为真实的地理学知识，关联模式挖掘算法设计必须遵循地理现象发生的客观性。

(3) 参数设置严重依赖于用户主观经验。现有地理空间关联模式挖掘方法大多需要用户主观设置模式筛选参数(如同现频繁度阈值)，在局部关联模式挖掘时还需要设置区域划分或聚类参数。算法参数的设置大多是凭借用户的主观经验，实际应用中若缺乏先验知识的指导，可能导致对关联模式的误判或遗漏。如何充分考虑地理空间数据的分布特性，自适应确定算法参数或降低参数设置的难度，仍然是当前地理空间关联模式挖掘研究的难点问题。

(4) 结果评价缺乏空间认知知识的引导。地理空间关联模式的挖掘结果通常对算法选择及其参数设置较为敏感,对同一地理空间数据集亦可能得到相悖结论。即使地理要素间存在随机性的虚假交互结构，现有方法仍可能将其错误地识别为地理空间关联模式。为了从众多的候选集中筛选显著的、可靠的、客观的地理空间关联模式，亟须以地理空间数据分布特征的空间认知知识为引导，建立可信的地理空间关联模式有效性评价模型。

综上所述,可以发现当前地理空间关联模式挖掘研究的核心问题在于单纯“数据驱动”的挖掘框架缺乏地理现象“空间认知”知识的引导，导致挖掘结果的地理可解释性差且可靠性低，难以客观揭示地理要素间的相互作用机制。

1.4 本书的主要内容与结构组织

本书以地理空间关联模式为研究对象，在系统回顾已有研究的基础上，从地理空间数据的特性(相关性、异质性等)出发，以地理系统科学研究范式为指导，结合地理空间认知、空间统计和空间计算等理论与方法，针对包含多类型地理要素的空间/时空点数据集，深入探讨全局空间关联模式、局部关联模式、异常关联模式和时空关联模式的地理内涵与挖掘模型，并在智慧城市的多个应用场景中开展了实证研究。本书整体内容组织架构如图 1.7 所示，共分为 8 章，各章主要内容如下：

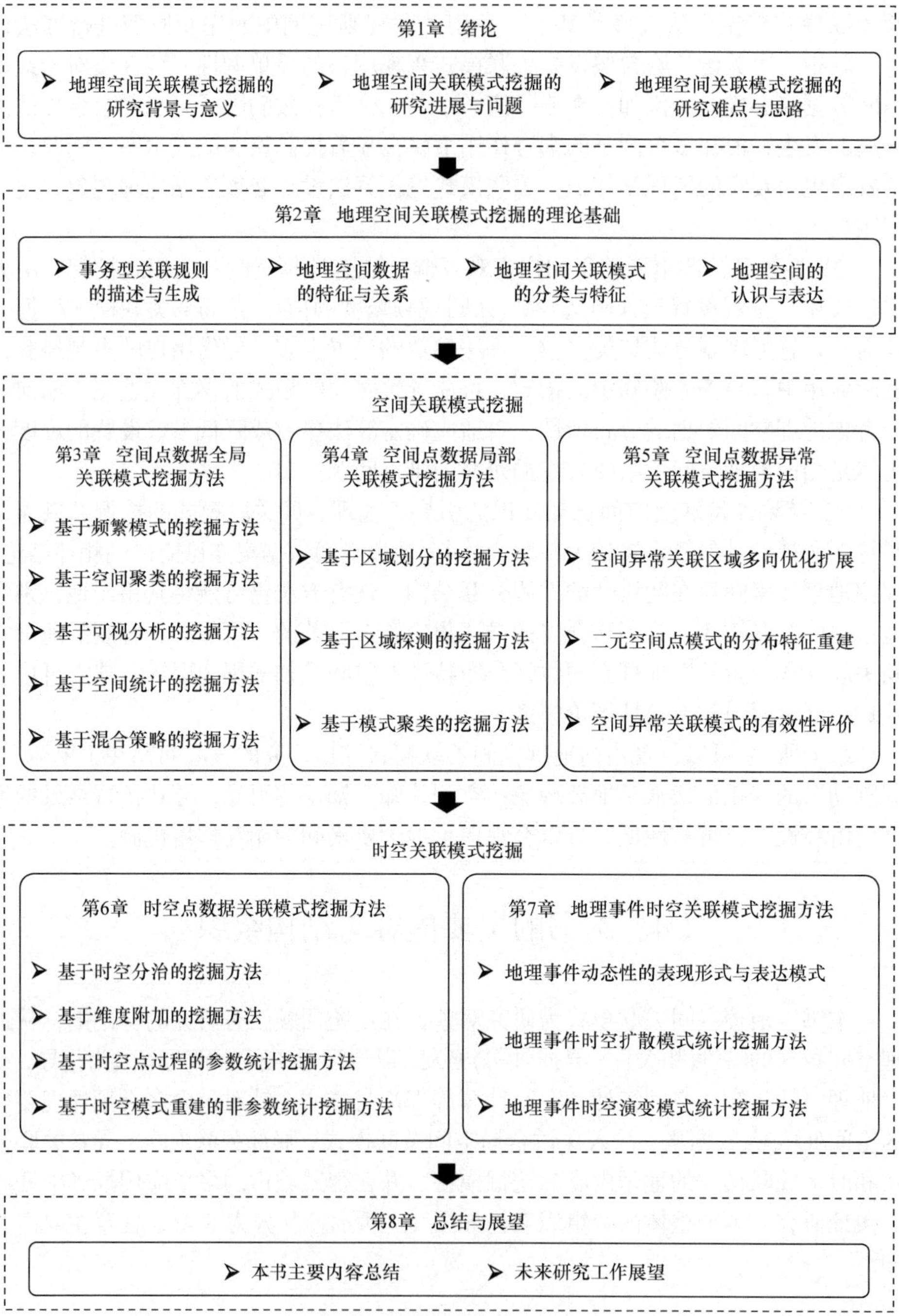

第1章　绪论

- 地理空间关联模式挖掘的研究背景与意义
- 地理空间关联模式挖掘的研究进展与问题
- 地理空间关联模式挖掘的研究难点与思路

第2章　地理空间关联模式挖掘的理论基础

- 事务型关联规则的描述与生成
- 地理空间数据的特征与关系
- 地理空间关联模式的分类与特征
- 地理空间的认识与表达

空间关联模式挖掘

第3章　空间点数据全局关联模式挖掘方法

- 基于频繁模式的挖掘方法
- 基于空间聚类的挖掘方法
- 基于可视分析的挖掘方法
- 基于空间统计的挖掘方法
- 基于混合策略的挖掘方法

第4章　空间点数据局部关联模式挖掘方法

- 基于区域划分的挖掘方法
- 基于区域探测的挖掘方法
- 基于模式聚类的挖掘方法

第5章　空间点数据异常关联模式挖掘方法

- 空间异常关联区域多向优化扩展
- 二元空间点模式的分布特征重建
- 空间异常关联模式的有效性评价

时空关联模式挖掘

第6章　时空点数据关联模式挖掘方法

- 基于时空分治的挖掘方法
- 基于维度附加的挖掘方法
- 基于时空点过程的参数统计挖掘方法
- 基于时空模式重建的非参数统计挖掘方法

第7章　地理事件时空关联模式挖掘方法

- 地理事件动态性的表现形式与表达模式
- 地理事件时空扩散模式统计挖掘方法
- 地理事件时空演变模式统计挖掘方法

第8章　总结与展望

- 本书主要内容总结
- 未来研究工作展望

图 1.7　本书主要内容与结构组织

第 1 章：绪论。阐述了地理空间关联模式的研究背景与意义，系统梳理了地理空间关联模式挖掘方法的发展脉络，在介绍事务型关联规则基本概念的基础上，依次总结和回顾了空间同现模式、时空同现模式、局部同现模式的研究方法分类及其代表性工作。进而，从地理空间关联模式挖掘的四个重要环节分析了当前研究的核心问题。

第 2 章：地理空间关联模式挖掘的理论基础。阐述了地理空间关联模式挖掘相关的理论基础和基本概念，着重分析了地理空间关联模式的含义、认知过程、关联关系表达以及特征描述，这是后续研究地理空间关联模式挖掘模型与算法的基础。

第 3 章：空间点数据全局关联模式挖掘方法。对现有空间点数据集中全局关联模式挖掘方法进行了分类，主要包括：基于频繁模式的方法、基于空间聚类的方法、基于可视化的方法、基于空间统计的方法和基于混合策略的方法，并详细分析了各类方法代表性工作的主要思想及其优缺点，在此基础上，重点阐述了本书作者发展的三种非参数统计挖掘方法及其实例分析。

第 4 章：空间点数据局部关联模式挖掘方法。对空间点数据集中局部关联模式挖掘方法的类型、内涵、特点和局限性进行了深入探讨，重点阐述了本书作者提出的一种基于自适应模式聚类的局部关联模式多层次统计挖掘方法，并与现有相关工作开展了实例对比分析。

第 5 章：空间点数据异常关联模式挖掘方法。明确了空间异常模式的定义与内涵，描述了一种新的地理关联模式，即异常关联模式，重点阐述了本书提出的一种融合多元特征的空间异常关联模式非参数统计挖掘方法，并运用该方法揭示城市出租车供需不平衡模式。

第 6 章：时空点数据关联模式挖掘方法。回顾了时空点数据关联模式挖掘方法的主要工作，包括时空分治的方法和维度附加的方法，详细阐述了本书提出的两种时空关联模式统计挖掘方法以及相应的实例研究。

第 7 章：地理事件时空关联模式挖掘方法。介绍了地理事件动态性的含义、表现形式以及表达模型，重点阐述了本书提出的地理事件时空扩散模式和时空演变模式的统计挖掘方法，并运用所提出的两种挖掘方法揭示了京津冀地区空气污染事件的时空关联模式和动态传播规律。

第 8 章：总结与展望。对本书主要内容进行了全面总结，分析了有待进一步扩展和完善之处，并指出了未来需要开展的研究工作。

1.5　本 章 小 结

地理空间关联模式挖掘是地理空间数据挖掘的一项核心研究内容，是大数据时代认知人文与自然地理要素间关联关系的重要手段。本章首先从“城市病”问题的产生根源着手，分析了本书研究工作的背景与意义；进而，按照地理空间关联模式的发展脉络，对国内外相关工作进行了科学的分类和系统的回顾；在此基础上，提炼了当前研究的核心问题及其在同现模式挖掘四个重要环节上的具体表现；最后，阐述了本书的主要内容与结构组织。

参考文献

艾廷华, 周梦杰, 李晓明. 2017. 网络空间同位模式的加色混合可视化挖掘方法. 测绘学报, 46(6): 753-759.

邓敏, 蔡建南, 杨文涛, 等. 2020. 多模态地理大数据时空分析方法. 地球信息科学学报, 22(1): 41-56.

邓敏, 刘启亮, 李光强, 等. 2011. 空间聚类分析及应用. 北京: 科学出版社.

方创琳, 周成虎, 顾朝林, 等. 2016. 特大城市群地区城镇化与生态环境交互耦合效应解析的理论框架及技术路径. 地理学报, 71(4): 531-550.

傅伯杰. 2014. 地理学综合研究的途径与方法：格局与过程耦合. 地理学报, 69(8): 1052-1059.

傅伯杰, 冷疏影, 宋长青. 2015. 新时期地理学的特征与任务. 地理科学, 35(8): 939-945.

李德仁. 2016. 展望大数据时代的地球空间信息学. 测绘学报, 45(4): 379-384.

李德仁, 李德毅. 2002. 论空间数据挖掘和知识发现的理论与方法. 武汉大学学报·信息科学版, 27(3): 221-233.

李德仁, 关泽群. 2000. 空间信息系统的集成与实现. 武汉: 武汉测绘科技大学出版社.

李德仁, 王树良, 李德毅. 2013. 空间数据挖掘理论与应用. 第 2 版. 北京: 科学出版社.

李德仁, 王树良, 史文中, 等. 2001. 论空间数据挖掘和知识发现. 武汉大学学报·信息科学版, 26(6): 491-499.

李光强, 邓敏, 朱建军. 2008. 基于 Voronoi 图的空间关联规则挖掘方法研究. 武汉大学学报·信息科学版, 33(12): 1242-1245.

李连发, 王劲峰. 2014. 地理空间数据挖掘. 北京: 科学出版社.

刘大有, 陈慧灵, 齐红, 等. 2013. 时空数据挖掘研究进展. 计算机研究与发展, 50(2): 225-239.

刘海猛, 方创琳, 李咏红. 2019. 城镇化与生态环境“耦合魔方”的基本概念及框架. 地理学报, 74(8): 1489-1507.

马荣华, 蒲英霞, 马晓东. 2007. GIS 空间关联模式发现. 北京: 科学出版社.

裴韬, 周成虎, 骆剑承, 等. 2001. 空间数据知识发现研究进展评述. 中国图象图形学报, 6(9): 42-48.

乔越, 计小青, 胡彬. 2016. 区域性产业种群之间共生经济增长研究——基于制造业与技术服务业面板数据的实证. 产业经济评论, (1): 88-100.

沙宗尧, 李晓雷. 2009. 异质环境下的空间关联规则挖掘. 武汉大学学报·信息科学版, 34(12): 1480-1484.

田晶, 王一恒, 颜芬, 等. 2015. 一种网络空间现象同位模式挖掘的新方法. 武汉大学学报·信息科学版, 40(5): 652-660.

王劲峰, 徐成东. 2017. 地理探测器：原理与展望. 地理学报, 72(1): 116-134.

邬建国, 何春阳, 张庆云, 等. 2014. 全球变化与区域可持续发展耦合模型及调控对策. 地球科学进展, 29(12):1315-1324.

吴学花. 2010. 中国制造业区域集聚研究. 北京: 经济科学出版社.

杨文涛. 2016. 融合时空数据多重特性的预测模型与方法. 长沙: 中南大学博士学位论文.

杨学习, 邓敏, 石岩, 等. 2018. 一种空间交叉异常显著性判别的非参数检验方法. 测绘学报, 47(9): 1250-1260.

朱庆, 付萧. 2017. 多模态时空大数据可视分析方法综述. 测绘学报, 46(10): 1672-1677.

Agrawal R, Srikant R. 1994. Fast algorithms for mining association rules//Proceedings of the 20th International Conference on Very Large Data Bases, Chile: 487-499.

Barua S, Sander J. 2014. Mining statistically significant co-location and segregation patterns. IEEE Transactions on Knowledge and Data Engineering, 26(5): 1185-1199.

Barua S, Sander J. 2011. SSCP: mining statistically significant co-location patterns//Proceedings of the 12th International Symposium on Spatial and Temporal Databases, Minneapolis: 2-20.

Cai J, Deng M, Liu Q, et al. 2019a. Nonparametric significance test for discovery of network - constrained spatial co - location patterns. Geographical Analysis, 51(1): 3-22.

Cai J, Deng M, Liu Q, et al. 2019b. A statistical method for detecting spatiotemporal co-occurrence patterns. International Journal of Geographical Information Science, 33(5-6):967-990.

Cai J, Liu Q, Deng M, et al. 2018. Adaptive detection of statistically significant regional spatial co-location patterns. Computers Environment and Urban Systems, 68: 53-63.

Cai J, Xie Y, Deng M, et al. 2020. Significant spatial co-distribution pattern discovery. Computers Environment and Urban Systems, 84: 101543.

Celik M. 2015. Partial spatio-temporal co-occurrence pattern mining. Knowledge and Information Systems, 44(1): 27-49.

Celik M, Kang J M, Shekhar S. 2007. Zonal co-location pattern discovery with dynamic parameters//Proceedings of the 7th IEEE International Conference on Data Mining, Omaha: 433-438.

Celik M, Shekhar S, Rogers J P, et al. 2006a. Mixed-drove spatio-temporal co-occurence pattern mining: A summary of results//Proceedings of the 6th International Conference on Data Mining, Hong Kong: 119-128.

Celik M, Shekhar S, Rogers J P, et al. 2006b. Sustained emerging spatio-temporal co-occurrence pattern mining: a summary of results//Proceedings of the 18th IEEE International Conference on Tools with Artificial Intelligence, Arlington: 106-115.

Celik M, Shekhar S, Rogers J P, et al. 2008. Mixed-drove spatiotemporal co-occurrence pattern mining. IEEE Transactions on Knowledge and Data Engineering, 20(10): 1322-1335.

Deng M, He Z, Liu Q, et al. 2017. Multi - scale approach to mining significant spatial co - location patterns. Transactions in GIS, 21(5): 1023-1039.

Ding W, Eick C F, Yuan X, et al. 2011. A framework for regional association rule mining and scoping in spatial datasets. GeoInformatica, 15(1): 1-28.

Estivill-Castro V, Lee I. 2001. Data mining techniques for autonomous exploration of large volumes of geo-referenced crime data//Proceedings of the 6th International Conference on Geocomputation, Brisbane: 24-26.

Estivill-Castrol V, Murray A T. 1998. Discovering associations in spatial data—An efficient medoid based approach//Proceedings of the 2th Pacific-Asia Conference on Knowledge Discovery and Data Mining, Melbourne: 110-121.

Fortin M J, Dale M R T. 2005. Spatial Analysis: A guide for Ecologists. Cambridge: Cambridge University Press.

Fotheringham A S, Brunsdon C, Charlton M. 2003. Geographically Weighted Regression: The Analysis of Spatially Varying Relationships. New York: John Wiley & Sons.

Goodchild M F. 2004. The validity and usefulness of laws in geographic information science and geography. Annals of the Association of American Geographers, 94(2): 300-303.

Han E H, Karypis G, Kumar V. 2000. Scalable parallel data mining for association rules. IEEE Transactions on Knowledge and Data Engineering, 12(3): 337-352.

Han J, Pei J, Kamber M. 2011. Data Mining: Concepts and Techniques. third edition. Waltham: Elsevier.

Huang B, Wu B, Barry M. 2010. Geographically and temporally weighted regression for modeling spatio-temporal variation in house prices. International Journal of Geographical Information Science, 24(3): 383-401.

Huang Y, Kao L, Sandnes F, et al. 2008. Efficient mining of salinity and temperature association rules from ARGO data. Expert Systems with Applications, 35(1): 59-68.

Huang Y, Shekhar S, Xiong H. 2004. Discovering colocation patterns from spatial data sets: A general approach. IEEE Transactions on Knowledge & Data Engineering, 16(12): 1472-1485.

Huang Y, Zhang P. 2006. On the relationships between clustering and spatial co-location pattern mining//Proceedings of the 18th IEEE International Conference on Tools with Artificial Intelligence, Arlington: 513-522.

Koperski K, Han J. 1995. Discovery of spatial association rules in geographic information databases//Proceedings of the International Symposium on Spatial Databases. Portland: 47-66.

Langran G, Chrisman N R. 1988. A framework for temporal geographic information. Cartographica: The International Journal for Geographic Information and Geovisualization, 25(3): 1-14.

Leibovici D G, Bastin L, Jackson M. 2011. Higher-order co-occurrences for exploratory point pattern analysis and decision tree clustering on spatial data. Computers & Geosciences, 37(3): 382-389.

Leibovici D G, Claramunt C, Le Guyader D, et al. 2014. Local and global spatio-temporal entropy indices based on distance-ratios and co-occurrences distributions. International Journal of Geographical Information Science, 28(5): 1061-1084.

Li D R, Cheng T. 1994. KDG-knowledge discovery from GIS//Proceedings of the Canada Conference on GIS, Ottawa: 1001-1012.

Liu J, Dietz T, Carpenter S R, et al. 2007. Complexity of coupled human and natural systems. Science, 317(5844): 1513-1516.

Miller H J, Han J. 2009. Geographic Data Mining and Knowledge Discovery. Boca Raton: CRC Press.

Mohan P, Shekhar S, Shine J A, et al. 2011. A neighborhood graph based approach to regional co-location pattern discovery: A summary of results//Proceedings of the 19th ACM Sigspatial International Conference on Advances in Geographic Information Systems, Chicago: 122-132.

Phillips J D. 2004. Doing justice to the law. Annals of the Association of American Geographers, 94(2): 290-293.

Qian F, Chiew K, He Q, et al. 2014. Mining regional co-location patterns with kNNG. Journal of Intelligent Information Systems, 42(3): 485-505.

Shekhar S, Evans M R, Kang J M, et al. 2011. Identifying patterns in spatial information: A survey of methods. Wiley Interdisciplinary Reviews: Data Mining and Knowledge Discovery, 1(3): 193-214.

Shekhar S, Huang Y. 2001. Discovering spatial co-location patterns: A summary of results//Proceedings of the 7th International Symposium on Spatial and Temporal Databases, Redondo Beach: 236-256.

Shi Y, Gong J, Deng M, et al. 2018. A graph-based approach for detecting spatial cross-outliers from two types of spatial point events. Computers, Environment and Urban Systems, 72: 88-103.

Wang J, Hsu W, Lee M L. 2005. A framework for mining topological patterns in spatio-temporal databases//Proceedings of the 14th ACM International Conference on Information and Knowledge Management, Bremen: 429-436.

Wang J, Li X, Christakos G, et al. 2010. Geographical detectors-based health risk assessment and its application in the neural tube defects study of the Heshun Region, China. International Journal of Geographical Information Science, 24(1): 107-127.

Wang S, Huang Y, Wang X S. 2013. Regional co-locations of arbitrary shapes//Proceedings of the 13th International Symposium on Spatial and Temporal Databases, Munich: 19-37.

Wu X, Kumar V, Quinlan J R, et al. 2008. Top 10 algorithms in data mining. Knowledge and Information Systems, 14(1): 1-37.

Wu X, Kumar V. 2009. The Top Ten Algorithms in Data Mining. Boca Raton: CRC Press.

Yang W, Deng M, Xu F, et al. 2018. Prediction of hourly PM2.5 using a space-time support vector regression model. Atmospheric Environment, 181: 12-19.

Yoo J S, Shekhar S. 2006. A joinless approach for mining spatial colocation patterns. IEEE Transactions on Knowledge & Data Engineering, 18(10): 1323-1337.

Zheng Y. 2015. Methodologies for cross-domain data fusion: An overview. IEEE Transactions on Big Data, 1(1): 16-34.

Zhou M, Ai T, Wu C, et al. 2019. A visualization approach for discovering colocation patterns. International Journal of Geographical Information Science, 33(3): 567-592.

第 2 章 地理空间关联模式挖掘的理论基础

2.1 引言

随着对地观测系统、传感网技术、移动互联网等技术的快速发展，地理空间数据的获取速度、数据体量、数据类型均发生了巨大变化。然而，相比于地理空间数据“爆炸式”增长，地理空间数据挖掘的理论、技术与方法尚显得不够成熟，“数据丰富而知识贫乏”的困境仍然存在(李德仁等, 2013; 王树良等, 2013)。因此，如何从地理空间大数据中挖掘知识成为当前地理信息科学的前沿发展方向(周成虎, 2015)。同时，地理大数据的数据量大、类型多、变化快、价值密度低等特点也催生了地理信息科学研究范式的改变，即由经验科学研究范式、实证科学研究范式逐渐向数据密集型研究范式转变。在新的地理学研究范式下，地理现象间的因果关系难以建模，更有效的策略是挖掘地理事件/要素间的时空关联关系(宋长青, 2016)。地理空间关联模式是地理大数据挖掘的热点研究内容，亦是地理知识的重要表现形式。地理空间关联模式以地理空间信息为纽带，可作为多尺度、多粒度观测数据“跨域数据融合”与“深度知识发现”的基础支撑。探索多源地理空间数据中潜在的、有价值的、复杂的地理空间关联模式，对深入理解时空格局、精准预测时空演化具有重要的指导意义，是地理信息科学迫切需要解决的关键科学问题之一(朱庆等, 2017)。

地理空间数据是对地理现象或空间实体的位置、形态、属性等特征的观测记录。不同于其他类型的数据，地理空间数据具有自身独有的特征，如空间自相关、空间非平稳、多尺度等。如何在地理空间关联模式挖掘过程中充分考虑地理空间数据的特征，是合理设计地理空间关联模式挖掘算法的基础。为此，本章主要阐述地理空间关联模式挖掘的基本概念、分类特征和认知过程，这是后续研究地理空间关联模式挖掘新模型与算法的基础。

2.2 事务型关联规则

地理空间关联模式的概念受启发于商业销售领域的“购物篮分析”，最为津津乐道的“购物篮分析”是“啤酒与尿布”的案例，即：沃尔玛超市在对消费者购物行为进行分析时发现，男性顾客在购买婴儿尿片时，常常会顺便搭配几瓶啤酒来犒劳自己，于是尝试推出了将啤酒和尿布摆放在一起的促销手段。这种看似不合理的组合措施居然使尿布和啤酒的销量都大幅增加。“啤酒与尿布”案例成功的原因在于，不同事物之间并非独立，而是存在着某种潜在的、不易察觉的关联关系。类似地，地理要素在空间位置、属性与语义间亦存在着特殊的依赖关系(Koperski et al., 1995；赵红伟等, 2016)，这种依赖关系可以有效应用于海洋渔业管控、农作物产量估算、极端气象事件预测、空间设施的优化等诸多领域(Su et al., 2004; 黄端琼等, 2005; Xue et al., 2015)。为了更好地理解地理空间关联模式，本节首先介绍事务数据关联分析的相关概念。

2.2.1　事务与项集

经典的“购物篮”关联分析主要用于分析事务数据库(Agrawal, 1993)。事务数据库中，数据以二维表格(事务表)的形式存储，其中每行对应一个记录，亦称为“事务”，而每列对应一个项。项可以用二元变量表示，若项在事务中出现，则值为 1，否则为 0。表 2.1 给出购物篮数据的一个实例。

表 2.1　购物篮数据的事务表

事务编号	面包	牛奶	尿布	啤酒	鸡蛋	可乐
1	1	1	0	0	0	0
2	1	0	1	1	1	0
3	0	1	1	1	0	1

令 $I=\{i_1,i_2,\cdots,i_{\mathrm{d}}\}$ 表示事务表中所有项的集合，$T=\{t_1,t_2,\cdots,t_N\}$ 表示所有事务的集合。显然，每个事务 t_i 所包含项的集合均为 I 的子集。在关联规则挖掘中，包含多个项的集合被称为项集。如果一个项集包含 k 个项，则称它为 k-项集，对应的模式长度为 k。例如，{啤酒，尿布，牛奶}是一个 3-项集，对应模式长度为 3。与项集对应的一个重要概念是支持度计数，即包含该项集的事务个数。对于项集 X，其支持度计数 $\sigma(X)$ 可形式化表示为：

$$\sigma(X)=\left|\left\{t_i \middle| X\subseteq t_i,t_i\in T\right\}\right| \tag{2-1}$$

其中，$|\cdot|$ 表示集合中元素的个数。以表 2.1 中事务数据为例，只有编号为 3 的事务同时包含啤酒、尿布和牛奶，于是，项集{啤酒，尿布，牛奶}的支持度计数为 1。

2.2.2　频繁项集与关联规则

事务型关联规则挖掘的任务是发现满足形如 $X\rightarrow Y$ 的蕴涵表达式，其中 X 和

Y是不相交的项集，即：满足$X \cap Y=\varnothing$，并且X称为规则的前件，Y称为规则的后件。关联规则的强度需要借助一些度量指标进行描述，最基本的两个度量指标是支持度和置信度，分别表达为：

$$\sup(X \to Y) = \frac{\sigma(X \cup Y)}{N}$$
$$\mathrm{conf}(X \to Y) = \frac{\sigma(X \cup Y)}{\sigma(X)} \tag{2-2}$$

其中，N表示事务表中包含的事务数量；$\sigma(\cdot)$表示包含给定项集的事务数量。分析式(2-2)可发现，支持度主要用来衡量数据集中规则出现的频繁程度。若支持度高，则表示关联规则出现并非偶然；置信度的实质是关联规则后件在给定前件时的条件概率，用于描述通过关联规则进行推理的可靠性。例如，规则{啤酒→尿布}(sup = 67%, conf = 100%)表示同时购买{啤酒、尿布}的人数约占总购物人数的67%，而所有购买啤酒的人都购买了尿布。该规则表明两类商品之间存在较强的关联关系。然而，需特别强调的是，由关联规则得出的推论并不必然蕴涵因果关系，只是表明关联规则前件和后件中的项集同时出现的概率较高。

综上所述，关联规则挖掘问题实际可以形式化描述为：从给定事务集合T中发现支持度大于等于 minsup 并且置信度大于等于 minconf 的所有规则，其中 minsup 和 minconf 为最小的支持度和置信度。因此，关联规则挖掘任务可以分解为两个主要的子任务，具体描述为：

(1) 频繁项集产生：即发现满足最小支持度的项集，这些项集称为频繁项集，亦称频繁模式。

(2) 关联规则产生：从频繁项集中提取高置信度的规则，这些规则称为强规则。

频繁项集发现既是挖掘关联规则的基础，也是整个关联规则挖掘中最为重要的步骤。关联规则是对频繁项集的进一步筛选，也是频繁项集的另一种表达形式，两者皆可以表达不同项之间的相互依赖关系。

2.2.3 先验原理与 Apriori 算法

频繁项集产生是关联规则挖掘过程中算法开销最大的部分。为此，关联规则挖掘中的一个重要目标就是减少频繁项集产生时需要检验的候选项集数目。对于候选项集数目的剪枝操作，通常需要借助先验原理来实现。

先验原理：若一个项集是频繁的，则它所有的子集也一定是频繁的。相反，若某个项集是非频繁的，则包含该项集的超集也一定是非频繁的。先验原理依赖于支持度度量指标的一个关键性质，即一个项集的支持度不可能超过它的子集的支持度，该性质也称支持度度量指标的反单调性。

Apriori 算法是第一个关联规则挖掘算法，也是迄今为止应用最为广泛的关联规则挖掘算法。该算法利用先验原理对候选项集进行剪枝，从而有效地控制候选项集的数目，使得算法效率得到大幅提升。该算法的核心思想在于利用先验原理逐层生成候选频繁项集，进而采取生成-测试的策略确定频繁项集。所谓逐层生成候选项集，就是长度为 k 的频繁模式仅可能由长度为 $k-1$ 的模式生成。Apriori 算法生成频繁项集的伪代码如算法 2.1。

算法 2.1　Apriori 算法生成频繁项集

Input:

(1) 挖掘事务表 T

(2) 最小支持度 minsup

Output:

所有频繁项集 F_k 的集合

Steps:

1. $k=1$
2. $F_k=\{i \mid i\in I \wedge \sigma(\{i\})\geqslant N\times \text{minsup}\}$ ### 发现所有的频繁 1-项集
3. **repeat:**
4. $k=k+1$
5. C_k = apriori-gen(F_{k-1}) ### 产生候选项集
6. **for** each transaction $t\in T$ **do**{
7. C_t=subset(C_k, t) ### 识别属于 t 是所有候选
8. **for** each candidate $c \in C_t$ **do**
9. $\sigma(c)=\sigma(c)+1$; ### 支持度计数增加
10. **end for**
11. **end for**
12. $F_k=\{c \mid c\in C_k \wedge \sigma(c)\geqslant N\times \text{minsup}\}$ ### 提取频繁 k-项集
13. **until** $F_k=\varnothing$
14. Result=$\bigcup F_k$

算法 2.1 中，apriori-gen 函数的功能在于通过以下两个操作产生候选项集：

(1) 候选项集的生成。该操作由前一次迭代发现的频繁$(k-1)$项集产生新的候选 k-项集；

(2) 候选项集的剪枝。该操作采用基于支持度的剪枝策略，删除一些候选的 k-项集。

在生成候选 k-项集的过程中，通常是合并一对频繁(k–1)项集。该对频繁(k–1)项集需满足其前 k–2 个项均相同。具体而言，若令 $A=\{a_1,a_2,\cdots,a_{k-1}\}$ 和 $B=\{b_1, b_2,\cdots,b_{k-1}\}$ 表示一对频繁(k–1)项集，若要对项集 A 和 B 进行合并，则两者需要满足以下条件：

$$a_i=b_i,(i=1,2,\cdots,k-2)\text{ 且 }a_{k-1}\neq b_{k-1}$$

图 2.1 描述了由频繁 2-项集产生候选 3-项集的过程。可以发现，只有频繁项集{面包、尿布}和{面包、牛奶}满足合并条件，即前 k–1(k = 2)项相同。实际上，如果{啤酒、尿布、牛奶}是可行的候选项集，则它应当由频繁 2-项集{啤酒、尿布}与{啤酒、牛奶}生成。该例子表明候选项集产生过程的完备性和使用字典序避免重复候选的优点。然而，由于每个候选项集都是由一对频繁(k–1)项集合并而成，需要附加候选剪枝步骤来确保该候选的其余 k–2 个子集是频繁的。最后，再通过对比检查事务表，计算各候选 k-项集的支持度，并筛选出满足支持度阈值的候选项集，即频繁 k-项集。如此重复计算，直到不能生成更长的候选项集为止。

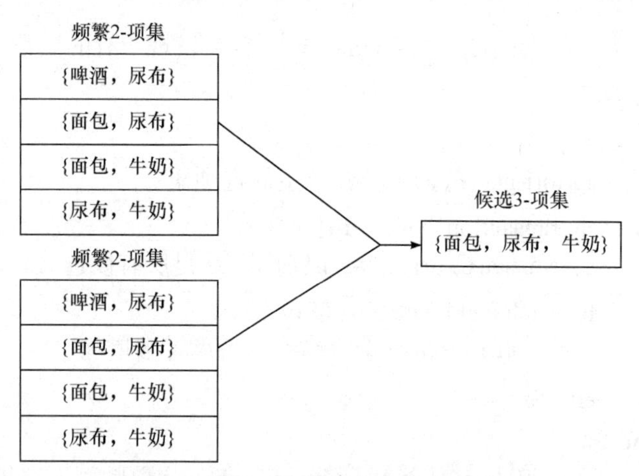

图 2.1 频繁(k–1)项集生成候选 k-项集

实际上，生成的频繁项集在一定程度已经揭示了不同项之间的关联性。当然，也可以进一步根据频繁项集生成关联规则。若忽略前件或后件为空的规则，则每个频繁 k-项集可以生成 2^k–2 个关联规则。关联规则的生成方式是：将频繁 k-项集划分为两个非空的子集 X 和 Y，使得 $X\rightarrow Y$ 满足置信度阈值约束。这种情况下生成的规则必然已经满足支持度阈值，因为是由频繁项集产生的。因此，通过计算候选关联规则的置信度，满足置信度阈值的规则即为关联规则挖掘的最终结果。

2.3　地理空间数据的基本特征与关系表达

地理空间关联模式挖掘首先需要了解地理空间数据的特征。一般认为，地理空间数据具有四个最基本的特征，即：空间特征、属性特征、时间特征与尺度特征(邬伦等, 2005; 李德仁等, 2013; 王劲峰, 2006; 王远飞等, 2007; 邓敏等, 2013)。

2.3.1　空间特征

空间特征是空间数据最主要的特征，表示空间实体的位置、几何特征以及与其他空间实体的空间关系。空间实体的位置通常采用不同的坐标系统进行描述，如常用的大地坐标系、空间直角坐标系、极坐标系及平面直角坐标系等。空间实体的几何特征表示了空间实体的大小、形状及空间维度，据此可以将空间实体区分为点、线、面、体及表面等类型。本章主要关注二维空间实体的特征描述，主要的空间数据类型与表示方法如图 2.2 所示。

2.3.2　属性特征

空间数据的属性特征描述了与空间实体紧密联系、用于表达空间实体本质特征的数据或变量。属性特征可以从不同角度进行定义，通常分为定性与定量两种。De Smith 等人(2007)从空间分析的角度区分了五种属性，分别为：

(1) 标称属性：如果某个属性不需要任何排序与数学操作就可用于区分不同位置的空间实体，则属于标称属性，如采用数字对土地类型命名，1 代表林地，2 代表草地，3 代表耕地等。

(2) 次序属性：如果某个属性代表了一种排序，即类别 1 比类别 2 好，则表示次序属性，土地等级划分是最常见示例之一。

(3) 间距属性：标称属性和次序属性是定性的，间距属性是对空间实体属性的定量描述。如果不同属性值的差异具有物理意义，则可认为该属性是间距属性，如温度或高程的测量值。

(4) 比值属性：若两个测量值相除具有一定的含义，如一个人的体重是另一个人的两倍是有意义的，则属于比值属性。

(5) 周期属性：如果某个属性是具有周期性的，则属于周期属性，如角度、日期等。

2.3.3　时间特征

时间特征描述了空间数据随时间而变化的特性。通常使用的空间数据是某个时间点上的，不同时间点上的空间数据主要包含两种情况：

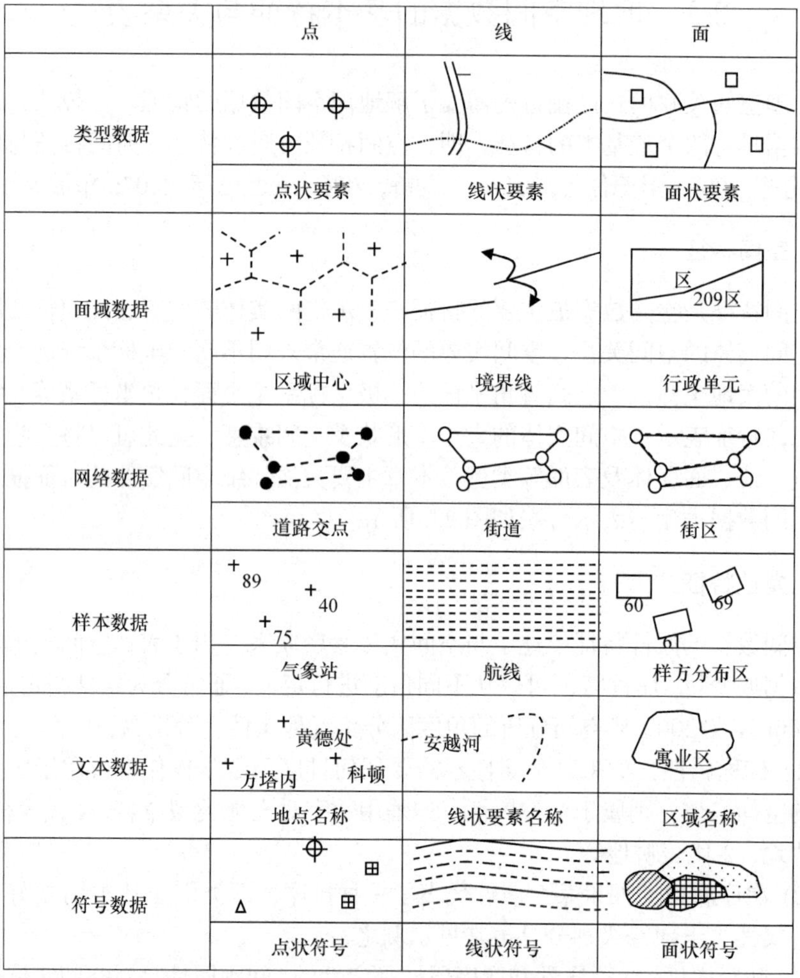

	点	线	面
类型数据	点状要素	线状要素	面状要素
面域数据	区域中心	境界线	区 209区 行政单元
网络数据	道路交点	街道	街区
样本数据	89 40 75 气象站	航线	60 69 61 样方分布区
文本数据	黄德处 方塔内 科顿 地点名称	安越河 线状要素名称	寓业区 区域名称
符号数据	点状符号	线状符号	面状符号

图 2.2　空间数据的类型和表示方法

(1) 空间位置不变，专题属性发生变化，如各种环境监测站点数据，图 2.3 描述了香港地区降水量在不同时间的变化情况。

(2) 空间属性与专题属性同时发生变化，如台风监测数据，图 2.4 展示了 2019 年 9 月台风“百里嘉”的部分运行轨迹，在台风运行过程中其方向、强度及空间位置都随时间而变化。将台风轨迹用一条曲线进行表达，实质上是对台风运行过程进行了高度的抽象表达。附加时间特征的空间数据构成了更为复杂的时空数据，在分析过程中不仅要考虑地理现象在空间上的特征，同时也要考虑地理现象在时态上的演变。

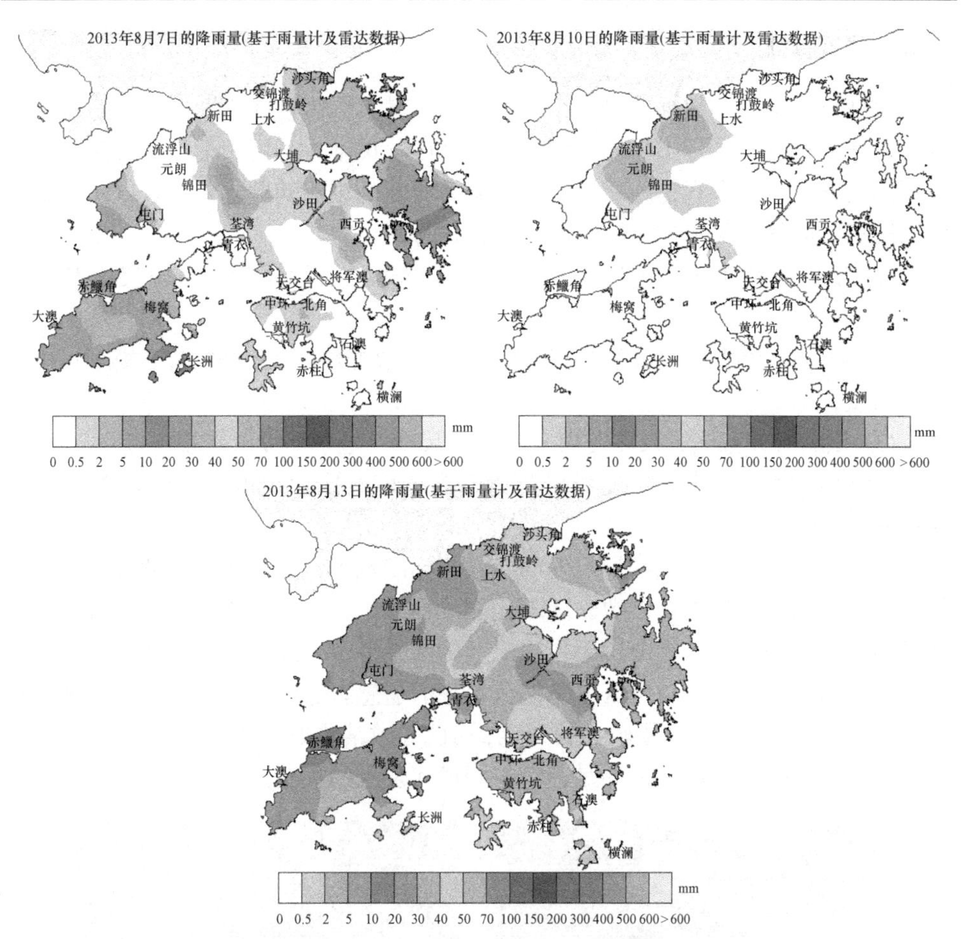

图 2.3　香港地区不同时间的降雨量分布(邓敏等, 2013)

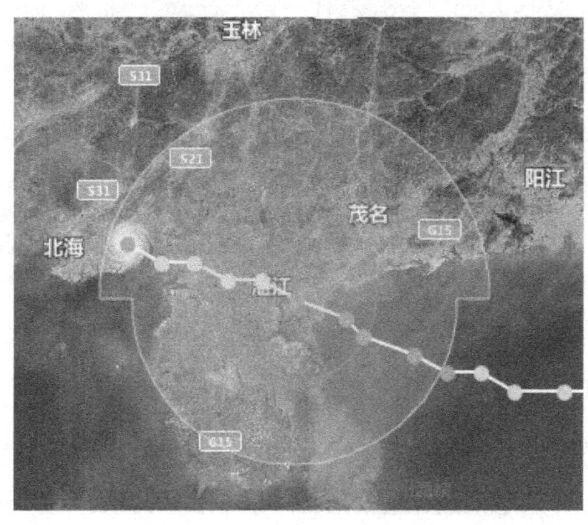

图 2.4　台风运行轨迹

2.3.4 尺度特征

尺度特征是空间数据的另一个重要特征，其具体表现在不同的观察层次上，空间实体及其分布形态不尽相同(李霖等, 2005)。尺度在不同的学科和应用领域具有不同的含义，也一直是地理信息科学领域研究的难点问题之一。依据不同的准则尺度有不同的分类形式(Li, 2007)，可以区分为：

(1) 依据兴趣领域，尺度可以分为空间尺度、时间尺度、时空尺度及语义尺度；

(2) 依据研究过程，尺度可分为现实尺度、数据尺度、采样尺度、模型尺度及表达尺度；

(3) 依据研究范围，尺度可以分为宏观尺度、地学尺度及微观尺度；

(4) 依据度量方式，尺度可以分为命名尺度、次序尺度、间隔尺度及比率尺度。

同时，不同研究领域度量尺度的参数或标准也不一致。在制图领域，主要采用比例尺作为尺度的度量参数，随着比例尺的减小，地图的详细程度降低。在遥感领域，主要采用影像的分辨率作为尺度的度量参数，随着分辨率的降低识别的地物也不同。图 2.5 为一个区域不同分辨率的遥感影像，显然，随着分辨率的降低，地物的细节程度发生了较大的变化，由此导致某些地物的分布模式不易察觉。可见，空间数据的尺度特征亦是影响空间模式发现的主要因素之一。

(a) 1米分辨率

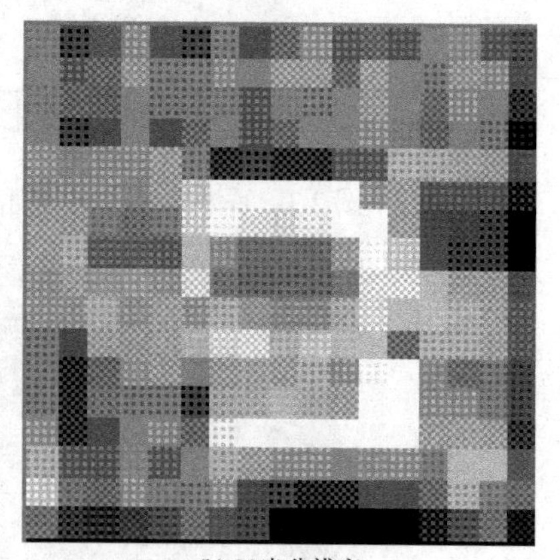
(b) 30米分辨率

图 2.5 不同分辨率的遥感影像

2.3.5 地理空间数据的基本关系

地理空间数据不仅具有自身独特的性质，还有另外一个重要的特征，即可计算的空间关系。空间关系描述了空间实体间的相互关系，在空间分析、空间模式挖掘中均起着关键作用。一般来说，空间关系主要包括拓扑关系、方向关系及距离关系。空间拓扑关系主要描述空间实体间的包含、相交、相接、覆盖、相离关系等；空间方向关系描述空间实体间的绝对方位(如东、西、南、北)和相对方位(如上、下、左、右)关系；空间距离关系主要用来度量空间实体间的远近程度，如非常远、很近等。对于空间-时间关系的表达，通常是借助空间-时间谓词，常见的时空谓词列于表 2.2。

表 2.2　常见的空间-时间谓词

谓词类型	算子	意义	示例说明
空间距离	Dist	A,B 的实际距离	
	Near-to	A,B 相隔很近	
	Far-away	A,B 相隔很远	
空间拓扑谓词	Disjoint	A, B 相离	
	Intersect	A,B 交叠	
	Contain	A 包含 B	
	Inside	A 在 B 内部	
	Meet	A, B 有共同边相邻	
	Equal	A, B 完全重叠	
空间方向谓词	East-of	C 位于 A 的东面	以A为参照物
	West-of	B 位于 A 的西面	
	South-of	D 位于 A 的南面	
	North-of	E 位于 A 的北面	
	Southeast-of	I 位于 A 的东南面	
	Northeast-of	G 位于 A 的东北面	
	Southwest-of	H 位于 A 的西南面	
	Northwest-of	F 位于 A 的西北面	
时态谓词	Before	A 先于 B 发生	
	After	A 后于 B 发生	
	Equal	A,B 持续时间相同	
	Start	A,B 同时发生	
	Meet	A 结束，B 刚好发生	
	Overlap	A 尚未结束时 B 发生	

续表

谓词类型	算子	意义	示例说明
时态谓词	End	A, B 同时结束	A B
	During	A 进行时，B 完成一个周期	A B

与空间关系相对应，空间谓词大致可分为距离谓词、拓扑谓词和方向谓词，列于表 2.2 所示。与空间谓词相比，时态谓词相对简单。时空谓词可视为空间与时间谓词的笛卡儿积，因而在表达形式上会更加复杂。实际中，并不需要对上述全部谓词进行计算。一方面，不同谓词间会存在一定的相似性或对称性，如 Before/After；另一方面，不同类型谓词的重要程度也各有差异。显然，相比于描述形态关系的空间谓词(如 Equal)，人们更多地会关注不同实体间的距离或拓扑信息。此外，需注意的是，不同的关系谓词之间并非完全独立，可能存在一定的层次关系，如图 2.6 所示。空间关系的这种层次特性实际上也体现了空间数据的多尺度特征。

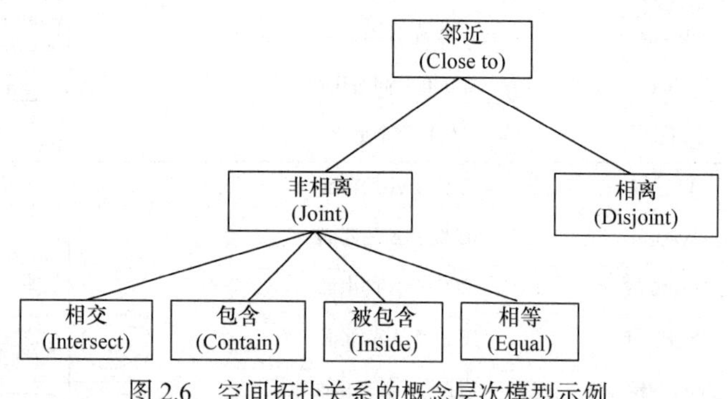

图 2.6　空间拓扑关系的概念层次模型示例

2.4　地理空间关联模式的分类与特征

2.4.1　地理空间关联模式的分类

地理实体或地理现象间并不是独立、随机分布的，而是相互联系，同时又相互区别的。地理实体或现象在空间上的相互依赖、相互影响、相互作用亦称作空间关联性。空间关联不仅是地理现象本身固有的属性，也是地理现象和空间过程的本质特征。鉴于现实世界中地理现象空间关联的普遍性，Tobler 将空间关联特征上升为“地理学第一定律”，即“地表所有实体和现象在空间上都是关联的，而且距离越近，关联程度越强；距离越远，关联程度越弱”(Tobler, 1970)。根据地理学第一定律，空间关联性实际上包含两个层面的含义：①同一类别地理要素空间分布的相似性，也称为空间自相关。例如，空间邻近区域的地表温度或土壤湿度会极其相似。②不同类别地理要素间的依赖性。换言之，某空间位置上实体和现象可由空间系统中其他位置上的实体和现象决定或部分决定。此外，空间关联也是现实世界存在秩序、格局和多样性的根本原因之一(Goodchild, 1986)。正是由于地理现象间的相互关联、相互作用，地理现象在空间分布会呈现某种格局或趋势。地理空间分布模式就是对地理现象的分布格局及演化规律的描述。在不同的研究领域，地理空间分布模式的表现会有所不同，如区域经济学中的核心-边缘结构(崔功豪等, 1999)、景观生态学中的斑块-廊道-基底模式(邬建国, 2000)。尽管模式的表现形式有所差异，但地理空间分布模式产生、变化和发展背后的根本原因之一就是不同现象在空间和时间上的相互关联作用(Cliff et al., 1981)。

地理空间关联模式是指地理空间表达框架中不同现象在空间、时间维度关联规律的表达，有助于揭示现象间的共存、依赖特征或相互作用机制。从关联模式的成因及表现形式来看，地理空间关联模式大致可以分为三种类型：①空间关联模式，即相同时间、不同空间位置的实体和现象之间的关联模式，既包含同类空间实体属性的空间关联模式(空间自相关模式)，也包含多类空间实体的空间分布关联模式，如空间共生关系；②时间关联模式，即地理实体或现象在不同时刻的相互作用，通常体现在不同地理事件的次序发生规律，如降雨事件后通常伴随着降温事件；③时空关联模式，即不同时间、不同空间位置间实体或现象间的关联模式。例如，某区域招商引资引起周边地区在随后时间内经济的增长。时空关联模式的含义更为丰富，呈现形式更加复杂多样，也是时空模式挖掘中的一个重要研究内容。

2.4.2　地理空间关联模式的特征

地理空间关联模式是地理空间认知结果的一种表达形式，也是对地理要素或地理现象关于“What/Where/When/How”等时空关系的表达。具体而言，What 和 Where 主要表达地理对象空间位置间的相互关系，When 和 How 则侧重刻画地理过程间的相互作用，如图 2.7 所示。

综合考虑地理空间数据的特征和地理空间模式挖掘的认知过程，可以发现，地理空间关联模式不同于事务型关联模式，同时具有以下四个主要特征。

(1) 时空相关性：地理学第一定律已经揭示了地理实体在邻近空间的普遍联系，地理空间关联模式是对地理实体或现象间关联性更为广泛的抽象和表达。地理空间关联模式不仅可以反映邻近空间区域中地理要素的相关性，同时可以揭示非邻近空间地理实体间的相关性。这是由于地理空间是连续的统一体，地理现象通常也是复杂的动力学过程。通常，这种复杂的动力学过程难以进行精细化的描述表达，但其背后的规律性却会以某种特定的关联模式呈现。例如，厄尔尼诺海流的发生会导致我国大陆异常降水事件。发现这种时空关联规律对于深入理解地理实体和现象具有重要的指导作用。因此，揭示时空相关性(What)也成为地理空间关联模式挖掘的首要任务。

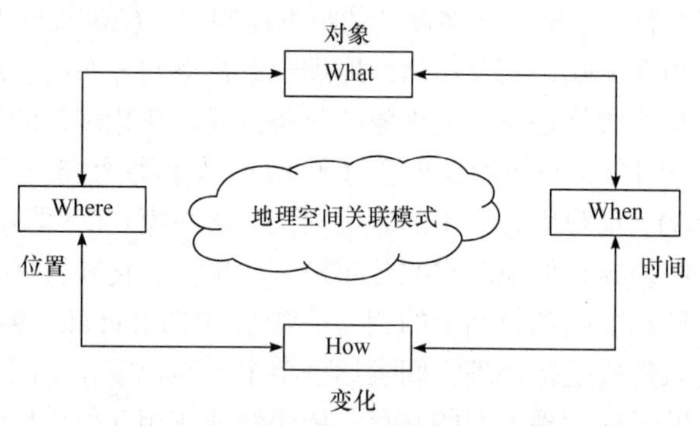

图 2.7　地理空间关联模式的表现特征

(2) 时空异质性：尽管地理空间是连续的统一体，但地理空间内部并非均质的。不同空间区域内，同类地理实体分布的特征及关联模式均会有所差异。古语有云，“橘生淮南则为橘，生于淮北则为枳”，实际就是揭示了同种作物与不同区域气候间的关联关系。当研究区域足够大时，地理空间关联模式的时空异质性就不容忽视。此时，不仅需要知道具体关联模式是什么，同时应该关注地理空间关联模式存在的空间区域和时间范围(Where and When)。

(3) 时空动态性：地理空间数据是对地理实体或现象的抽象化、静态化的表达。而现实世界中，地理空间现象却是动态的、变化的。这种动态变化特征既包含固定位置的属性变化(如长沙市气温变化)，也包含同一实体的空间位置变化(如出租车行车轨迹)。为此，地理空间关联模式除了可以揭示关联模式是什么、在哪里等问题，同时应该体现地理实体或现象动态变化的特征。这种动态特征既包含在空间上的迁移特征，也包含在时间域的演化规律(How)。例如，由于受到空气流动的作用，空气污染区域会呈现出动态扩散的特征。

(4) 尺度依赖性：尺度不仅仅是地理学研究中的重要概念，同时也是地理空间关联模式挖掘的重要影响因素。地理空间数据是特定尺度下的观测结果，不同尺度下地理空间数据特征也各不相同，最终所呈现的地理关联模式也有所差异。地理空间关联模式的尺度依赖性主要体现于两个方面：①空间数据本身尺度，如数据分辨率；②挖掘过程中的分析尺度。以空间同位模式为例，空间同位模式揭示的“邻近”空间区域内不同地理实体间的依赖特征，但“邻近”的概念依赖于邻近距离阈值，不同邻近距离对应不同的分析尺度。显然，不同分析尺度下，模式挖掘结果可能存在差异。

由于地理空间关联模式的四个主要特征，地理空间关联模式挖掘不仅仅是传统事务型数据库在空间数据库的简单扩展。地理空间关联模式挖掘过程中需要综合考虑地理空间认知与表达，才能更加全面、可靠地刻画地理空间关联模式。

2.5 地理空间认知理论与表达

2.5.1 地理空间认知理论

地理空间认知理论主要用于解决关于地理时空理解或地理数据时空表达等基础性问题。当前，地理空间认知理论主要有以下五种：

(1) 命题(propositional)理论：通过抽象的概念结构(命题)表达对象间的相互关系，如北京在中国的北部。

(2) 成像(imagery)理论：认为影像是空间认知模型的必要组成，空间感知过程是把原始空间信息简化为更简单、更有组织规律的形式(影像)。

(3) 层次分类(hierarchy categorization)理论：通过层次组织的结构实现对地理现象/地理实体从低级到高级或从局部到全局的描述，例如，公路可进一步分为一级公路和二级公路。

(4) 面向对象(object oriented)理论：认为客观世界是由“对象”组成，每类“对象”有各自的内部状态和运动规律，且每个对象都属于某个“对象类”，例如，“公路”是一个对象类，而具体的某条公路是该类中的一个“对象”。

(5) “Where-What-When”认知理论：认为地理现象的认识是由三个相互分离的子系统构成，其中，What 涉及实体的标识，Where 涉及实体的相互空间关系，When 则涉及实体的变化运动过程。

以上五种地理空间认知理论中，命题理论和成像理论比较抽象，实际中应用较广的主要是层次分类理论、面向对象理论和“3W”理论。

2.5.2 地理空间认知过程与表达

地理空间认知是对地理空间信息的表征，主要涉及三种空间框架：地理空间、认知空间及赛博空间(Fabrikant et al., 2001)。地理空间认知过程包含感知过程、表象过程、记忆过程和思维过程，同时涉及认知地图和心象地图(王家耀等, 2000)，如图 2.8 所示。

地理空间认知表达共包含以下七个基本概念，分别是：

(1) 标识：对象、要素等的唯一标识。

(2) 位置：包括空间和时间，有相对和绝对之分。

(3) 方向：由相对位置导出，与参考系相关。

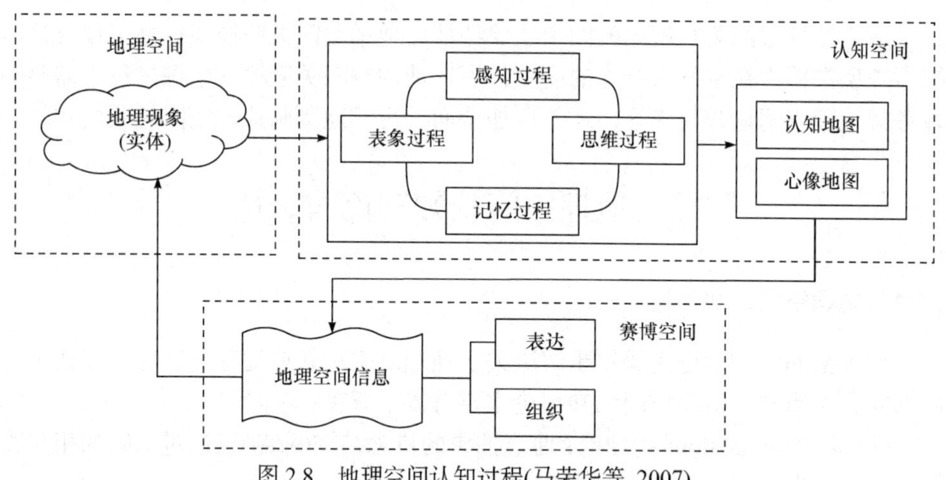

图 2.8　地理空间认知过程(马荣华等, 2007)

(4) 距离：与参考坐标系有关，如基于笛卡儿坐标系的欧氏距离、网络空间的网络距离。

(5) 强度：如观测变量的空间聚集(或分散)程度。

(6) 尺度：与认知结果相关，如数据分辨率、分析范围等。

(7) 动态：与时间的概念相关，动态过程包括变化的速率、类型、方向等。

这七个基本概念是地理空间关联模式形式化描述和表达的基础。通常，地理空间关联关系的形式化描述需借助空间或时间谓词，常见时空谓词列于表 2.2。

2.5.3　地理空间模式挖掘的认知过程

鉴于空间-时间关系的复杂性和多样性，很难对地理空间数据中的时空关系进行逐一枚举，并建立统一的地理空间关联模式的表达形式。更为实际的操作是，结合空间认知理论，挖掘出地理空间数据中的主要模式。也就是说，地理空间模式挖掘最好能够符合地理空间的认知过程，包括空间数据特征认知、空间分布模式认知等。

从狭义的角度讲，地理空间是具有地理定位的几何空间，是表达空间对象集合关系的时空框架。地理空间数据是对现实世界的抽象与表达，其中，抽象过程是人们对现实世界的认知过程，而表达过程则是人们对现实世界进行计算机再现的过程。因此，地理空间数据表达本身包含了地理空间认知的有关知识。地理空间关联模式挖掘是从计算机世界到现实世界的反馈过程，是对地理空间世界的再认识，需要地理空间知识和地理空间认知理论的参与(Pirolli et al., 1995; Marchionini, 1997)。因此，不同于传统事务型关联模式，地理空间关联模式挖掘不仅需要空间数据和挖掘模型作为支撑，同时也需要地理空间认知理论的指导。总的来说，地理空间数据挖掘的认知过程可描述为图 2.9(马荣华等, 2007)。

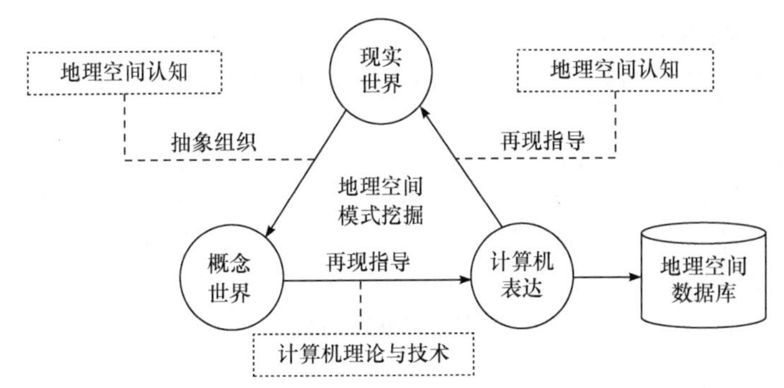

图 2.9　地理空间模式挖掘的认知过程

可见，地理空间认知理论是联系空间数据表达、组织与对现实世界感知和认识的中间桥梁，对地理空间关联模式挖掘、知识提取等均起着决定性的作用。地理空间认知方式不同将会造成数据组织方案、隐含知识获取方式的差异，并导致获取知识的不同。

2.6　本 章 小 结

地理空间数据的特性(时空相关性、异质性、多尺度性等)使得地理空间关联模式挖掘不同于事务型关联规则挖掘。鉴于此，本章首先阐述了传统事务型关联规则挖掘的基本概念和生成过程；然后，对地理空间数据的四个基本特征以及空间-时间关系表达形式进行了详细描述；在此基础上，归纳了当前地理空间关联模式的分类体系和主要特征；最后，结合地理信息科学领域地理空间认知理论与认知过程表达框架，阐述了地理空间关联模式的认知过程。本章内容是地理空间关联模式挖掘算法的理论基础，也可以为地理空间模式挖掘新算法设计提供指导意义。

参 考 文 献

崔功豪，魏清泉，刘科伟，等. 1999. 区域分析与区域规划. 第 2 版. 北京：高等教育出版社.
邓敏，刘启亮，吴静. 2013. 空间分析. 北京：测绘出版社.
黄端琼，陈崇成，黄洪宇，等. 2005. 基于映射位集合的遥感图像关联规则挖掘. 计算机应用，25(7): 1592-1594.
李德仁，王树良，李德毅. 2013. 空间数据挖掘理论与应用. 第 2 版. 北京：科学出版社.
李霖，吴凡. 2005. 空间数据多尺度表达模型及其可视化. 北京：科学出版社.
马荣华，蒲英霞，马晓东. 2007. GIS 空间关联模式发现. 北京：科学出版社.
宋长青. 2016. 地理学研究范式的思考. 地理科学进展，35(1): 1-3.
王家耀，陈毓芬. 2000. 理论地图学. 北京：解放军出版社.

王劲峰. 2006. 空间分析. 北京：科学出版社.
王树良，丁刚毅，钟鸣. 2013. 大数据下的空间数据挖掘思考. 中国电子科学研究院学报, 8(1): 8-17.
王远飞，何洪林. 2007. 空间数据分析方法. 北京：科学出版社.
邬伦，刘瑜，张晶，等. 2005. 地理信息系统：原理、方法和应用. 北京：科学出版社.
邬建国. 2000. 景观生态学：格局，过程，尺度与等级. 北京：高等教育出版社.
周成虎. 2015. 全空间地理信息系统展望. 地理科学进展, 34(2): 129-131.
赵红伟，诸云强，杨宏伟，等. 2016. 地理空间数据本质特征语义相关度计算模型. 地理研究, 35(1): 58-70.
朱庆，付萧. 2017. 多模态时空大数据可视分析方法综述. 测绘学报, 46(10): 1672-1677.
Agrawal R, Imieliński T, Swami A. 1993. Mining association rules between sets of items in large databases//Proceedings of the ACM SIGMOD Conference, Washington: 207-216.
Cliff A D, Ord J K. 1981. Spatial Processes: Models & Applications. London: Pion.
De Smith M, Goodchild M, Longley P. 2007. Geospatial Analysis: A Comprehensive Guide to Principle, Techniques and Software Tools. Winchelsea: The Winchelsea Press.
Fabrikant S I, Buttenfield B P. 2001. Formalizing semantic spaces for information access. Annals of the Association of American Geographers, 91(2): 263-280.
Goodchild M F. 1986. Spatial Autocorrelation. Norwich: Geo Books.
Koperski K, Han J. 1995. Discovery of spatial association rules in geographic information databases//Proceedings of the 4th International Symposium on Advances in Spatial Databases, Portland: 47-66.
Li Z L. 2007. Algorithmic Foundation of Multi-scale Spatial Representation. Boca Raton: CRC Press.
Marchionini G. 1997. Information Seeking in Electronic Environments. Cambridge: Cambridge University Press.
Pirolli P, Card S. 1995. Information foraging in information access environments//Proceedings of the SIGCHI Conference on Human Factors in Computing Systems, Vancouver: 51-58.
Su F, Zhou C, Lyne V, et al. 2004. A data-mining approach to determine the spatio-temporal relationship between environmental factors and fish distribution. Ecological Modelling, 174(4): 421-431.
Tobler W R. 1970. A computer movie simulating urban growth in the Detroit region. Economic Geography, 46(sup1): 234-240.
Xue C, Song W, Qin L, et al. 2015. A spatiotemporal mining framework for abnormal association patterns in marine environments with a time series of remote sensing images. International Journal of Applied Earth Observation and Geoinformation, 38: 105-114.

第 3 章　空间点数据全局关联模式挖掘方法

3.1　引　　言

空间关联模式挖掘旨在从海量空间数据中发现频繁满足特定空间关系(如距离关系、方向关系和拓扑关系等)的空间要素集合及其组合规则。现实中，大部分地理要素或地理现象可以抽象表达为点数据，其在空间域的关联模式主要表现为在邻近空间的频繁同现，此类空间关联模式称为空间同现模式(Shekhar et al., 2001)。空间同现模式挖掘是深度认知不同地理要素间空间交互作用关系的重要手段。例如，在空间疾病学中，疾病的空间分布与病原或者其他有利于疾病形成、传播的风险因子的分布紧密相关(Elliott et al., 2004)，从而促使疾病和这些因子间形成空间同现模式，如常见于美国东部地区的莱姆病与受感染的蜱虫(Pepin et al., 2012)。疾病与病因的空间同现模式能够提高疾病风险制图的可靠性，进而为确定疾病的优先控制区域提供指导(Diuk-Wasser et al., 2006)。空间同现模式在其他领域也具有重要的应用价值。例如，在生态学中，发现不同物种间的共生关系(Huang et al., 2004)；在犯罪学中，探究城市设施对犯罪事件发生的影响机制(He et al., 2020)；在经济学中，识别供应商与制造商间的产业集群(田晶等, 2015)。

现有空间同现模式挖掘方法大致可以分为基于频繁模式的挖掘方法、基于空间聚类的挖掘方法、基于可视分析挖掘方法、基于空间统计的挖掘方法和基于混合策略的挖掘方法。

(1) 基于频繁模式的挖掘方法旨在拓展经典事务型频繁模式剪枝策略(Agrawal et al., 1994)，发现频繁空间同现的要素集合。为避免在连续地理空间强行定义离散事务，主要采用事件中心模型(Huang et al., 2004; Yoo et al., 2006)构建不同要素实例间的邻近图，进而定义参与指数度量不同要素空间邻近的频繁度。若候选模式频繁度大于所设阈值，则识别为频繁空间同现模式。需注意，不相关甚至负相关的不同要素亦可能因为随机交互而形成频繁空间同现模式。

(2) 基于空间聚类的挖掘方法可以进一步细分为图层聚类方法和要素聚类方法。图层聚类方法(Estivill-Castro et al., 1998, 2001)先在各空间要素图层上探测其实例的空间簇，并根据不同空间要素图层空间簇间的重叠程度来识别空间同现模式，该策略仅适用于每类要素均存在空间聚集趋势的情况。要素聚类方法将每类空间要素作为聚类对象，以频繁同现的要素簇表达空间同现模式(Huang et al.,

2006)。然而，该方法所采用的兴趣度量指标仅能描述两类要素间的依赖性，且合理的聚类参数也难以确定。

(3) 基于可视分析的挖掘方法可以利用人类的色彩感知能力提升空间同现模式关联强度及其空间分布的可视表达(艾廷华等, 2017; Zhou et al., 2019)。该方法以颜色标记每类地理要素的空间分布密度，进而通过两类要素密度分布图的色彩叠加生成两类要素的空间同现视图。但是，人类对颜色色阶的认知相对主观，对同现视图的判读结果可能因人而异。

(4) 基于空间统计的挖掘方法将空间同现模式理解为不同点过程间的空间依赖性，并借助独立分布的零假设测试空间依赖的显著性。该测试的前提是在零假设下保持每类要素的分布结构，以避免对多元要素空间依赖的检验造成干扰(Dixon, 2002)。针对该问题，发展出参数检验和非参数检验方法。参数检验方法需要对每类要素的分布模型进行先验假设，如交叉 K 函数(Ripley, 1976)中常使用的均匀泊松过程假设、Matérn 簇过程假设(Barua et al., 2014)。该类方法仅能在所假设的分布模型与各要素潜在分布较为吻合的情况下得到满意的结果。非参数检验方法(Deng et al., 2017; Cai et al., 2019)通过拟合预选的分布特征统计量在零模型中重建各要素的分布结构，但分布特征的选择仍存在一定的主观性。此外，空间统计的方法需要对所有候选模式进行测试，会造成巨大的计算开销。

(5) 基于混合策略的挖掘方法旨在将上述几种策略的优势进行重组，力求获得更优的挖掘性能。例如，可以结合空间聚类和空间统计两种策略挖掘空间同现模式，具体地，先对多类地理要素的空间分布进行聚类分析，将具有相似分布的要素集合识别为候选模式，然后对候选模式的显著性进行统计检验(Cai et al., 2020)。该方法不仅能够避免对大量无效模式显著性检验所带来的计算开销，而且可以保证挖掘结果的有效性。

本章将对各类空间同现模式挖掘方法中的代表性工作进行阐述，并结合具体案例进行实验分析与比较。

3.2 基于频繁模式的挖掘方法

基于频繁模式的空间同现模式挖掘方法是事务型频繁模式挖掘方法(如 Apriori 算法)在空间数据集的重要应用与拓展，是当前空间关联模式挖掘中应用最为广泛的一类方法。其核心思想是定义满足反单调性的频繁度度量指标，对不同类型空间要素同时出现于邻近空间的频率进行统计，进而利用经典的频繁模式剪枝策略快速筛选满足预先设定的频繁度阈值约束的空间同现模式。不同于事务型数据库，连续的空间数据域内不存在离散的空间事务，依据是否定义空间事务，该类方法可以进一步分为事务化的方法和免事务的方法。下面将对两类方法的代表性工作进行阐述和分析。

3.2.1　事务化的方法

空间事务的定义是事务化的空间同现模式挖掘方法的核心任务，旨在对连续空间域进行离散化，进而可以直接移植事务型频繁模式挖掘方法，将频繁出现于同一空间事务中的不同类型空间要素的集合识别为空间同现模式。事务化方法的基本步骤描述如下：

(1) 通过定义空间事务，将连续的空间数据集划分为事务型数据集。

(2) 采用事务型关联规则兴趣度量指标(如支持度)评价地理要素集合的空间同现频繁度(即出现于同一空间事务的概率)。

(3) 基于事务型关联规则方法提取同现频繁度大于等于给定阈值的地理要素集合，视为频繁空间同现模式。

Koperski 等(1995)首次给出了定义空间事务的基本思路，根据挖掘目的选择参考要素，以空间关系(如距离关系、拓扑关系和方位关系等)定义空间谓词，将其他要素的实例(即要素类型的对象)与参考要素的实例的空间位置进行关联，据此定义空间事务。如图 3.1(a)所示，以要素 *A* 为参考要素，可依据距离邻近关系将其他要素的实例与 *A* 实例间的同现关系进行事务化表达。若其他要素实例的空间位置同时邻近于多个参考要素实例，则不同空间事务中会包含重复的地理要素实例，进而可能导致候选模式的重复计数(Huang et al., 2004)。如图 3.1(b)所示，基于参考要素的 Voronoi 单元定义空间事务(李光强等, 2008)，从而将其他要素的实例划分至最邻近参考要素实例所属事务。可以发现，上述方法的挖掘结果与所选取的参考要素密切相关。实际应用中，若难以预先指定参考要素，则可以通过特定大小的格网窗口划分空间事务(Shekhar et al., 2001; Sierra et al., 2012)，如图 3.1(c)所示。针对现实世界中受道路网络约束的地理要素(如交通事故)，可采用道路路段或道路骨架(即路段 Voronoi 图)划分策略在网络空间内定义空间事务(田晶等, 2015; Tian et al., 2015)，如图 3.1(d)所示。

事务化的方法在预定义空间事务之后，可直接移植事务型关联规则挖掘方法从空间事务中识别频繁的空间同现模式，方法简单，具有较强的实用性和可操作性。但是，挖掘结果对空间事务的定义较为敏感，不同的事务定义可能产生不同的空间同现模式，并且对连续空间的强制划分可能会破坏邻近事务内不同地理要素间的空间关系，造成部分候选空间同现模式兴趣度的低估(Huang et al., 2004)。

3.2.2　免事务的方法

针对事务化方法会割裂潜在空间关系的问题，Shekhar 等(2001)发展了空间同

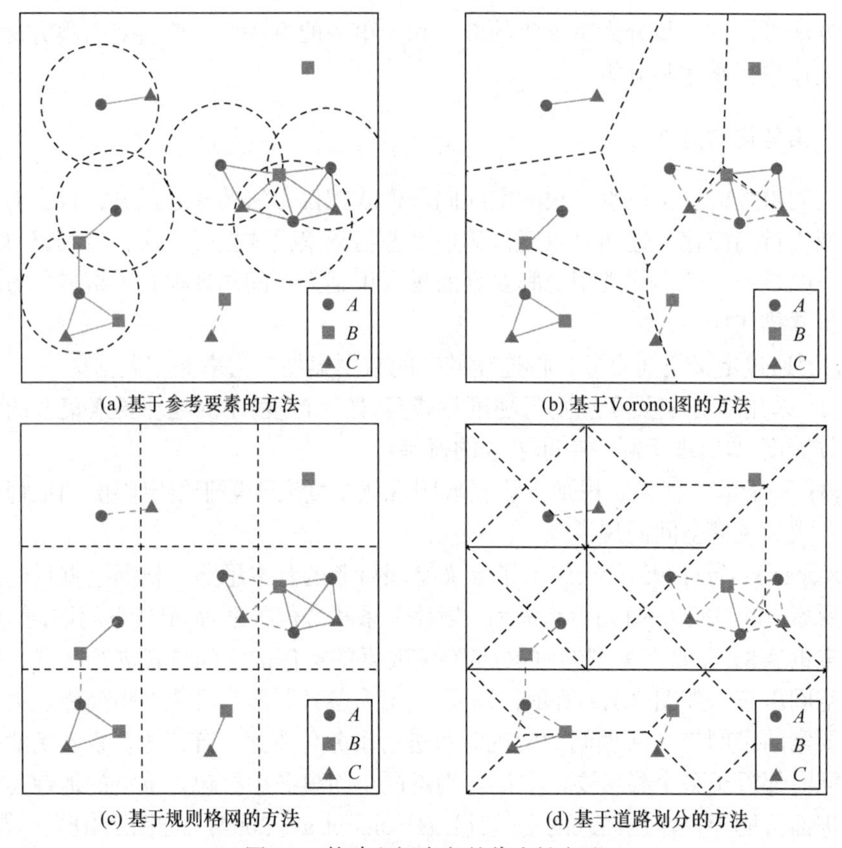

(a) 基于参考要素的方法　(b) 基于Voronoi图的方法

(c) 基于规则格网的方法　(d) 基于道路划分的方法

图 3.1　构建空间事务的代表性方法

现模式的免事务挖掘方法。该方法的核心思想是建立不同要素之间的空间邻近关系，度量候选空间同现模式中不同要素互为空间邻居的频繁度，进而发展类似Apriori的挖掘方法快速提取所有频繁度不小于所设阈值的空间同现模式(Huang et al., 2004)。

该类方法引入了空间同现模式在连续空间域内频繁度的度量指标——参与指数(Participation Index, PI)。对于由 k 个地理要素组成的候选空间同现模式 $\mathrm{CP}=\{f_1,f_2,\cdots,f_k\}$，将不同要素 $f_1,f_2,\cdots,f_k$ 互为空间邻居的实例集合识别为该候选空间同现模式的实例，则其参与指数 PI(CP)定义为候选模式中各要素组成该模式实例的最小概率，计算为：

$$\mathrm{PI}(\mathrm{CP})=\min_{i=1}^{k}\left\{\frac{|I(\mathrm{CP},f_i)|}{|I(f_i)|}\right\} \tag{3-1}$$

式中，分子和分母分别表示该候选模式 CP 中第 i 个要素 f_i 在候选模式实例以及研究区域内不重复的实例计数。如图 3.2 所示，研究区域内要素 A、B、C 分别具有

6、5、5 个实例(即要素对象)，互为邻居的要素实例用实线加以连接，三类要素具有五个互为邻居的实例组合，故候选空间同现模式{*A*, *B*, *C*}共有五个实例，三类要素参与模式实例的概率分别为 4/6、2/5、3/5，进而模式{*A*, *B*, *C*}的参与指数计算为 PI({*A*, *B*, *C*}) = min(4/6, 2/5, 3/5) = 0.4，若将参与指数阈值设置为 0.4，则该模式被识别为频繁空间同现模式。

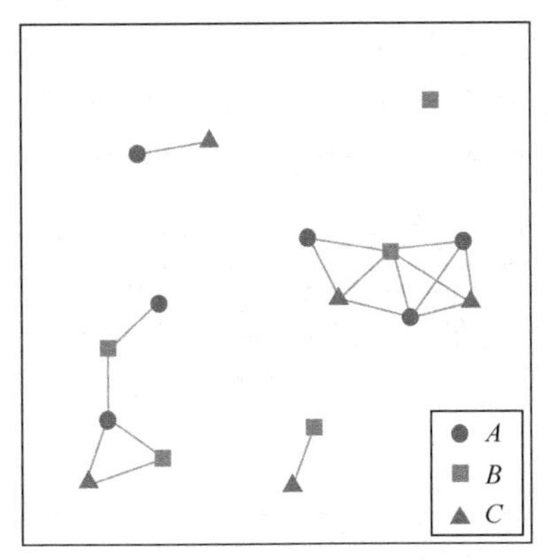

图 3.2　空间同现模式的免事务挖掘方法

基于上述定义，该类方法挖掘空间同现模式的主要步骤包括：

(1) 基于特定规则(如距离阈值、*k* 近邻等)，定义不同要素之间的空间邻近关系；

(2) 将候选空间同现模式中互为空间邻居的不同要素的实例集合识别为该候选模式的实例；

(3) 采用参与指数度量候选空间同现模式的频繁度；

(4) 给定频繁度阈值，将参与指数大于或等于所设阈值的候选模式识别为频繁空间同现模式。

免事务的方法能够有效建模地理要素间的空间关系，为空间同现模式挖掘结果的完整性与正确性提供保障。然而，与事务化的方法相同，挖掘结果依赖于人为设置的频繁度阈值，若阈值设置不合理，亦可能产生错误的结论。

3.3　基于空间聚类的挖掘方法

空间聚类是地理要素自相关性建模的有力工具，旨在发现具有相似空间特征的对象集合，能够揭示地理要素的空间分布格局(邓敏等, 2011)。现有研究发现空间聚类亦能作为空间同现模式挖掘的重要手段，根据聚类对象的不同，又可以将该类方法进一步细分为图层聚类的方法和要素聚类的方法。

3.3.1　图层聚类的方法

图层聚类方法(Estivill-Castro et al., 1998, 2001)的主要思想是利用空间聚类方法提取每类地理要素图层的空间聚集结构，进而将具有相似聚集结构的多类别地理要素集合识别为空间同现模式。其主要步骤描述为：

(1) 将每类地理要素所在图层进行分离，将每个要素图层的实例视为聚类对象，识别每类地理要素的聚集模式；

(2) 借助多边形近似表达每个聚集模式的空间区域；

(3) 将不同图层聚集模式的多边形区域进行叠置分析，计算重叠区域的面积，以此度量图层要素所构成的候选空间同现模式的兴趣度；

(4) 基于给定的兴趣度阈值对候选模式的有效性进行评价。

如图 3.3 所示，该方法在有效识别空间同现模式的同时，能够提供较为直观的可视化表达。但是，若地理要素的空间分布不存在明显的聚集结构，该方法将难以适用。

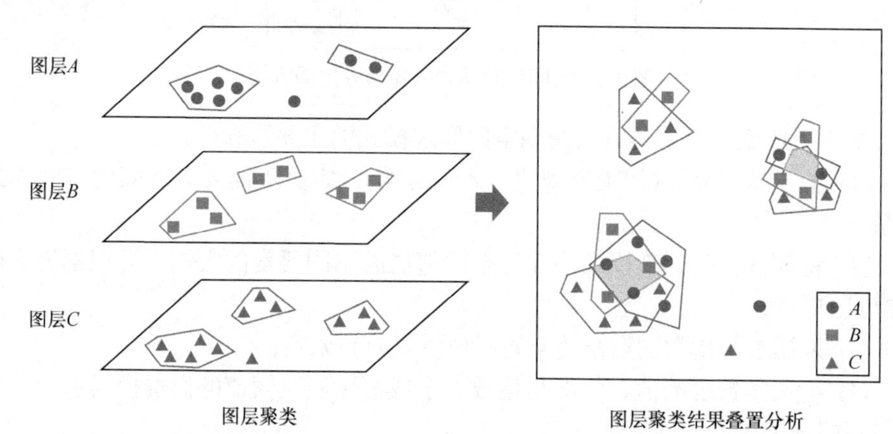

图 3.3　基于图层聚类的空间同现模式挖掘方法

3.3.2　要素聚类的方法

要素聚类的方法(Huang et al., 2006)是空间聚类思想在多元地理数据集上的重要拓展。该方法以每类地理要素作为一个特殊的聚类对象，并采用多元要素间的空间相关性取代传统单元要素空间聚类中不同对象间的距离度量，进而将空间同现模式理解为强相关地理要素所组成的特殊空间簇。图 3.4 给出了该方法识别空间同现模式的主要步骤，具体描述为：

(1) 将每类地理要素视为聚类对象，通过定义密度比(density ratio)度量两类地理要素间的空间相关性；

(2) 将密度比视为聚类对象间的距离度量，据此构建不同地理要素间的距离矩阵；

(3) 通过空间聚类方法(如层次聚类)识别具有较强空间相关性的地理要素集合，将其识别为空间同现模式。

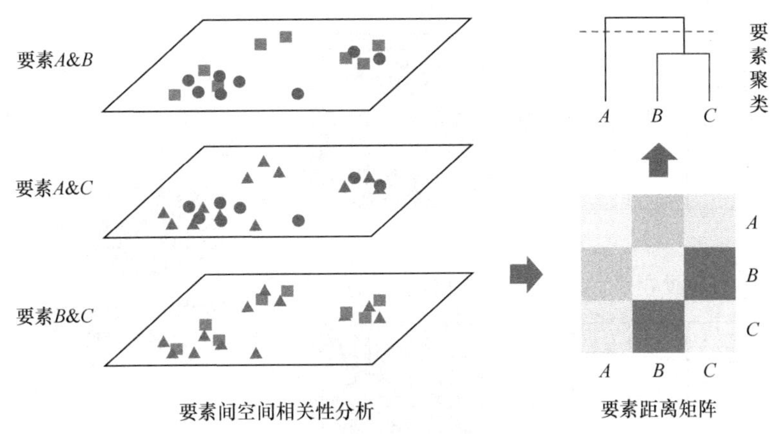

图 3.4　基于要素聚类的空间同现模式挖掘方法

Huang 等(2006)同时比较了三种层次聚类方法(全连接、单连接和平均连接)的挖掘结果，发现空间同现模式对聚类算法的选择较为敏感。另外，聚类算法可能涉及较多参数(如聚类层次的选择)，实际应用中，若缺乏先验知识的指导，则难以确定合适的参数。

3.4　基于可视分析的挖掘方法

基于空间聚类的挖掘方法在实际应用中需要用户对算法模型和算法参数背后的数理统计基础有较为深入的理解，且挖掘结果的表达大多基于文本形式，难以进行空间可视化展示。为此，国内学者近年来提出了一种新颖的挖掘策略——空间同现模式的可视化分析(Zhou et al., 2019)。

空间同现模式的可视化分析方法可视为图层聚类方法在色彩空间内的衍生，该方法采用颜色对每类地理要素的空间分布进行可视化，进而利用色彩混合原理，对不同要素空间分布的相关性进行可视化表达，如图 3.5 所示。其挖掘过程主要的四个步骤描述为：

(1) 采用核密度估计方法对每类地理要素的空间分布进行建模；

(2) 建立地理空间分布(即分布密度)与颜色之间的映射关系；

(3) 基于色光加色混合原理对两类要素空间分布颜色进行色彩混合；

(4) 建立空间同现模式的图谱，实现两类要素间关联强度的空间可视化表达。

若使用网络空间核密度估计方法(Okabe et al., 2009; 禹文豪等, 2015)表达地理要素在网络空间的分布颜色，则该方法同样能够适用于网络约束要素的空间同现模式可视化分析(艾廷华等, 2017)。

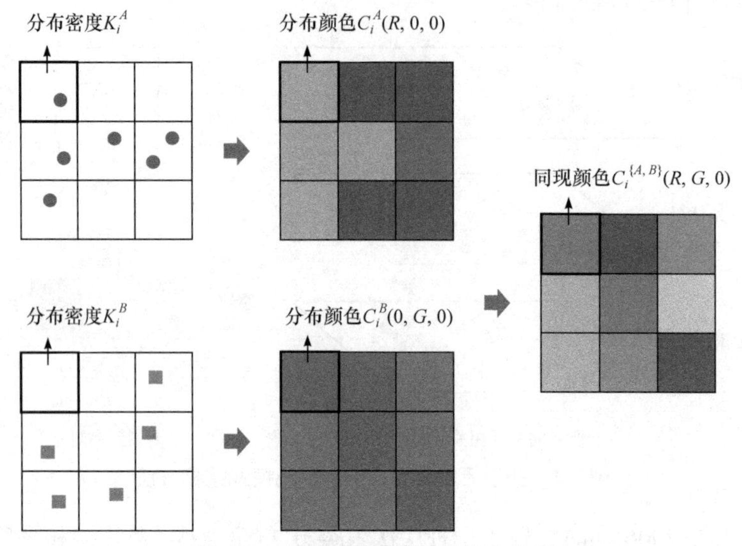

图 3.5　空间同现模式的可视化分析

该方法在可视化分析空间同现模式的同时，亦可以直观地表达两类要素关联强度的局部空间变异，挖掘结果具有易理解、易感受等特点。但是，该方法只适用于分析两类地理要素，三类及以上要素组成的多元空间同现模式的可视化分析仍是一个亟须解决的问题。此外，人类对色彩的视觉感知是一个主观过程，难以准确获取空间同现模式的量化信息。

3.5　基于空间统计的挖掘方法

基于空间统计的同现模式挖掘方法的核心思想是将不同类型地理要素间的空间依赖性指标作为检验统计量，借助独立分布零假设检验统计量的分布，对观测数据中要素间空间依赖性的显著性进行统计测试。由于地理数据空间分布的复杂性，空间同现模式检验统计量在零假设下的理论分布往往难以获取。数值模拟方法(如蒙特卡罗模拟)是处理该问题的有力手段，旨在通过特定的模型或规则生成大量服从零假设的样本数据集，并在每个样本数据集中计算检验统计量的取值，以此获得零假设下检验统计量实际分布的近似解(称为经验分布)，进而对空间同现模式的显著性进行判别。该类方法挖掘显著空间同现模式的主要步骤包括：

(1) 假设候选空间同现模式中多类地理要素的空间分布相互独立，生成大量满足该零假设的模拟数据集(亦称重排数据集)；

(2) 针对每个候选空间同现模式，分别在观测数据集和重排数据集中计算其检验统计量(即空间依赖性)的取值；

(3) 计算候选同现模式检验统计量在模拟数据中大于等于观测值的概率，即统计 p 值；

(4) 若统计 p 值小于等于给定的显著性水平 α (通常设置为 0.05 或 0.01)，则拒绝零假设，认为候选模式中空间要素存在显著的空间依赖性，故将该模式识别为显著空间同现模式。

判别显著空间同现模式的显著性水平 α 具有明确的统计学含义，表示零假设成立的情况下拒绝零假设的概率或风险。基于空间统计的方法不涉及对频繁度阈值的主观设置，从而能够对空间同现模式的有效性进行更加客观的评价。此外，该方法能够有效排除随机交互模式对挖掘结果的干扰。如图 3.6 所示，在特定的空间邻近约束下，要素 A 和 B 的实例间可能呈现较高的同现频繁度，但在两类要素独立分布的零假设下，亦能观测到相当水平的同现频繁度，为此该候选空间同现模式$\{A, B\}$在统计上是非显著的。虽然基于空间统计的方法能够有效地评价空间同现模式的统计显著性，但是重排数据集的产生以及大量重排数据集中检验统计量的计算会带来巨大的计算开销，因而该类方法在数据量较大的场景中将难以适用。

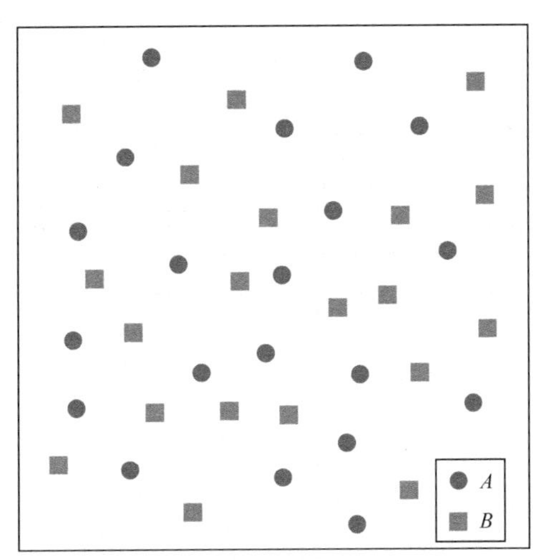

图 3.6　频繁但非显著的空间同现模式

现有基于空间统计的空间同现模式挖掘方法的区别主要在于多元重排数据的生成方法。例如，交叉 K 函数(Ripley, 1976)和交叉最近邻距离函数(Okabe et al., 1984)等空间统计量的检验中常借助随机分布模型生成参考要素的重排样本(如图 3.7(b)所示)，并对主要要素与参考要素间的空间交互进行统计判别。但是，随机分布模型忽略了地理要素的空间自相关性。为了在重排样本中保持分类数据(如具有不同生命体征的树木)的总体自相关结构，Leslie 等(2011)首先固定整个观测数据集的空间位置，并在维持每个类别观测比例的基础之上对所有空间点的类型进行随机标签(如图 3.7(c)所示)，进而发展同位商数，用于测试不同类别要素间的空间关联关系。为了建模每类地理要素的自相关结构，Barua 等(2011)基于 Matérn 簇过程独立生成与观测数据集中每类要素具有相似聚集结构的样本数据集(如图 3.7(d)所示)，并以参与指数为检验统计量判别空间同现模式的显著性。实际应用中，可以依据地理要素空间分布的先验知识进一步对样本数据集中每类要素的产生过程施加约束(如污染物排放设施不应分布于环境保护区)，以获得更加客观的模拟结果(Adilmagambetov et al., 2013)。依据重排数据集的生成是否依赖于对空间数据分布模型的假设，可以将该类方法进一步区分为参数统计方法和非参数统计方法。

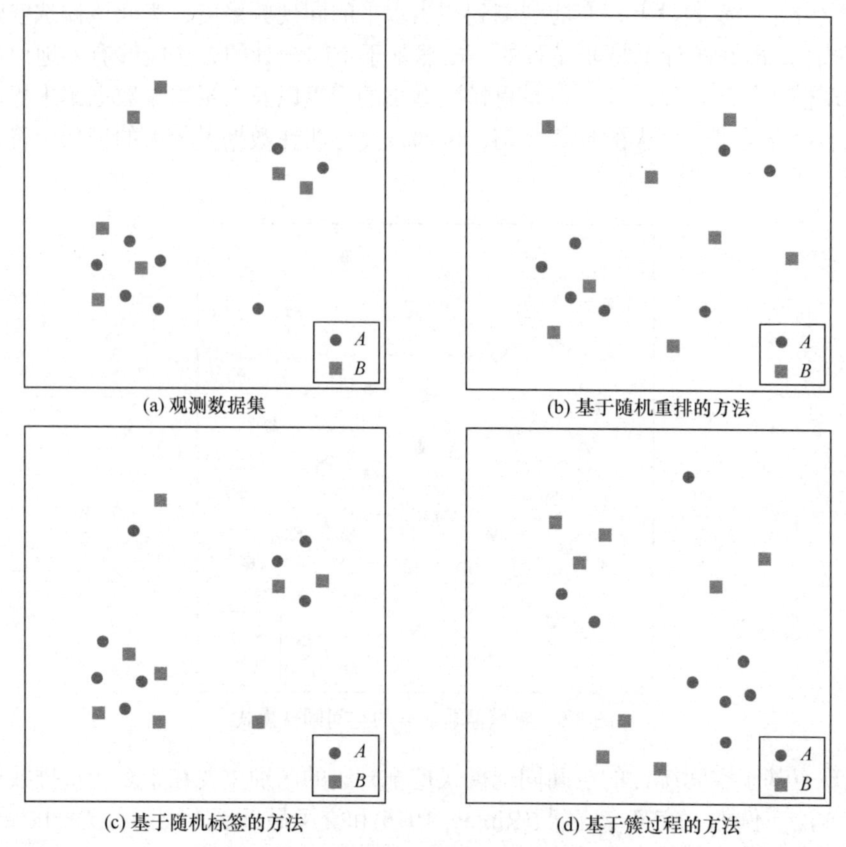

图 3.7　多元空间数据重排样本的常用模拟方法

参数统计是统计学的重要方法之一，假设样本数据来自于一个已知形态的总体分布，该总体分布能够通过具有固定参数集合的概率分布模型进行建模，进而通过样本信息对总体分布的模型参数进行估计，从而进行相应的统计推断。对于空间同现模式，参数统计方法(Barua et al., 2011)可通过空间点过程(如空间簇过程)建模单类地理要素的空间分布，独立生成各要素的重排数据集，构建多类地理要素空间分布相互独立的零假设，进而判别观测数据集中候选空间同现模式的显著性。

空间同现模式参数统计方法中候选模式的显著性判别步骤与上文相同，下面主要阐述该方法构建多元独立分布零模型的基本步骤，具体包括：

(1) 采用空间统计量(如 Ripley's K 函数)对每类地理要素的空间分布结构进行探索性分析。

(2) 依据探索性分析结果，为每类要素选择合适的空间点过程模型。具体地，若空间分布呈现聚集趋势，则选择空间簇过程；若趋于随机分布结构，则选择泊松点过程。

(3) 针对每个地理要素，拟合其相应的空间点过程模型，估计点过程模型参数(如分布强度)的最优取值。

(4) 基于空间点过程模型及其估计参数，分别独立生成各类地理要素的重排数据集。

该方法能够在空间同现模式中顾及单类地理要素空间自相关特征的影响，亦可有效剔除虚假的随机交互结构。然而，现实世界中，地理要素的空间分布相对复杂且未知，预先假定的空间点过程模型难以精准地刻画其潜在的空间分布结构，从而可能会进一步造成空间同现模式统计判别结果存在一定的偏差。

为解决参数统计方法对空间点过程模型的依赖问题，本书作者提出了空间同现模式的非参数统计方法。该类方法与参数统计方法的主要差异在于多元地理要素独立分布零假设的构建机制，其核心思想在于：对于每类地理要素，通过不断拟合其观测数据集的空间统计量，得到与观测数据集空间分布特征相似的重建数据集。该方法不需要预先假设地理要素的空间分布模型，避免了模型偏差带来的统计误差，从而可以进一步提升空间同现模式统计判别结果的客观性。基于该非参数统计思想，本书作者分别针对欧氏空间和网络空间的地理要素，发展了相应的空间同现模式的统计判别方法(Deng et al., 2017; Cai et al., 2019)，下面将重点阐述这两个统计判别方法的原理、实现步骤以及实例分析。

3.5.1 基于模式重建的非参数统计方法

分析空间同现模式挖掘的相关研究可发现，当前同现模式挖掘工作仍存在两方面不足：①现有方法中距离阈值的设置大多凭借先验知识，并未充分考虑数据集的分布特征，如空间自相关特征。实际上，空间自相关特征会影响要素邻近实例间的距离分布，从而影响空间同现模式的挖掘结果。②尽管同现模式的参数统计挖掘方法可以一定程度上减轻兴趣度阈值对挖掘结果的影响，但该类方法中需要假设数据由特定的空间点过程(如泊松类聚过程)产生。由于所假设的模型属于一种参数模型，当实际数据不能较好满足模型假设时，由此带来的误差就会严重影响最终挖掘结果。鉴于此，下面基于模式重建详细阐述一种顾及空间自相关的空间同现模式非参数统计挖掘方法。

3.5.1.1　空间自相关特征的描述与表达

空间自相关是空间数据的一个重要特征，也是空间模式分析中的重要研究内容(王远飞等, 2007; 邓敏等, 2015)。空间统计量是对空间分布模式特征的统计描述，按照计算方式和描述特征的差异，空间统计量可进一步分为：一阶统计量、二阶统计量、高阶统计量、最近邻统计量和形态函数统计量(Wiegand et al., 2013)等。不同类型空间统计量对空间结构的描述角度、描述能力均有所差异，尤其是空间模式结构特征与分析尺度紧密相关，单一类型的空间统计量通常不能充分刻画出空间模式的结构特征。为此，可以通过若干类型统计量的组合来较为完整地描述空间模式特征。在选取空间统计量对空间模式进行描述时，需要着重考虑两个方面：①所选择的空间统计量之间应尽量独立，即不同统计量描述的空间特征应该是非冗余的；②不同空间统计量的组合应该较为完备地刻画空间模式特征，如空间自相关性、空间异质性和尺度依赖性等。

现有相关研究结果已证明，二阶空间统计量是描述空间点模式最重要的统计量，其中成对相关函数描述能力最强(Illian et al., 2008)。另外，不同类型的统计量可以相互补充，完整刻画复杂的空间模式一般需要三至五个统计量(Wiegand et al., 2013)。为此，下面选取三种不同类型的空间统计量组合，分别为成对相关函数 $g(r)$、最近邻分布函数 $D(r)$和空白空间分布函数 $H(r)$。

实际上，空间模式结构特征可以借助空间统计量进行定量表达，且这种定量表达结果可以视为空间数据中蕴含结构特征的“能量”。不同空间结构特征对应不同“能量”，反过来，不同“能量”也可以反映不同的空间结构特征。模式重建方法的核心思想在于模拟生成与已知空间数据具有相同“能量”的空间数据。具体而言，假设观测数据 Ψ 的空间模式可由 M 个空间统计量的特征 $f_i^{\Psi}(x)$ $(i=1,2,\cdots,M)$ 进行表征。若第 j 次的模拟重建结果 φ_j 的特征记为 $f_j^{\varphi_j}(x)$，模拟重建结果 φ_j 与观测数据模式 Ψ 间的特征差异表达为 $E^{\Psi}(\varphi_j)$，则有：

$$E^{\Psi}(\varphi_j)=\sum_{i=1}^{M}E_i^{\Psi}(\varphi_j)=\sum_{i=1}^{M}w\int_0^{n_i}\left(f_i^{\Psi}(x)-f_j^{\varphi_j}(x)\right)^2\mathrm{d}x \tag{3-2}$$

式中，$E_i^{\psi}\left(\varphi_j\right)$为第 i 个统计量对应的空间特征差异；w 表示空间统计量对应的权值；x 为统计量函数对应的距离。至此，重建数据和观测数据的差异可以根据式(3-2)进行定量表达。进而，可将式(3-2)作为目标函数，在模拟过程中对生成数据不断优化，直至目标函数取值足够小，即可认为重建数据和观测数据具有相同的空间分布特征。如图 3.8(a)所示，模拟生成了一组具有空间自相关分布特征的

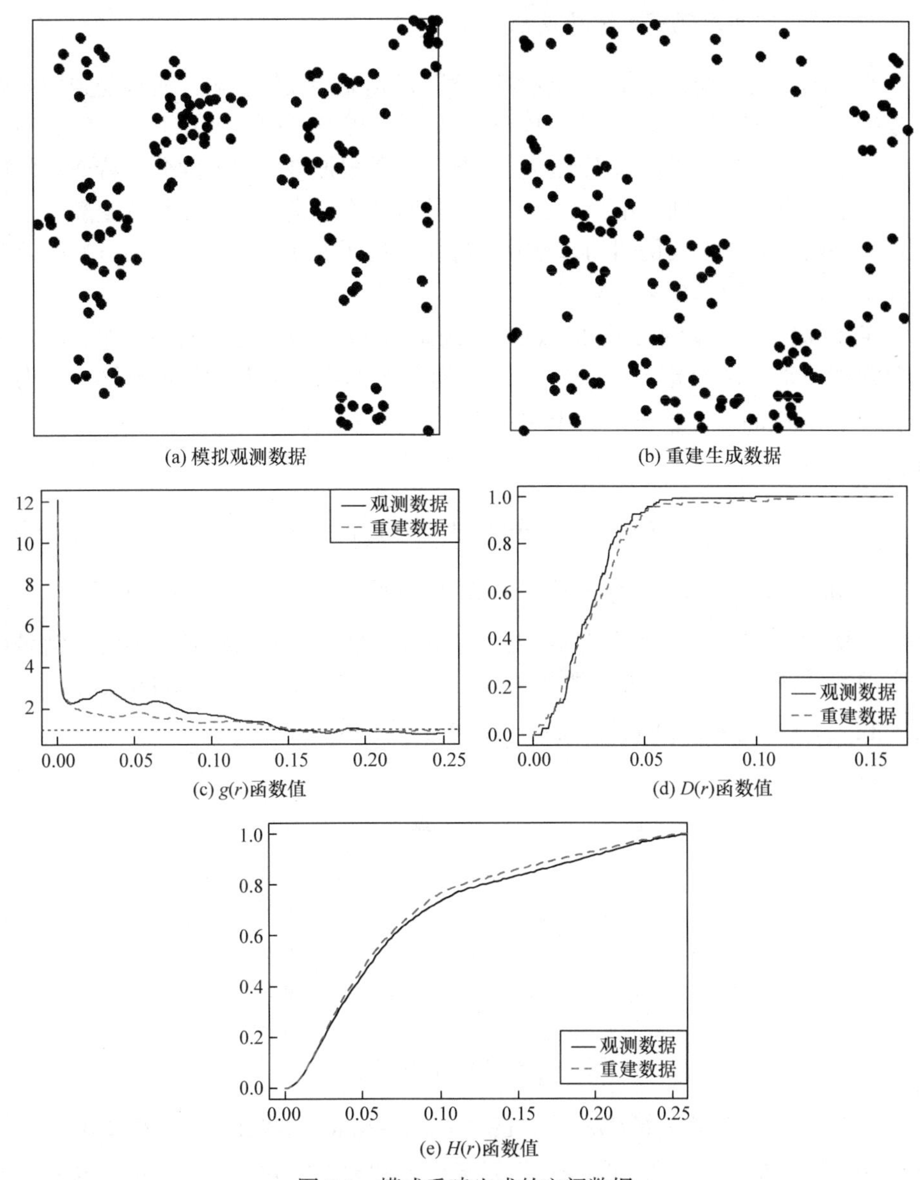

图 3.8　模式重建生成的空间数据

数据，空间分布范围为 1×1 的空间单元，将之视为观测数据集，借助模式重建方法生成的重建数据如图 3.8(b)所示。显然，尽管观测数据和重建数据中点实体分布位置不同，但具有高度的视觉相似性(如空白区域分布面积大小)。分别采取 $g(r)$、$D(r)$和 $H(r)$函数对观测数据和重建数据进行定量对比分析，如图 3.8(c)～(e)所示。显然，观测数据和重建数据在空间分布特征上具有高度的相似性。

3.5.1.2 空间同现模式统计挖掘方法

空间同现模式挖掘结果不仅受空间数据自相关特征的影响，而且受到挖掘算法参数(邻近距离和频繁度)阈值的影响。空间同现模式挖掘中并不存在邻近阈值的先验信息，通常是借助人工经验。为此，需要根据空间数据的分布特征对邻近距离取值进行统计推断。本小节定义了一种新的度量指标——互邻近距离，该指标可以刻画不同要素实例间的邻近分布特征，从而推断出邻近距离阈值的有效取值范围。首先，给出相关定义。

定义 3.1 互最近邻距离(Mutual Nearest Neighbor Distance, MNND)。给定 K 个要素类型集合 $T=\{f_1,f_2,\cdots,f_K\}$，记 E_i 为要素类型 f_i 对应的实例集合，E_k 为要素类型 f_k 对应的实例集合，E_i 中第 j 个实例记为 e_i^j，则 e_i^j 与要素类型 f_k 的互最邻近距离定义为：

$$D_k\left(e_i^j\right)=\min\left(\text{Dist}\left(e_i^j,E_k\right)\right),\quad k\neq i \tag{3-3}$$

其中，$\text{Dist}\left(e_i^j,E_k\right)$ 表示 e_i^j 与 E_k 中所有邻近实例距离的集合。如图 3.9 所示，三种要素类型{A, B, C}共七个实例{A_1, A_2, B_1, B_2, B_3, C_1, C_2}。实线表示不同实例间互为空间邻近，则实例 C_1 与要素类型 A 间的互邻近距离为 $D_{\text{A}}(C_1)=\min(\text{Length}_{A_1-C_1},\text{Length}_{A_2-C_1})$。同理，$D_{\text{B}}(C_1)=\min(\text{Length}_{B_1-C_1},\text{Length}_{B_2-C_1})$。

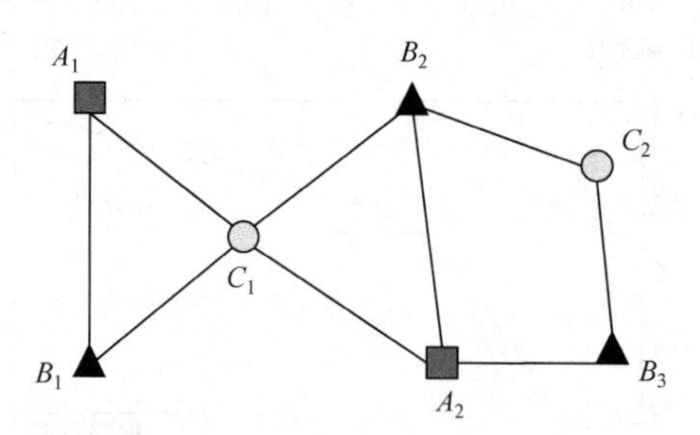

图 3.9 要素实例的邻近关系

定义 3.2 邻近距离域(Neighboring Distance Range, NDR)。记数据集中所有实例的互最近邻距离集合为 DC，DC 中以最小值和最大值为界构成的距离范围即为邻近距离域。结合参与指数定义(式(3-1))可知：互最近邻距离刻画的是不同类型要素间邻近距离的特征，当距离阈值小于 DC 中的最小值时，任意两个不同类型要素实例均不相邻，此时参与指数为 0；而当距离阈值大于 DC 的最大值时，任意实例的邻域内均含有其他类型要素，参与指数达到最大值 1。此时，继续增大邻近距离阈值只能带来额外的计算量，而不会对挖掘结果造成任何影响。因此，邻近距离域也就是邻近距离阈值的有效取值范围。

空间同现模式挖掘中，另外一个关键参数是模式的频繁度阈值，即最小参与指数。实际中，参与指数阈值的设置同样缺乏先验知识，从而使得空间同现模式挖掘结果中包含由阈值设置带来的虚假模式。为了减少人为设置阈值造成的影响，一种合理的策略是采取统计推断的方式，即首先假设空间数据集中不存在空间同现模式(零假设)，进而对比挖掘得到的模式与零假设的差异，将显著偏离原假设的模式视为真实的空间同现模式。为此，需要构造零假设模型，并根据零模型生成模拟采样数据。其中，零假设需满足两个条件：①不同要素间相互独立；②对于同一要素，模拟采样数据和真实观测数据具有相似的空间分布特征。显然，若分别生成数据集中每一类空间要素，并将各类要素进行独立的叠加，则最终生成模拟数据集可以同时满足零假设的两个条件。

为此，给定观测数据 D，首先根据模式重建的方法可生成 N 个具有相同要素分布特征的模拟数据集 $\{D_1, D_2, D_i, \cdots, D_N\}$。记实际数据集 D 中同现模式 C 对应的参与指数记为 $\mathrm{PI}_{\mathrm{obs}}(C)$，同一模式在模拟采样数据 D_i 的参与指数记为 $\mathrm{PI}_i(\mathrm{C})$，则同现模式 C 的显著性可表达为：

$$p\text{-value}(C) = \frac{\sum \mathrm{sign}(\mathrm{PI}_i(C) \geqslant \mathrm{PI}_{\mathrm{obs}}(C)) + 1}{N+1} \tag{3-4}$$

式中，sign 为取值 0 或 1 的符号运算。给定显著性水平 α，若 p-value(C)小于 α，则 C 为显著的同现模式，而不是由频繁度度量阈值选取导致对随机模式的误判。特别地，当同时对多个空间同现模式进行假设检验统计推断时，需注意多重假设检验的问题，在此采用了经典的 BH 检验法(Benjamini et al., 1995)。

3.5.1.3　空间同现模式多尺度挖掘的有效性评价

一般地，空间同现模式挖掘结果会随着邻近距离阈值选择的改变而变化，确定单一的、最佳的距离阈值并不现实。一种更为合理的策略是在不同的距离阈值下发现和评价空间同现模式。得到邻近距离域后，就可以选择邻近距离域中多个距离阈值进行空间同现模式的统计挖掘，实现空间同现模式的多尺度挖掘。然而，不同邻近距离阈值下，空间同现模式挖掘结果会有所差异。若返回所有尺度下的挖掘结果，会造成挖掘分析的困难，不利于辅助决策。为此，需要解决多尺度空间同现模式挖掘结果的有效性评价问题。

空间模式挖掘结果评价的一类重要方法是借助视觉感知的经验(Dykes et al., 2003；Andrienko et al., 2010)。Witkin(1984)最早发现，模式稳定性和视觉显著性存在明显的对应关系，即显著的模式会在较广的视觉范围内被优先感知。基于此，Leung 等(2000)首次定义了生存期的概念，并用来描述尺度空间聚类算法中聚集模式的稳定性。具体而言，聚集模式的生存期越长，模式越显著，越能够体现空间数据的主要结构特征。类似地，后续研究定义了聚类数目的生存期，并将其作为多尺度聚类算法结果的筛选标准(Pei et al., 2006)。实际上，空间同现模式与空间聚集模式极其类似，也可视为一种特殊的聚集模式，二者的区别在于空间同现模式旨在发现不同类型要素间的聚集结构，于是，空间同现模式多尺度挖掘结果亦可借助生存期的概念进行评价。下面引入生存期的概念对空间同现模式多尺度挖掘结果进行评价。

定义 3.3　生存期(Living Time, LT)。将邻近距离域均分为 N 等份，并在此 N 个距离上分别进行同现模式挖掘。若空间同现模式 C 在其中连续的 P 个距离上均统计显著，则同现模式 C 的生存期定义为：$\mathrm{LT}(C)=P$，且生存期 P 对应距离阈值的范围即为同现模式存在的空间范围，称之为同现模式生存距离。需指出，生存期度量的是模式的相对重要性，模式的生存期越长，表示该模式相对越重要，这对于模式挖掘结果的筛选具有重要的指导作用。

3.5.1.4　实例分析

下面将本节所提方法进行实际应用，并进一步验证分析所提方法的有效性。实际数据采取我国东北洪河湿地部分区域的生态群落数据，包含毛果苔草、狭叶甜茅、漂筏苔草、小叶章、沼柳等五种类别。各类物种的空间分布如图 3.10 所示，同现模式挖掘结果列于表 3.1，不同划分数目下同现模式的生存距离如图 3.11 所示。

表 3.1　生态数据中空间同现模式的生存期

空间同现模式	模式生存期	邻近距离范围/m
{毛果苔草，狭叶甜茅}	9	[20,180]
{漂筏苔草，小叶章}	7	[20,140]
{狭叶甜茅，沼柳}	1	[20,40]
{漂筏苔草，沼柳}	1	[20,40]
{毛果苔草，狭叶甜茅，沼柳}	2	[40,60]
{漂筏苔草，小叶章，沼柳}	3	[40,80]

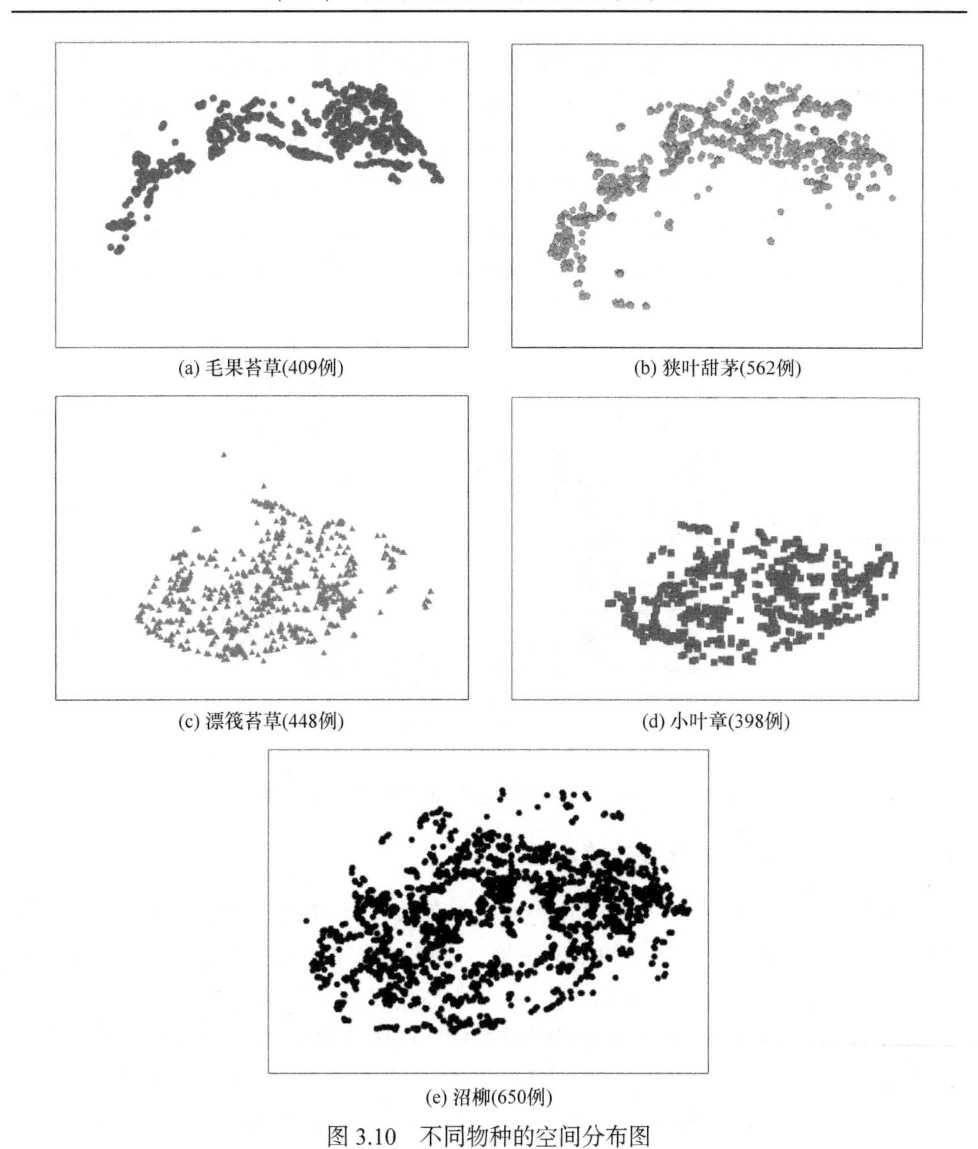

(a) 毛果苔草(409例)　(b) 狭叶甜茅(562例)

(c) 漂筏苔草(448例)　(d) 小叶章(398例)

(e) 沼柳(650例)

图 3.10　不同物种的空间分布图

空间同现模式挖掘在生态群落分析中具有重要的应用价值，有助于分析群落对资源的利用状态，为湿地保护和修复提供一定的科学依据(王香红等, 2015)。结合不同物种的空间分布及所提方法挖掘结果，发现：①空间同现模式的统计挖掘方法可以有效降低结果的冗余性。如图 3.10(e)所示，沼柳数目最多且散布在整个研究区域，若参数阈值设置不合理，会将沼柳和其他所有物种均视为同现模式。本节所提方法避免了人为设置频繁度参数的局限，仅发现数据中统计显著的同现模式，降低了结果中的冗余。②不同邻近距离阈值下，空间同现模式挖掘结果并不完全相同，这也说明了单一的距离阈值在同现模式挖掘中的局限性，并不能充分揭示数据中包含的同现模式。本节所提方法在不同距离阈值下挖掘空间同现模式，可以对数据中的同现模式进行更为完整的描述；③生存期的指标可较好地度量多尺度挖掘结果中同现模式的相对重要性，从而使结果筛选和分析更加简单。显然，该数据集中最显著的同现模式为{毛果苔草, 狭叶甜茅}和{漂筏苔草, 小叶章}，与图 3.10 物种空间分布一致，且对应的邻近距离范围分别为[20,180]m 和[20,140]m。

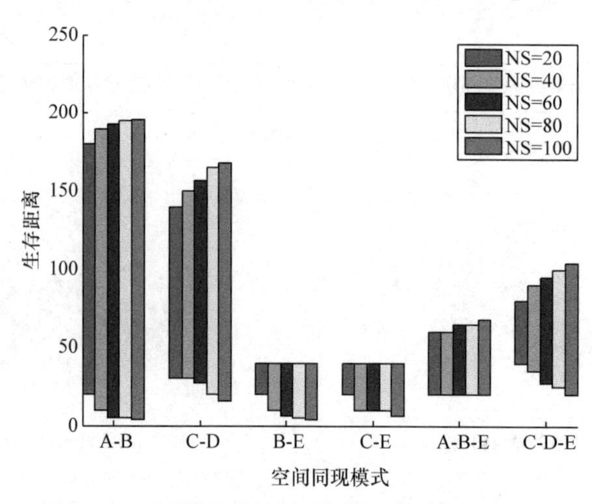

图 3.11　不同划分数目下空间同现模式的生存距离

3.5.2　顾及网络约束的非参数统计方法

现实生活中，许多与人类相关的地理现象或事件通常会邻近、沿着或直接发生于道路网络(Miller, 1994)，如城市设施、街道犯罪和交通事故等。进而，由这些与人类相关的地理要素组成的空间同现模式亦会受到道路网络约束，将具有此类特征的空间同现模式称为网络空间同现模式。以图 3.12 中餐馆和宾馆设施为例，餐馆可以为宾馆内的顾客提供餐饮服务，宾馆可以为餐馆内的顾客提供住房服务，而两者间服务的传递受到道路网络约束。由于这两类设施间存在互惠互利的商业关系，为了降低服务传递过程中的交通成本，餐馆和宾馆经常会选址于邻近街道，进而形成网络空间同现模式。网络空间同现模式挖掘在其他社会经济过程相关的实际应用中也具有重要价值，如位置推荐、城市规划、智能交通、犯罪地理等(Xiao et al., 2008; Mohan et al., 2012; Wang et al., 2013; Okabe et al., 2012)。

近年来，顾及网络约束的空间分析在地理信息科学领域逐渐引起广泛关注。学者们发现将基于平面欧氏空间假设的方法直接用于分析受网络约束的空间现象时，经常会产生错误的结论(Yamada et al., 2010)。为了在空间同现模式挖掘模型中建模网络约束特征，通过使用网络划分机制或网络距离测度，平面欧氏空间的经

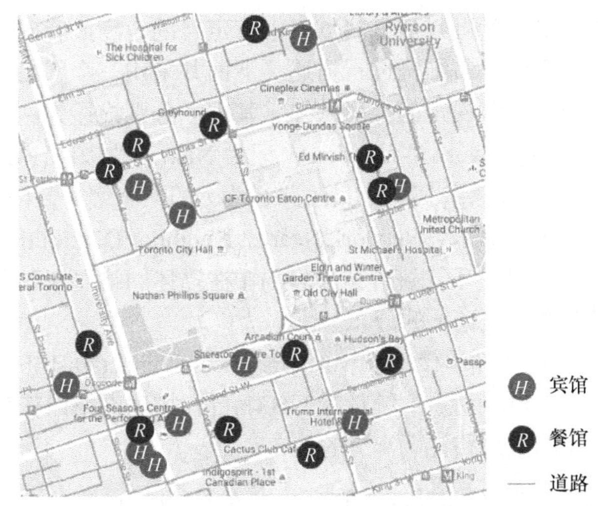

图 3.12　多伦多市不同城市设施间的网络空间同现模式示例

典方法被改进用于网络空间的相关分析。例如，田晶等(2015)发展了网络划分和道路骨架划分机制，用于定义空间事务，进而采用二项检验方法对二元网络空间同现模式进行统计推断。但是主观的网络空间划分机制同样会破坏邻近道路上空间要素实例间的邻近关系(Yu et al., 2017)。为了缓解此类问题的影响，Yu(2016)采用最短路径距离作为网络距离测度，以构建网络约束要素实例间的邻近关系，进而可以将参与指数扩展用于度量网络空间同现模式的频繁度。不难发现，网络同现模式的筛选依然严重依赖于人为设置的频繁度阈值。尽管一些经典的空间统计方法也可以基于最短路径距离扩展至网络空间，如网络交叉 K 函数(Okabe et al., 2001)和网络交叉最近邻距离方法(Okabe et al., 2004)，这种情况下仍难以克服的参数空间统计方法的局限性。为了更加客观地评价网络空间同现模式的有效性，本节以多个视角下网络要素分布特征的认知知识为引导，发展了网络空间同现模式的非参数统计挖掘方法(Cai et al., 2019)。

3.5.2.1　网络空间要素分布特征的多视角认知

网络空间要素分布特征的定量化建模是本方法的首要任务。现有空间统计学中，已有大量欧氏空间分布特征统计量被扩展用于描述网络空间要素的单元分布特征，如网络 K 函数(Okabe et al., 2001)和网络最近邻距离方法(Okabe et al., 1995)。现有研究发现，不同分布特征统计量通常能够从不同视角认知空间分布，但也可能包含互相冗余的描述信息(Wiegand et al., 2013)。因此，为了全面认知每个网络空间要素的复杂分布，需要确定既可以尽可能地涵盖足够的认知视角、又不包含冗余描述信息的多个网络空间要素单元分布特征的统计量组合。

空间分布特征统计量可以从空间点集中特定点的角度或者研究范围内任意位置的角度对空间要素的分布结构进行描述。下面共采用三个网络统计量对网络约束要素的分布特征进行多视角的全面认知，其内涵分别描述为：

(1) 网络 K 函数(Network K-function)，记为 NK(r)。如图 3.13(a)所示，统计量 NK(r)旨在描述距网络要素各实例点最短路径为 r 的网络缓冲区内的平均实例数。

(2) 网络最近邻分布函数(Network Nearest Neighbor Distribution Function)，记为 ND(r)。如图 3.13(b)所示，统计量 ND(r)旨在描述网络要素各实例点距离其最近邻实例点的最短路径距离 r 的分布。

(3) 网络球面接触分布函数(Network Spherical Contact Distribution Function)，记为 $NH_s(r)$。如图 3.13(c)所示，统计量 $NH_s(r)$旨在描述网络内任意测试位置与最近邻要素实例点间的最短路径距离 r 的分布。

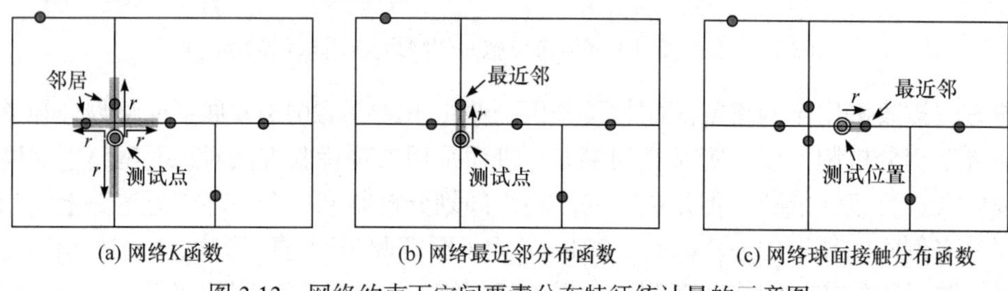

图 3.13　网络约束下空间要素分布特征统计量的示意图

其中，NK(r)与 ND(r)的具体计算方法可参考网络空间分析指南(Okabe et al., 2012)。现有研究虽未给出 $NH_s(r)$的实现方法，但其与 ND(r)的计算完全类似，不同之处仅在于 $NH_s(r)$是在网络中的任意位置进行评价。

3.5.2.2　顾及网络约束的非参数分布特征重建

在网络空间要素分布特征多视角认知知识的引导下，进一步提出了网络约束下的非参数分布特征重建方法，旨在多元要素独立分布的零模型构建中保持每类网络空间要素在观测数据集中的分布特征。该方法的核心思想是通过拟合观测数据集中网络要素的多视角分布特征，在网络约束下生成大量的重建数据集。相比于现有的基于点过程的参数化重建方法(Neyman et al., 1958)，所提出的网络分布特征重建方法无须对空间要素的分布模型做先验假设，也不需要估计分布模型参数，从而可以显著降低分布模式建模的主观性。

对于每个网络约束的空间要素，首先在网络空间内随机生成与观测数据集 ω 具有相同实例数目的初始重建数据集 ϖ_0。为了在网络约束下生成随机实例点，将网络约束建模为归一化的分布强度函数 $\lambda(x)$。$\lambda(x)$描述空间位置 x 周围的点密度，如图 3.14(a)所示，当 x 位于网络上时 $\lambda(x)$取值为 1，否则 $\lambda(x)$取值为 0。在一些情况下，网络上随机点的生成需要采用非均质的分布强度函数。例如，电影院主要分布于市区街道，很少存在于农村沿道。如图 3.14(b)所示，针对该类具有特定分布范围的网络空间要素，可以依据街道规划或网络空间要素密度估计方法(Borruso, 2008)进一步细化不同位置上的 $\lambda(x)$取值。为简单起见，本节研究中假设网络空间要素可能出现于网络上的任意位置，为此，网络上 $\lambda(x)$取值均设为 1。

(a) 网络约束下的均质分布

(b) 网络约束下的非均质分布

图 3.14　基于分布强度函数的网络约束建模(见彩图)

为了在重建数据集中保持观测数据集中空间要素的分布特征，需要进一步对初始重建数据集进行不断的分布优化。在每次优化阶段，随机选择上阶段重建数据集 ϖ_{k-1} 中的任意点，并将其临时替换为根据分布强度函数 $\lambda(x)$随机生成的一个候选点，从而得到候选重建数据集 ϖ_k。进而，采用多个网络分布特征统计量 $\mathrm{NF}_i(r)$ $(i=1,2,\cdots,J)$ (如 NK(r)、ND(r)和 $\mathrm{NH_s}(r)$)定量化描述候选数据集 ϖ_k 的网络分布特征(记为 $NF_i^{\varpi_k}(r)$)，并将其与观测数据集 ω 中的分布特征观测值(记为 $\mathrm{NF}_i^{\omega}(r)$)进行比较。对于每个分布特征统计量 $\mathrm{NF}_i(r)$，其取值都会随最短路径距离参数 r 的不同而变化，为此，采用多个距离参数计算 $\mathrm{NF}_i^{\varpi_k}(r)$ 与 $\mathrm{NF}_i^{\omega}(r)$ 的平均误差，用于度量在第 i 个统计量视角下重建数据集与观测数据集的分布特征差异，称为重建数据集 ϖ_k 的部分能量 $E_i(\varpi_k)$，具体表达为：

$$E_i(\varpi_k)=\sqrt{\frac{1}{R}\sum_{j=1}^{R}\left(\mathrm{NF}_i^{\omega}(r_j)-\mathrm{NF}_i^{\varpi_k}(r_j)\right)^2} \tag{3-5}$$

式中，R 为统计量中距离参数的个数。进而，综合所有 J 个统计量视角下的部分能量 $E_i(\varpi_k)$ $(i=1,2,\cdots,J)$ 得到重建数据集 ϖ_k 的总体能量 $E_{\mathrm{total}}(\varpi_k)$，用于描述多个视角下重建数据集与观测数据集的分布特征差异，具体表达为：

$$E_{\mathrm{total}}(\varpi_k)=\frac{\sum_{i=1}^{J}u_i\cdot E_i(\varpi_k)}{\sum_{i=1}^{J}u_i} \tag{3-6}$$

式中，u_i 为第 i 个统计量的权重，用于均衡不同统计量在分布特征重建过程中的重要性。如果 $E_{\text{total}}(\varpi_k) < E_{\text{total}}(\varpi_{k-1})$，则意味着相比于 ϖ_{k-1}，ϖ_k 与观测数据集的分布特征更加相似，从而接受该候选数据集为新的重建数据集；否则，重新生成候选数据集，并按上述方法进行测试。基于以上步骤，对重建数据集进行不断地优化，直至总体能量小于一定容忍值(如 0.005)或者优化次数超过给定的最大次数(如 80000 次)。

3.5.2.3 网络空间同现模式的显著性检验

为了进一步测试每个候选网络空间同现模式的统计显著性，零假设认为候选模式中各参与要素的网络空间分布相互独立。为构建服从该假设的重建数据集(即零模型)，采用上述网络分布特征重建方法独立生成不同要素的重建数据，组合得到包含多个要素类型的重建数据集。在重建数据集中，每类要素具有与观测数据相似的网络空间分布特征，但其空间位置发生了随机性的变化，因此，不同要素空间位置间潜在的依赖性会被随机性破坏，进而能够保证重建数据集中不同要素的网络空间分布相互独立。

本节旨在评价不同空间要素在网络空间内同现频繁度的显著性，因此，选择网络参与率(Yu, 2016)作为显著性检验的统计量。网络参与率是欧氏空间中最常用的同现频繁度描述指标(Huang et al., 2004)在网络空间内的拓展，其他能用于评价网络空间同现频繁度的指标亦能作为检验统计量。为了评价多元要素在网络空间内的同现频繁度，首先基于给定的最短路径距离阈值(称为网络同现距离阈值)构建不同要素实例间的网络空间邻近关系。对于 m 元候选网络空间同现模式 $\text{CNC}=\{f_1,\cdots,f_m\}$，若参与要素 $f_1,\cdots,f_m$ 的实例互为网络空间邻居，则将该实例集合识别为该同现模式的实例。如图 3.14 所示，网络同现模式$\{A, B\}$在给定的网络邻域约束下具有五个实例。进而，候选模式 CNC 中第 i 个要素 f_i 的网络参与率可表达为：

$$\text{NPR}(\text{CNC}, f_i) = \frac{\left|I(\text{CNC}, f_i)\right|}{\left|I(f_i)\right|} \tag{3-7}$$

式中，$\left|I(\text{CNC}, f_i)\right|$ 表示候选模式 CNC 的实例中包含的不重复要素 f_i 实例的计数；$\left|I(f_i)\right|$ 表示全局网络空间内要素 f_i 的实例总数。如图 3.15 所示，要素 A 在全局范围内有 7 个实例，其中有 4 个实例与要素 B 的实例组成网络同现模式$\{A, B\}$的实例，于是模式$\{A, B\}$中要素 A 的网络参与率为 $\text{NPR}(\{A, B\}, A) = 4/7$。同理，模式$\{A, B\}$中要素 B 的网络参与率为 $\text{NPR}(\{A, B\}, B) = 2/3$。

为判断所有参与要素间是否存在统计显著的网络空间同现模式，需要对观测数据集中候选模式 CNC 内各参与要素 f_i 的网络参与率 $\text{NPR}^{\text{obs}}(\text{CNC}, f_i)$的显著性进

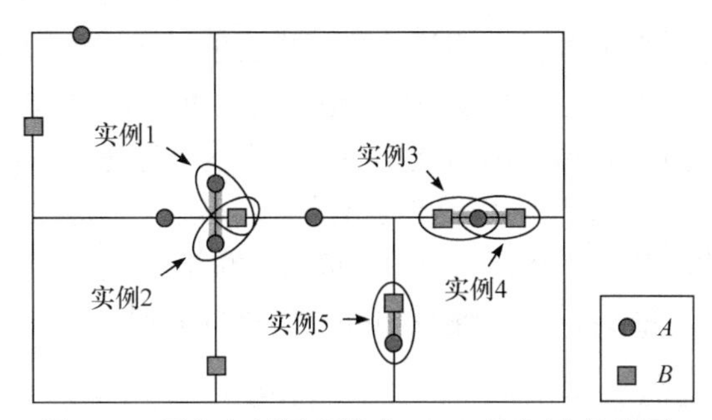

图 3.15　网络空间同现模式{A, B}的实例(见彩图)

行统计检验。对于每个参与要素 f_i，在大量多元重建数据集中计算网络参与率的重建值，记为 $\mathrm{NPR}_n^{\mathrm{null}}(\mathrm{CSTC}, f_i)$ $(n=1,\cdots,N)$，以此估计多元要素独立分布的零假设下网络参与率的经验分布。如果在零假设下网络参与率经验分布中得到大于或等于观测值的事件是一个小概率事件，则应拒绝多元要素独立分布的零假设。具体地，网络参与率重建值 $\mathrm{NPR}_n^{\mathrm{null}}(\mathrm{CSTC}, f_i)$大于等于观测值 $\mathrm{NPR}^{\mathrm{obs}}(\mathrm{CNC}, f_i)$的概率，即 p-value，计算为：

$$p\text{-value}(\mathrm{CNC}, f_i)=\frac{\left|\mathrm{NPR}_n^{\mathrm{null}}(\mathrm{CNC}, f_i)\geqslant \mathrm{NPR}^{\mathrm{obs}}(\mathrm{CNC}, f_i)\right|+1}{N+1} \tag{3-8}$$

式中，$|\mathrm{NPR}_n^{\mathrm{null}}(\mathrm{CSTC}, f_i)\geqslant \mathrm{NPR}^{\mathrm{obs}}(\mathrm{CNC}, f_i)|$表示满足式内条件的重建数据集个数。进一步，候选模式 CNC 的 p-value 定义为所有参与要素 p-value 的最大值，表达为：

$$p\text{-value}(\mathrm{CNC})=\max_{i=1}^{m}\{p\text{-value}(\mathrm{CNC}, f_i)\} \tag{3-9}$$

给定显著性水平 α，如果候选模式 CNC 的 p-value 不大于 α，则意味着模式内所有参与要素均与其他要素存在显著的网络同现关系，进而将 CNC 识别为显著的网络空间同现模式。当观测数据集中不同网络空间要素间存在诱导性自相关结构，则多元独立分布的零假设下不同要素的同现频繁度很难达到或超过观测值的水平，因此拒绝零假设，认为这些要素能够形成统计显著的网络空间同现模式；相反，如果观测数据集中不同网络空间要素间不存在诱导性自相关结构(如随机分布的多类要素)，则很容易在零假设下得到与观测值相等或更高的同现频繁度，因此接收零假设，认为这些要素间不存在显著的网络空间同现模式。

3.5.2.4　实例分析

本实验运用所发展的网络空间同现模式非参数统计挖掘方法分析加拿大多伦多市南部地区不同类型城市设施间的集群模式，以测试本节方法的有效性与实用性。城市设施的集群结构(如城市商圈)是城市社会经济发展战略中的重要规划内容，利用城市设施位置大数据发现设施集群模式能够大力推动城市空间结构的优化与调整，进而促进城市经济增长(Monseny et al., 2011)。本实验所使用的多伦多南部地区设施兴趣点以及道路网络数据由多伦多公开数据项目提供，其空间分布如图 3.16 所示。在移除居住地和未知类型的兴趣点后，原始数据集被重分类为 13 种设施类型：商业、文化、教育、应急、健康、宾馆、工业、办公、娱乐、餐馆、购物、交通和祭祀，各类设施兴趣点的统计信息具体列于表 3.2。

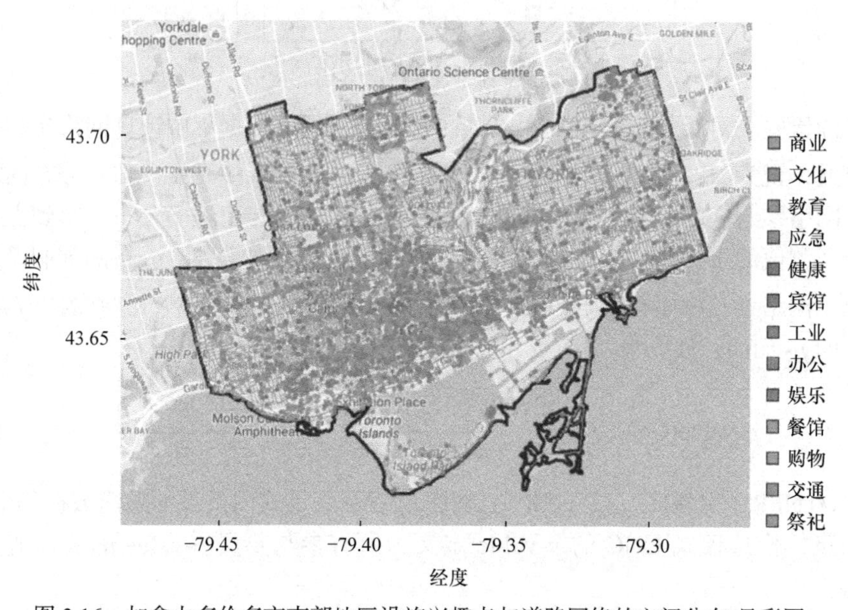

图 3.16　加拿大多伦多市南部地区设施兴趣点与道路网络的空间分布(见彩图)

表 3.2　多伦多市南部地区 13 类设施兴趣点的统计信息

ID	要素类型	实例数目
1	商业	3054
2	文化	111
3	教育	364
4	应急	54
5	健康	156
6	宾馆	62
7	工业	679
8	办公	864
9	娱乐	514

续表

ID	要素类型	实例数目
10	餐馆	72
11	购物	60
12	交通	348
13	祭祀	398

为了与现有研究进行比较，应用分析中也同时运用了基于网络参与指数的方法(简称为 NCMPI 方法(Yu, 2016))和基于网络二项分布检验的方法(简称为 NCMBT 方法(Tian et al., 2015))。在比较实验中，本节方法的显著性水平设置为 0.05，依据统计分析的常用设置(Besag et al., 1977)将重建数据集的个数设置为 $\frac{5}{\alpha}-1=99$。对于本节方法和 NCMPI 方法的网络同现距离参数，将其设置为 200 米，现有研究发现该尺度适用于建模城市设施间的空间交互(Porta et al., 2009)。依据原文建议，将 NCMBT 方法的置信水平设置为 95%，即 Z 值检验对应的临界值为 1.96。最后，采用范围为 10 米到 500 米、步长为 10 米的多个网络同现距离探测城市设施间的多尺度集群模式。

对于每个二元空间同现模式，其中两个参与要素间的空间同现关系可以理解为空间统计学中二元空间点过程间的空间交互(Huang et al., 2004)。依据相关研究(Barua et al., 2014)的建议，采用网络交叉 K 函数(Okabe et al., 2001)验证二元网络空间同现模式挖掘结果的有效性。经网络空间交叉 K 函数验证，如果两个网络空间要素均趋向于在彼此的网络邻域内聚集分布，则认为这两个要素能够形成有效的网络空间同现模式。进而，以网络交叉 K 函数的验证结果为基准，采用精确率(Precision)、召回率(Recall)和 F 度量(F-measure，即精确率和召回率的调和平均值)定量评价三个方法用于发现二元网络空间同现模式的性能，三个评价指标可表达为：

$$\text{precision}=\frac{|\text{TP}|}{|\text{TP}|+|\text{FP}|} \tag{3-10}$$

$$\text{recall}=\frac{|\text{TP}|}{|\text{TP}|+|\text{FN}|} \tag{3-11}$$

$$F\text{-measure}=2\cdot\frac{\text{precision}\cdot\text{recall}}{\text{precision}+\text{recall}} \tag{3-12}$$

式中，|TP|表示二元网络同现模式挖掘结果与网络空间 K 函数验证结果一致的模

式个数；|FP|表示二元网络同现模式挖掘结果与网络空间 K 函数验证结果不一致的模式个数；|FN|表示网络空间 K 函数验证为有效、而未被挖掘方法发现的二元网络同现模式个数。

为了节约篇幅，表 3.3 仅给出了城市设施数据集中本节方法所发现的部分显著网络空间同现模式及其相应的 p-value，包括 18 个二元模式和 15 个三元模式。为了进行比较，表中相应模式的位置同样给出了 NCMPI 方法的网络参与指数(NPI)评价结果以及 NCMBT 方法的 z 值评价结果。需要注意的是，NCMBT 方法仅能用于分析二元模式(表示为 $\{i, j\}$)，其中 $z_{i\to j}$ 度量要素 i 对要素 j 分布的影响，$z_{j\to i}$ 度量要素 j 对要素 i 分布的影响。表中的结果首先按本节方法的 p-value 升序排列，其次按 NCMPI 方法的 NPI 值降序排列，因此表格中排序较前的模式在统计上更加显著，且同现频繁度更高。表 3.4 给出了三种方法挖掘二元网络空间同现模式的精确率、召回率和 F 度量的评价结果。其中，NCMPI 方法对模式的筛选依赖于人为设置的同现频繁度阈值，为此，实验设置了 3 个不同阈值进行测试，分别为 0.2、0.3 和 0.4。

表 3.3　城市设施数据集中 3 种方法的部分结果

二元网络空间同现模式					三元网络空间同现模式		
模式	本节方法	NCMPI	NCMBT		模式	本节方法	NCMPI
	p-value	NPI	$z_{i\to j}$	$z_{j\to i}$		p-value	NPI
{商业，办公}	0.01	0.658	25.42	24.71	{商业，办公，交通}	0.01	0.340
{办公，交通}	0.01	0.569	14.43	14.30	{商业，宾馆，办公}	0.01	0.154
{商业，交通}	0.01	0.479	14.41	13.89	{工业，办公，交通}	0.01	0.154
{宾馆，办公}	0.01	0.251	7.46	7.58	{商业，办公，餐馆}	0.01	0.144
{办公，餐馆}	0.01	0.218	10.15	9.99	{办公，餐馆，交通}	0.01	0.138
{商业，宾馆}	0.01	0.184	8.02	7.67	{办公，娱乐，交通}	0.01	0.115
{健康，祭祀}	0.01	0.181	3.68	3.71	{商业，交通，祭祀}	0.01	0.111
{宾馆，餐馆}	0.01	0.181	9.95	9.95	{宾馆，办公，交通}	0.01	0.106
{商业，餐馆}	0.01	0.178	12.72	12.17	{商业，餐馆，交通}	0.01	0.104
{文化，交通}	0.01	0.175	5.13	5.17	{商业，工业，办公}	0.02	0.209
{餐馆，交通}	0.01	0.167	6.51	6.55	{商业，办公，祭祀}	0.02	0.162
{宾馆，交通}	0.01	0.138	3.76	3.79	{商业，工业，交通}	0.02	0.148
{商业，祭祀}	0.02	0.336	4.40	4.25	{商业，娱乐，交通}	0.02	0.144
{商业，健康}	0.03	0.168	7.91	7.58	{办公，交通，祭祀}	0.02	0.101
{应急，餐馆}	0.03	0.139	−0.45	−0.45	{商业，办公，娱乐}	0.03	0.218

续表

二元网络空间同现模式					三元网络空间同现模式		
模式	本节方法	NCMPI	NCMBT		模式	本节方法	NCMPI
	p-value	NPI	$z_{i\to j}$	$z_{j\to i}$		*p*-value	NPI
{宾馆，购物}	0.03	0.113	1.98	1.98			
{文化，应急}	0.04	0.117	6.97	6.96			

表 3.4　设施数据集中三种方法发现二元同现模式的精确率、召回率和 *F* 度量

评价指标	本节方法	NCMPI 方法			NCMBT 方法
		min_npi = 0.2	min_npi = 0.3	min_npi = 0.4	
精确率/%	100	32	50	100	37
召回率/%	100	33	22	17	94
F 度量/%	100	32	31	29	53

注：min_npi 表示 NCMPI 方法的最小同现频繁度阈值。

分析结果可以发现，本节方法能够正确且完整地发现所有网络交叉 *K* 函数所验证的二元网络空间同现模式，具体地，精确率、召回率和 *F* 度量均为 100%。其他两种方法都有不同程度的漏判和误判现象。对于 NCMPI 方法，如果同现频繁度阈值设置较低，则结果的精确率会降低，会错误地包含更多虚假的、没有意义的同现模式；如果同现频繁度阈值设置较高，则结果的召回率会下降，会错误地遗漏更多真实的、有意义的同现模式。对于 NCMBT 方法，除了模式{应急，餐馆}外，其他网络交叉 *K* 函数所验证的有效二元模式均能被有效发现(即 z 值大于 1.96)，使得结果具有较高的召回率(94%)；但是，二元模式挖掘结果的精确率很低(37%)，因为若两个要素的实例出现于相同路段，则该方法认为这两个实例在网络空间内同现，所以较长路段上的同现实例会被过高估计，进而导致结果中可能包含一些错误的、没有意义的模式。

下面对本节方法与现有两个方法得到的矛盾结果进行着重分析，具体包含两种情况：

(1) 本节方法肯定、而现有方法否定的模式。以模式{应急，餐馆}为例，两种设施的空间分布如图 3.17(a)所示。图 3.18(a)和(b)分别给出了网络交叉 *K* 函数关于“应急→餐馆”和“餐馆→应急”的计算结果。可以发现，两类设施空间分布间具有较强的依赖性。图 3.19(a)和(b)分别给出本节方法得到的该模式中应急和餐馆各自参与率在零假设的经验分布。可以发现，与应急和餐馆在该模式中参与率的观测值(0.167 和 0.139)相比，在零假设下很难得到相当或更高的取值，具体地，

应急和餐馆的 p-value 均为 0.03，该模式的 p-value 为 0.03。因此，本节方法能够有效发现该显著网络空间同现模式。然而，若 NCMPI 方法的同现频繁度阈值低于 0.139，则不能发现该模式。NCMBT 也误认为两类设施的空间分布相互独立，具体地，z 值均为−0.45，因为该方法使用的网络划分机制破坏了网络要素实例在邻接道路间潜在的网络邻近关系。

(2) 本节方法否定、而现有方法肯定的模式。以模式{商业，娱乐}为例，其空间分布如图 3.17(b)所示，可以发现两类设施均具有大量的实例，且几乎覆盖整个研究网络。因此，该模式具有相对较高的同现频繁度，具体地，网络参与指数 NPI = 0.378。图 3.18(c)和(d)给出了两类设施空间分布相互影响的网络交叉 K 函数分析结果，可以发现，该模式中仅有娱乐设施会对商业设施的空间分布产生显著影响，而商业设施对娱乐设施空间分布的影响并不显著，为此，两类设施不能构成有效的网络空间同现模式。通过考虑空间数据本身的分布特征，本节方法亦发现两类设施间不存在统计显著的网络同现模式。该模式中两类设施参与率在零假设下的经验分布如图 3.19(c)和(d)所示，可以发现，在两类设施分布相互独立的情况下亦能很容易地得到大于或等于观测值的参与率。具体地，该模式中商业和娱乐设施参与率的观测值分别为 0.378 和 0.496，p-value 分别为 0.12 和 1，该模式 p-value 为 1，因此，模式{商业，娱乐}不具有统计显著性。

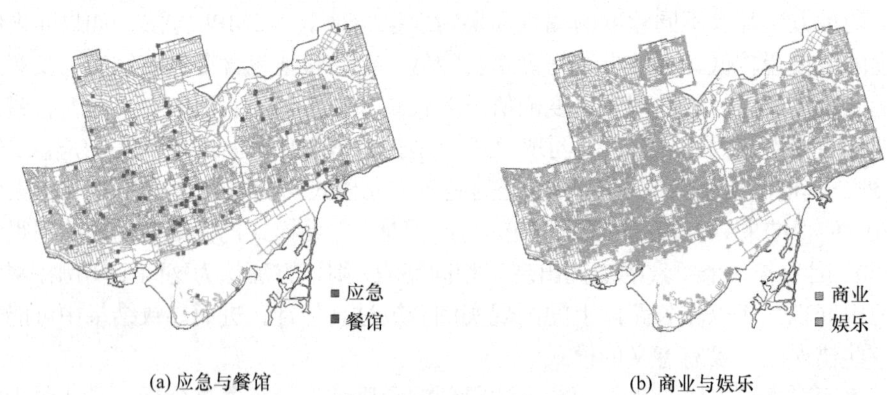

(a) 应急与餐馆　　(b) 商业与娱乐

图 3.17　二元同现模式中参与要素的空间分布

借助聚集经济学中的投入共享机制(Monseny et al., 2011)解释设施空间同现模式背后的形成机理。具有前向或后向联系的城市设施更有可能选址于邻近空间位置，以减少服务或产品的交通成本和运输损耗，从而获得更大的经济聚集效应。因此，在投入共享机制的驱动下，不同城市设施会形成表 3.3 中所列的网络空间同现模式。例如，在本节应用案例中，餐馆设施周围的应急设施大部分为消防设施。由于餐馆中存在大量易燃易爆物品(如加热设备、电气燃料、食用油、清洁化学试剂等)，导致餐馆火灾经常难以控制。以消防为主的应急设施可以为餐馆火灾提供紧急救援。为及时提供救援并尽量降低人身伤害和经济损失，应在主要餐馆的邻近街道设立应急设施，进而形成网络空间同现模式{应急，餐馆}。

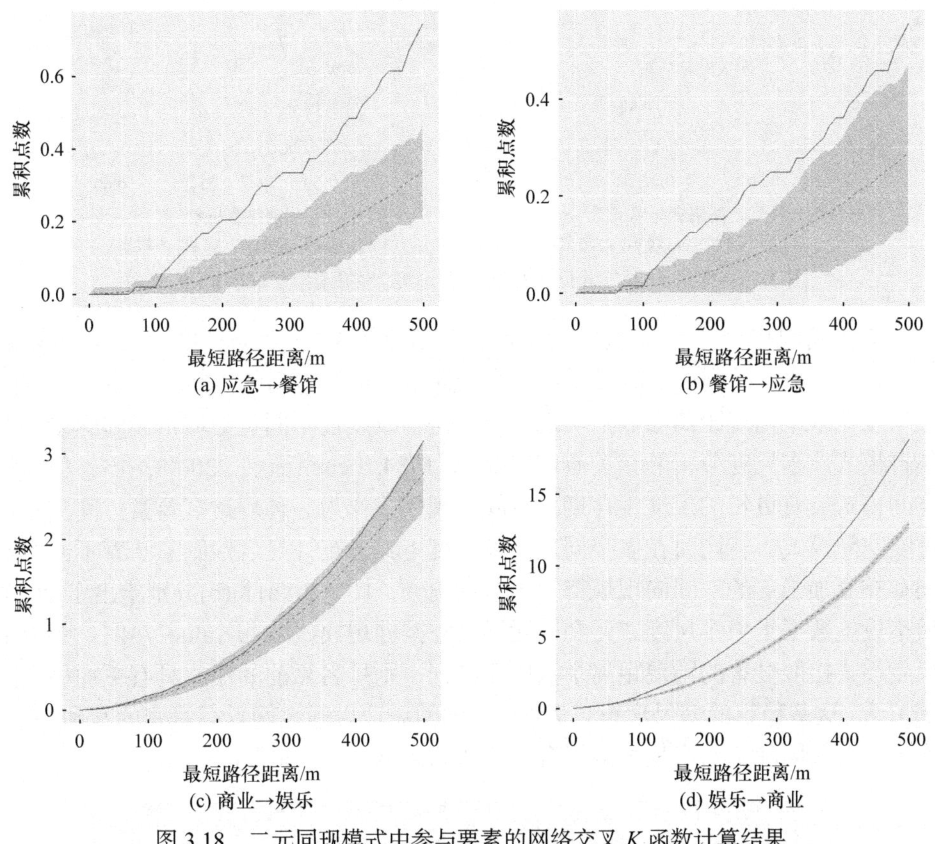

图 3.18　二元同现模式中参与要素的网络交叉 K 函数计算结果

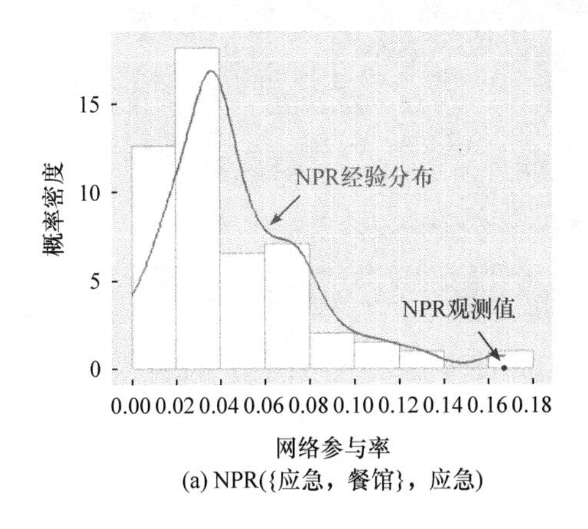

(a) NPR({应急，餐馆}，应急)

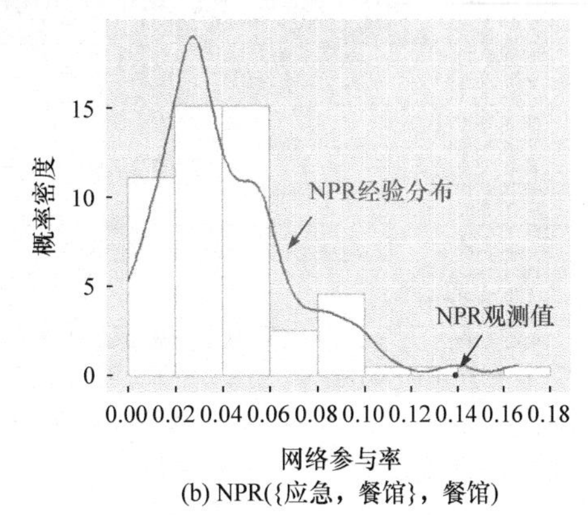

(b) NPR({应急，餐馆}，餐馆)

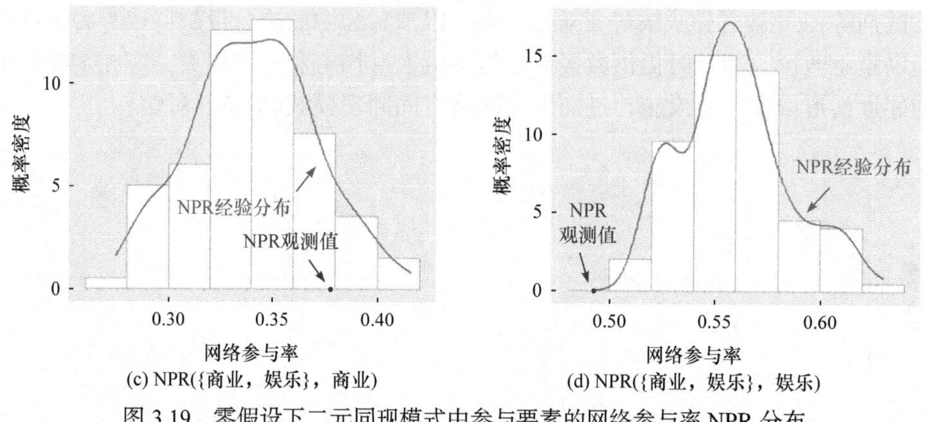

(c) NPR({商业，娱乐}，商业)　　(d) NPR({商业，娱乐}，娱乐)

图 3.19　零假设下二元同现模式中参与要素的网络参与率 NPR 分布

实际情况中，不同要素间的空间交互通常存在于多个尺度(Wiegand et al., 2013)，采用单一的同现距离尺度难以全面揭示网络要素间的空间同现模式。为此，进一步在多个同现距离参数下实现本节方法，以发现不同类型城市设施间多尺度集群模式。多尺度分析的相关研究(Witkin, 1984; Leung et al., 2000)指出，稳定的空间模式具有更长的尺度生存期。空间同现模式作为一种表达多要素空间交互的重要空间模式，若同时在多个同现距离尺度下具备统计显著性则意味着不同要素间存在更加稳定的空间同现规律。为节约篇幅，图 3.20(a)和(b)分别给出了 20 个城市设施数据集中多尺度二元和三元网络空间同现模式的 p-value 热图。图中多尺度模式按照显著的同现距离个数倒序排列，则排名靠前的模式具有更加稳定同现关系。这些稳定的多尺度模式表明，不同的城市设施之间具有紧密的互利关系，为了追求共同利益而产生经济聚合效应(Monseny et al., 2011)。

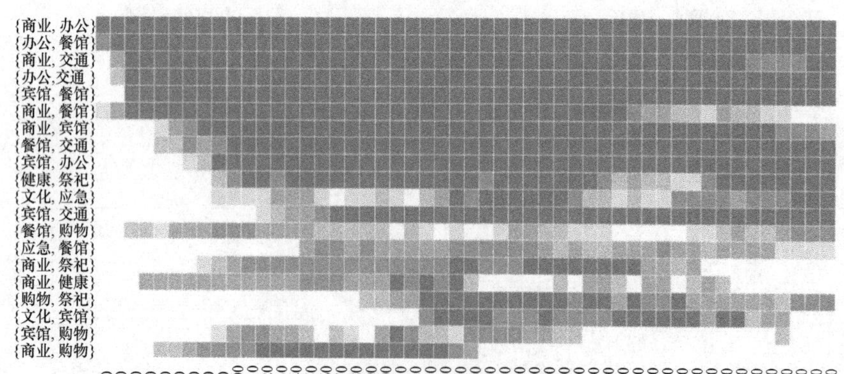

(a) 多尺度二元网络空间同现模式

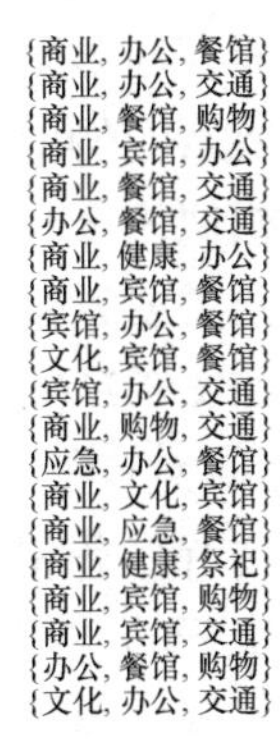

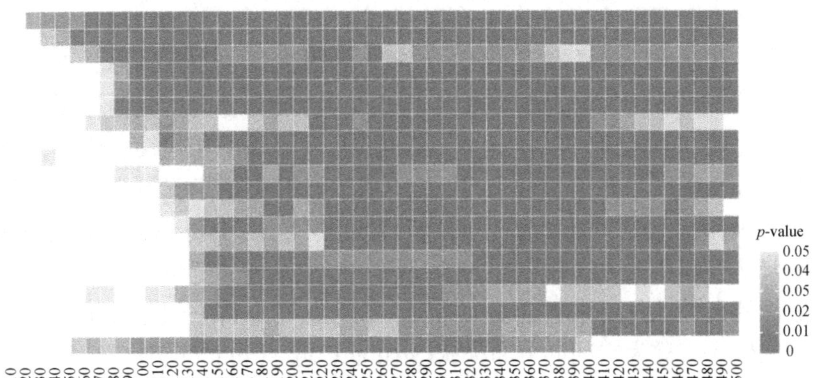

(b) 多尺度三元网络空间同现模式

图 3.20　多尺度城市设施网络空间同现模式的 p-value 热图

一方面，城市设施多尺度集群模式可以为商业选址提供有效的参考建议。例如，基于模式{宾馆，交通}和{餐馆，交通}，宾馆和餐馆设施的空间选址均需要考虑交通设施(如地铁站)的位置。因为交通设施周围具有大量的流动人群，可以为餐馆和宾馆带来较多的潜在顾客，进而提升经济收益。另一方面，城市设施多尺度集群模式也能进一步有效辅助城市公共设施的空间规划。例如，模式{应急，餐馆}和{文化，应急}表明，城市中消防设施的布局需要考虑大型餐馆的空间位置，展览馆、博物馆等文化设施附近需要设立警用设施，进而可以维护社区安全并减少经济损失。

3.6　基于混合策略的挖掘方法

基于混合策略的挖掘方法旨在综合不同策略的优势，扬长避短，在多个方面提升空间同现模式挖掘算法的效能。下面重点阐述本书作者近年来提出的一种混合空间聚类和统计的方法(Cai et al., 2020)。

3.6.1　混合空间聚类与统计的方法

空间聚类的方法可以利用地理要素的聚类簇实现对空间同现模式的简约表达，但是聚类结果的有效性难以评价。空间统计方法可以有效地评价空间同现模式的有效性，但需要对所有候选模式进行测试，会造成巨大的计算开销。为此，本书作者通过重组空间聚类与非参数统计策略的优势，发展了一种混合的挖掘策略，力求在快速筛选候选模式的基础上，亦能够对候选模式的有效性进行客观评价。

通过分析发现，现有研究均从空间位置邻近频繁度的视角理解空间同现模式，然而多类要素即使频繁出现于邻近的空间位置，它们的空间分布也可能存在显著差异，甚至误导领域专家的相关决策。如图 3.21(a)和(b)所示，当两类要素实例的空间位置显著偏离时，其空间分布间亦存在显著差异；当两类要素以相似密度分布于邻近空间位置时，其空间分布也会呈现显著的相似性。然而，当两类要素以不同分布密度出现于邻近空间位置时，仍可以得到较高的同现频繁度，如图 3.21(c)和(d)所示。因此，现有方法中同现频繁度不能直接用于表达空间分布相似性特征。本节从空间要素分布相似性的新视角，旨在发现邻近位置上空间分布具有显著相似性的多类地理要素集合。为与现有研究区分，将空间分布相似性视角下的空间同现模式简称为空间同分布模式(Spatial Co-distribution Pattern)。空间同分布模式能够赋予不同要素空间交互以更加严格的地理解释，可以进一步辅助预测空间要素潜在分布。

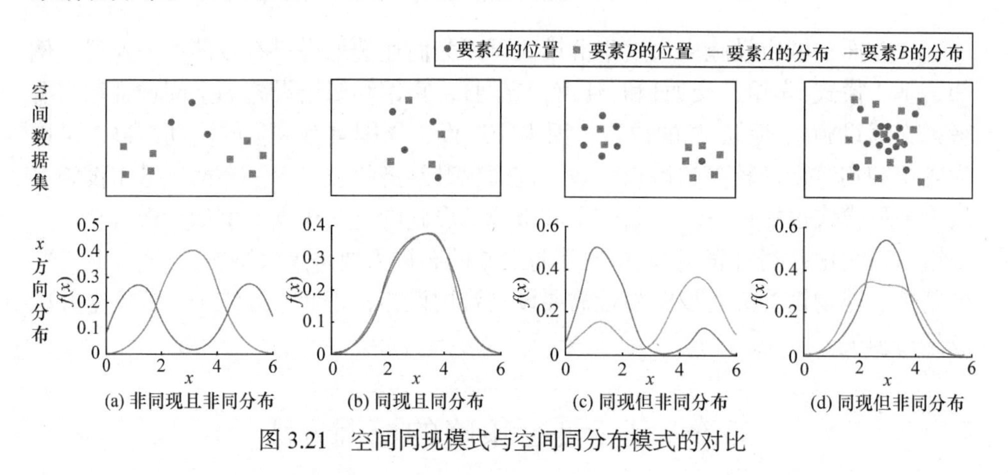

图 3.21　空间同现模式与空间同分布模式的对比

3.6.1.1　面向空间分布的层次聚类方法

对于包含 K 类地理要素的空间数据集，所有要素组合形成的候选同分布模式数目与 K 呈指数函数关系。当 K 较大时，现有同现模式统计挖掘方法中的枚举测试策略将因巨大的计算开销而难以适用。为此，一种更为实际的策略是识别具有最相似空间分布的地理要素集合，视为最有潜力的候选模式，并优先测试。如图 3.22 所示，相比于其他地理要素，要素 A 的空间分布与要素 B 更为接近，模式 $\{A, B\}$ 可能是一个有潜力的候选空间同分布模式。因此，本节将候选空间同分布模式的生成建模为面向地理要素空间分布的特殊聚类问题。

为了度量多个地理要素的空间分布差异，提出了空间同分布模式兴趣度量新指标，即相异指数(Dissimilarity Index，DI)。如图 3.23 所示，基于给定的同现距离阈值 r，构建地理要素实例间的空间邻近关系 R。对于候选空间同分布模式

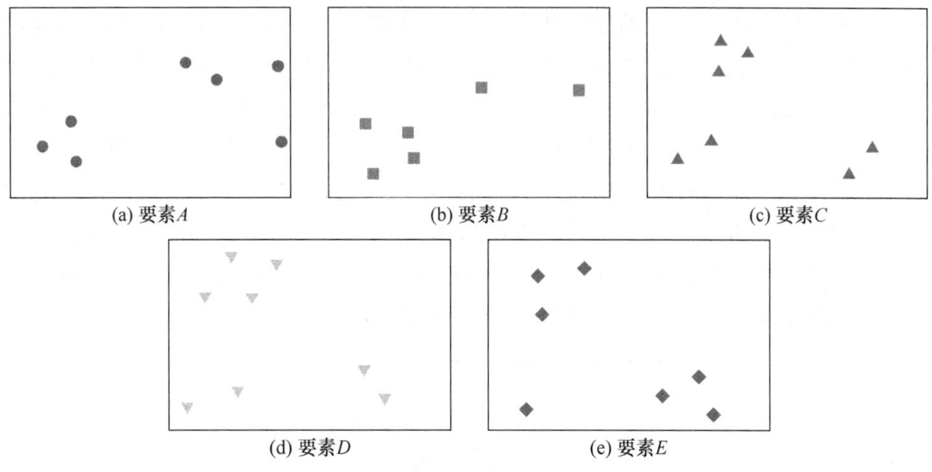

图 3.22　包含多类地理要素的示例数据集

$\mathrm{CSC}=\{f_1,\cdots,f_k\}$，其背景位置(Baseline Location)定义为所有参与要素的实例位置 $L=\{l_1,\cdots,l_n\}$。对于每类参与要素 f_i，其空间分布建模为 f_i 在候选模式 CSC 各背景位置 l_j 周围的出现率(Occurrence Rate，OR)，表达为：

$$\mathrm{OR}(f_i,l_j)=\frac{\left|I\left(f_i,l_j\right)\right|}{\left|I(f_i)\right|} \tag{3-13}$$

式中，分母为整个研究区域内要素 f_i 的实例个数，分子为空间邻近关系 R 的约束下背景位置 l_j 周围要素 f_i 的实例个数。背景位置 l_j 处，要素 f_i 与候选模式 CSC 中所有参与要素的局部空间分布差异(Local Distribution Difference，LDD)定义为 l_j 处 f_i 的出现率与所有参与要素平均出现率的差值，具体表达为：

$$\mathrm{LDD}(\mathrm{CSC},f_i,l_j)=\mathrm{OR}(f_i,l_j)-\frac{\sum_{m=1}^{k}\mathrm{OR}(f_m,l_j)}{k} \tag{3-14}$$

进而，要素 f_i 与候选模式 CSC 中所有参与要素的整体空间分布差异(Distribution Difference，DD)定义为候选模式 CSC 所有背景位置 $L=\{l_1,\cdots,l_n\}$ 处局部空间分布差异的均方根值，表达为：

$$\mathrm{DD}(\mathrm{CSC},f_i)=\sqrt{\frac{\sum_{j=1}^{n}\left[\mathrm{LDD}(\mathrm{CSC},f_i,l_j)\right]^2}{n}} \tag{3-15}$$

在此基础上，空间同分布模式 CSC 的相异指数定义为所有参与要素空间分布差异的平均值，具体表达为：

$$\mathrm{DI}(\mathrm{CSC})=\mathrm{mean}\{\mathrm{DD}(\mathrm{CSC},f_i)\} \tag{3-16}$$

可以发现，相异指数的取值始终为非负数，取值越小表示空间同分布模式中各要素空间分布越相似。若候选模式所有背景位置处各参与要素的出现率均相等，则表明参与要素的空间分布完全一致，相异指数取值为 0。如图 3.23 所示，模式$\{A, B\}$的背景位置为所有 13 个实例点的空间位置。位置 l_i处，要素 A 和要素 B 的出现率分别为 2/7 与 1/6，平均出现率为(2/7+1/6)/2≈0.23，局部分布差异 LDD($\{A, B\}$, A, l_i)与 LDD($\{A, B\}$, B, l_i)分别为 2/7−0.23≈0.06 和 1/6−0.23≈−0.06。遍历所有背景位置后，得到两个要素的总体分布差异 DD($\{A,B\}$, A)与 DD($\{A,B\}$, B)均为 0.066，则该模式的相异指数 DI$\{A, B\}$=(0.066, 0.066)/2 = 0.066。

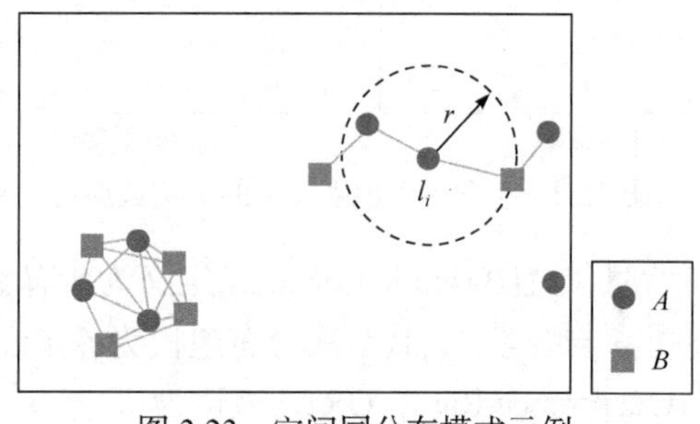

图 3.23　空间同分布模式示例

本节采用分裂聚类策略识别地理要素空间分布的层次聚类结构，主要出于两方面考虑：①自底向上的凝聚层次聚类结果取决于从底层获取的局部信息，而分裂层次聚类方法自顶向下识别聚类结构能够顾及更多的全局信息，因而可以识别更加准确的层次聚类结果(Steinbach et al., 2000; Guha et al., 2000)；②高层的聚类结果可以蕴含底层聚类结果中的同分布知识，若采用自顶向下的搜索策略，则可以在高层识别由较多地理要素组成的显著空间同分布模式之后，停止向下搜索并测试显著模式的子集。

具体地，空间分布聚类方法可以理解为在多个层次上递归地进行划分聚类。在最顶层，该方法将数据集中所有地理要素识别为一个簇。对于第 i 层的每个要素簇 FC，将采用下面提出的显著性检验方法评价其有效性。若 FC 被识别为不显著的同分布模式，则发展一种分布二分方法将 FC 进一步划分为两个子簇 FSC_1 与 FSC_2，具体步骤描述为：

(1) 计算要素簇 FC 中各要素与其他要素组成的二元同分布模式的相异指数的总和，将具有最小取值的要素识别为第一个初始簇中心 rf_1；

(2) 对于每个其他要素，临时将其作为第二个簇中心 rf_2，并将其余要素依据相异指数划分至与其空间分布最相似的簇中心，得到两个临时的子簇 FSC_1 与 FSC_2，采用两个子簇代表的候选同分布模式的相异指数总和(Total Dissimilarity Index，TDI)度量当前聚类质量，计算为：

$$\mathrm{TDI}=\mathrm{DI}(\mathrm{FSC}_1)+\mathrm{DI}(\mathrm{FSC}_2) \tag{3-17}$$

(3) 测试每个其他要素后，将可以获得 TDI 最小取值的要素识别为第二个初始簇中心 rf_2；

(4) 对于每个非中心要素 nf_i，与其所属的中心要素 rf_j(j 取值为 1 或 2)临时替换，得到新的中心要素。进而将 rf_j 及其他非中心要素划分至最相似的簇中心，并记录更新划分结果后的 TDI 取值；

(5) 检查当前聚类质量是否改善，即替换后 TDI 取值是否减小。如果质量得以改善，则接受能带来 TDI 最大减少量的簇中心，并返回步骤③继续测试；否则，终止聚类过程，输出当前聚类结果 FSC_1 与 FSC_2。

上述分布二分方法将应用于每个非显著的候选模式，以发现后续层次上最有潜力的候选同分布模式。若非显著候选模式只包含一个或两个空间要素，则无需采用分布二分方法继续划分子簇。

3.6.1.2　基于移位矫正的分布结构重建

构建包含多元独立分布地理要素的零模型是空间同分布模式显著性检验的基础。多元独立分布的零模型需要在随机化不同要素空间互相关结构的同时，维持每类要素的空间自相关结构。为了建模空间自相关结构，通常需要对预选的分布模型或分布特征进行拟合，若缺乏足够先验知识的引导，可能导致零模型构建存在较大误差，进而影响显著性检验的结果。同时，为了避免过多的分布假设，可以将研究区域视为连续的环形，通过将空间实例进行整体移位获得每类要素的重建数据(Lotwick et al., 1982)。尽管通过环形移位可以完整地保留观测数据集中大部分的分布结构，但是可能会在边界处产生虚假结构，进而直接影响统计结果的判断。为此，本节基于空间统计学中的边界矫正思想，提出了基于分布移位矫正的分布结构重建方法。

对于每类地理要素 f_i，为重建其空间分布，该方法需要依次执行三个关键步骤，具体描述为：

(1) 分布移位：随机生成向量 v=(dx, dy)，并附加于要素 f_i 所有实例 $I(f_i)$的坐标值，以实现要素 f_i 在研究区域 S=[0, X]× [0, Y]内所有实例的整体移位，如图 3.23(b)所示。

(2) 分布重置：将研究区域 S 外右侧区域(如图 3.24(b)中的区域 R_2 与 R_4)内所有实例的横坐标减去研究区域的长度 X，上方区域(如图 3.24(b)中的区域 R_3 与 R_4)内所有实例的纵坐标减去研究区域的宽度 Y，以遵循环形几何规则将研究区域 S 外部的实例重置于 S 内部，如图 3.24(c)所示。

(3) 分布矫正：该步骤是用于矫正前两步可能产生的虚假分布结构的后处理

步骤。虚假分布结构可能包括破坏结构与新生结构。破坏结构位于研究区域 S 的边界处，源于移位后 S 边界的强制分割，如图 3.24(b)中黑色虚线。该破坏结构将进一步导致重建数据中局部统计属性的低估，需要基于原有的数据对其邻近关系进行修复，如图 3.24(d)中的黄色区域；新生结构位于移位参考线(如图 3.24 中蓝色实线)处，由分布重置后的强制拼接造成，如图 3.24(c)中黑色实线。该结构将造成重建数据中局部统计量的高估，需要对新生结构的邻近关系进行修剪，如图 3.24(d)中的绿色区域。

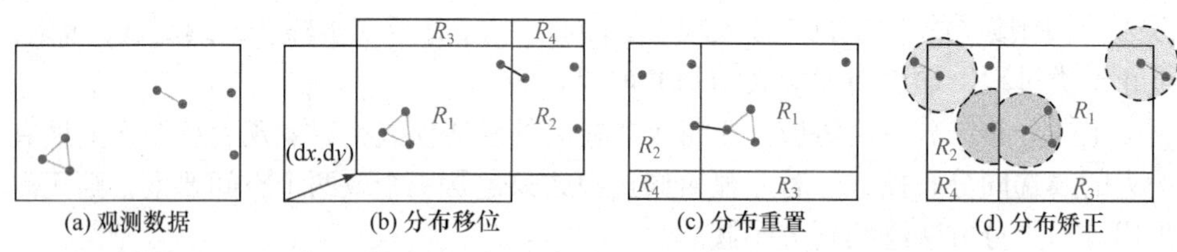

图 3.24 基于分布移位矫正方法的分布结构重建(见彩图)

图 3.25 展示了上述分布结构重建方法执行过程中基于核密度估计可视化的地理要素分布结构的变化。可以发现，在重建数据中，尽管地理要素的分布位置发生了整体性的随机变化，但是能够精准地复现原始的分布结构，即不同位置间的空间关系。需要指出的是，对于每类要素，该方法不直接产生与原始数据分布结构完全一致的重建数据，而是通过分布矫正策略从重建数据中复现原始的分布结构。

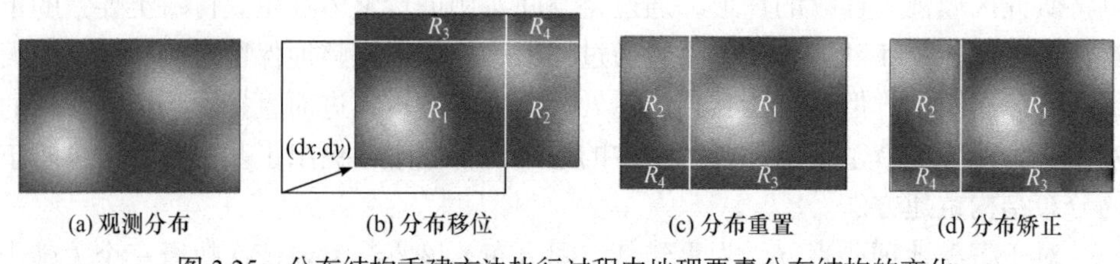

图 3.25 分布结构重建方法执行过程中地理要素分布结构的变化

3.6.1.3 空间同分布模式的显著性检验

采用显著性检验方法评价每个候选空间同分布模式的有效性，并为面向空间分布的层次聚类方法确定可靠的停止准则。采用相异指数作为检验统计量，以零假设下候选模式相异指数的经验分布(称为零分布)为参考，判断其统计显著性。为了获得零分布的精确估计，首先需要采用所提的分布结构重建方法生成大量的多元重建数据集，然后在每个重建数据集中计算候选模式的相异指数。考虑到重建数据集中每个要素的虚假空间结构同样会直接影响相异指数的重建值计算，则需要发展一种分布结构矫正方法，在计算相异指数重建值的过程中建模每类要素的原始分布结构。

对于候选空间同分布模式 CSC=$\{f_1,\cdots,f_k\}$，分布结构矫正方法需要矫正重建数据集中模式 CSC 背景位置处每个参与要素 f_i 出现率的重建值，具体需要考虑两种情况：①对于要素 f_i 在重建数据集中的背景位置 L^i，如图 3.26(a)中要素 A 的实例位置，当保持 f_i 原始分布结构时，f_i 出现率重建值 OR(f_i, l_m) ($l_m \in L^i$)等于观测数据集中相应实例位置处的 f_i 出现率取值；②对于其他参与要素在重建数据集中的背景位置 L^0(如图 3.26(a)中要素 B 的实例位置)，先将 L^0 重置于要素 f_i 实例观测位置的场景中，f_i 出现率重建值 OR(f_i, l_n) ($l_n \in L^0$)矫正为 L^0 重置数据集中对应位置处的 f_i 出现率取值。L^0 的重置过程可以视为基于随机向量(dx, dy)生成要素 f_i 重建数据的逆过程，具体描述为：

(1) 将横坐标区间[0, dx]内的位置(如图 3.26(b)中区域 R_2 与 R_4 内的位置)整体右移 X 的距离，其中 X 为研究区域的长度；

(2) 将纵坐标区间[0, dy]内的位置(如图 3.26(b)中区域 R_3 与 R_4 内的位置)整体上移 Y 的距离，其中 Y 为研究区域的宽度；

(3) 最后，将所有位置基于向量(−dx, −dy)整体移位于研究区域 $S=[0,X]\times[0,Y]$ 内(如图 3.26(c)所示)。

按上述方法矫正候选模式 CSC 中每个参与要素 f_i 出现率重建值后，可以按式(3-14)～式(3-16)得到该模式矫正后的相异指数重建值。如图 3.26 所示：(a)为要素 A 和 B 的重建数据集，(b)和(c)分别给出了要素 A 的分布结构矫正过程，(d)为矫正数据集，可以发现矫正数据集中要素 A 可以完整保持其原始的分布结构(如图 3.24(a)所示)。因此，要素 A 在背景位置处的出现率重建值可以矫正为矫正数据集中相应位置处要素 A 的出现率取值。同理，基于生成要素 B 重建数据的随机向量(dx', dy')，采用相同方法对重建数据集中要素 B 的分布结构进行矫正，并计算矫正后的要素 B 出现率重建值。进而，可以在要素 A 和 B 原始分布结构的约束下对候选模式$\{A, B\}$的相异指数重建值进行修正。

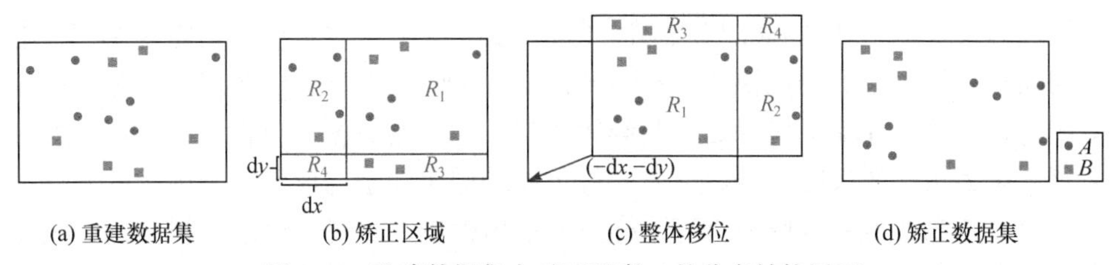

图 3.26　重建数据集中对于要素 A 的分布结构矫正

在大量重建数据集矫正候选模式 CSC 的相异指数之后，空间同分布模式的统计显著性定义为零假设下相异指数取值小于或等于观测值的概率，具体表达为：

$$p\text{-value}(\mathrm{CSC})=\frac{\left|\mathrm{DI}_n^{\mathrm{null}}(\mathrm{CSC})\leqslant \mathrm{DI}^{\mathrm{obs}}(\mathrm{CSC})\right|+1}{N+1} \tag{3-18}$$

式中，$\mathrm{DI}^{\mathrm{obs}}(\mathrm{CSC})$和$\mathrm{DI}_n^{\mathrm{null}}(\mathrm{CSC})$分别为候选模式相异指数的观测值与第 n 个重建值；$|\cdot|$为满足条件的数据集个数；N 为重建数据集总数。给定显著性水平α(通常设为 0.05 或 0.01)，若 p-value(CSC)$\leqslant\alpha$，则拒绝零假设，认为候选模式 CSC 中参与要素的空间分布具有显著的相似性，故将 CSC 识别为统计显著的空间同分布模式。实际应用中，为了进一步提高计算效率，若从前几组重建数据集中发现候选模式的 p-value 已经大于显著性水平，则没有必要在剩余重建数据集中继续评价该模式，为此可以提前结束该模式的显著性检验过程。

3.6.1.4 算法描述

空间同分布模式统计挖掘方法的算法流程主要包括：

(1) 基于移位矫正的分布结构重建方法生成 N 组包含 K 类地理要素的重建数据集；

(2) 在第 1 层，将包含所有地理要素的集合识别为候选同分布模式 $\mathrm{CP}_1=\{f_1,\cdots,f_K\}$，并测试其统计显著性；

(3) 对于第 n 层的候选空间同分布模式集合 CP_n，若其中包含三元及以上的非显著模式，则采用分布二分方法识别第 n+1 层的候选模式集合 CP_{n+1}；否则终止算法，输出所有的显著模式；

(4) 测试 CP_{n+1} 中各模式的显著性，将 n+1 赋值于 n，并返回步骤③，判断算法是否需要继续执行。

3.6.1.5 实例分析

为了验证本书作者所提方法的实用性，采用美国科罗拉多州中心区域的公共健康数据集进行应用分析，以识别不同疾病及其他潜在风险因子间的并发规律。并发症的发现对于理解病症与风险因子间的交互关系至关重要，为疾病和不适症状的预防控制提供有力的决策支持(Valderas, 2009)。实验分析采用由美国科罗拉多州公共健康与环境部提供的公共健康数据集。原始数据集包含 2013 年至 2016 年科罗拉多州社区尺度采样点上 14 种重要的健康状态与风险行为因子的发生率估计值，并根据研究区域内所有采样点的取值范围，将每类健康与风险因子发生率均分为五个级别。如图 3.27 所示，科罗拉多州全局范围内采样密度很不均衡，为获得较为准确的分析结果，实验中以矩形框划定的区域为研究区域，所选取的研究区域内具有较高且均一的采样密度。此外，将具有最高级别发生率的采样点位置识别为各因子的空间实例位置，以分析不同类型高发因子间的空间交互关系。

图 3.28 给出了研究区域内 14 种健康与风险因子高发采样点的空间分布，表 3.5 列出了各因子的统计信息。

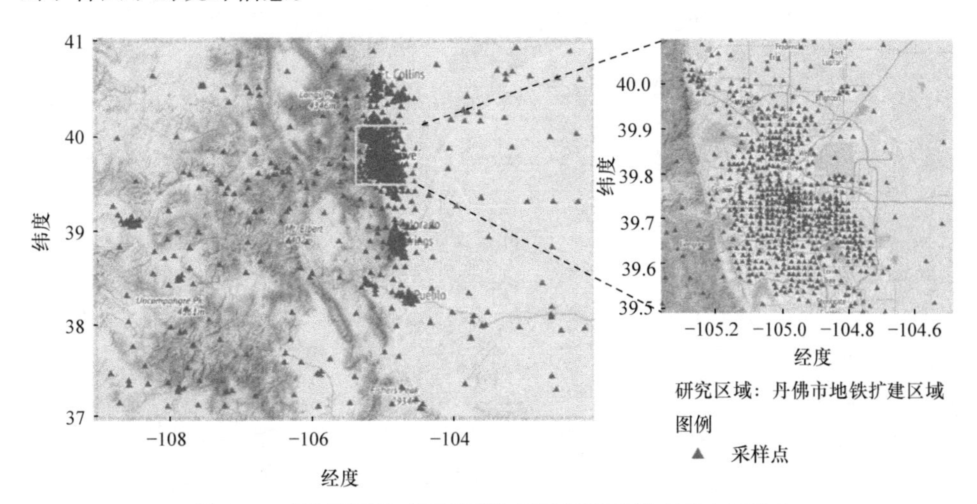

图 3.27　美国科罗拉多州健康与风险因子采样点的空间分布

表 3.5　研究区域内 14 种健康与风险因子高发采样点的统计信息

ID	要素类型	实例数目
1	哮喘	136
2	暴饮	135
3	医疗延误	130
4	糖尿病	128
5	心脏病	121
6	大量饮酒	129
7	精神不适	136
8	无体检	137
9	无运动	122
10	肥胖	130
11	超重	134
12	身体不适	124
13	不健康	125
14	吸烟	138

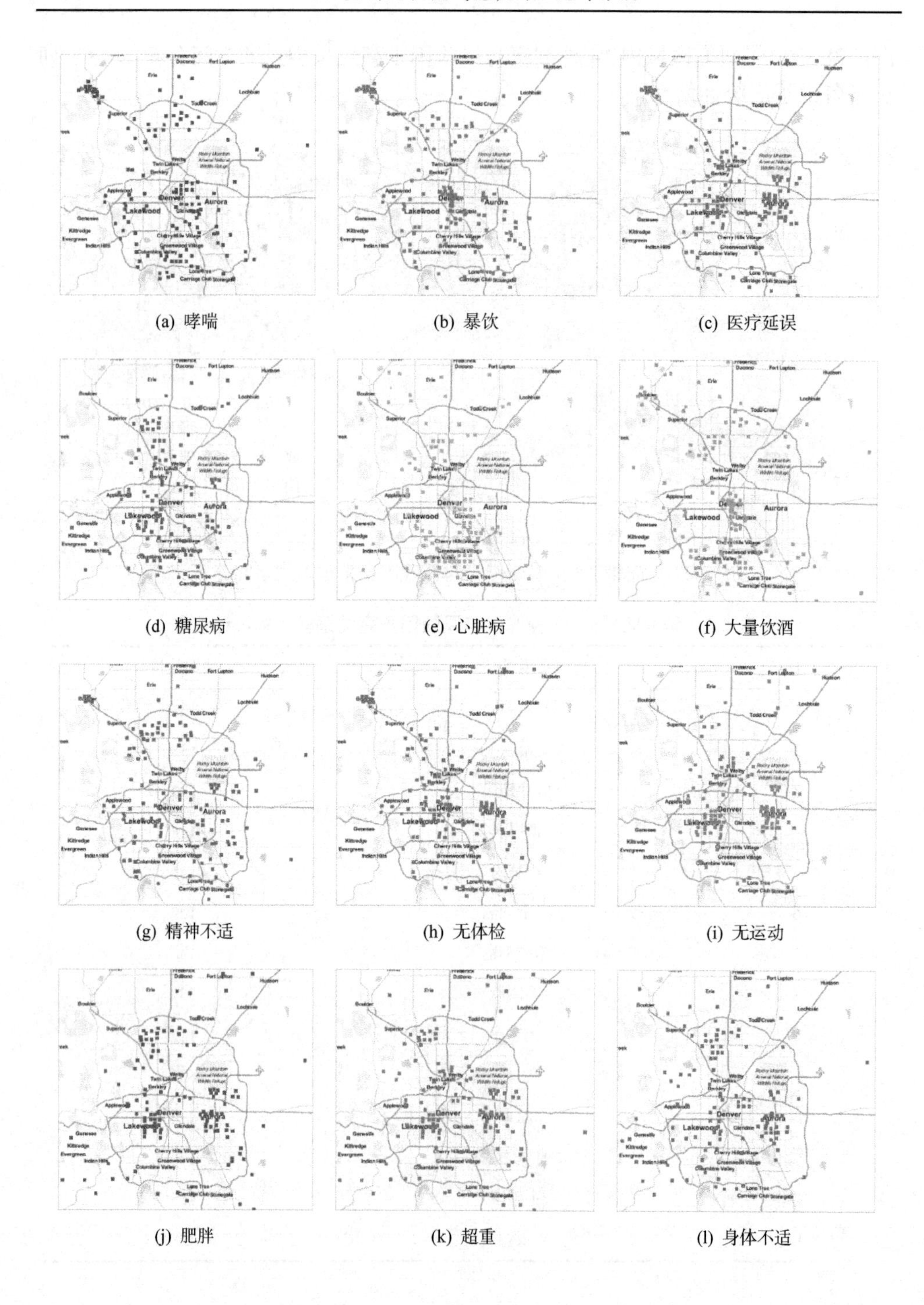

(a) 哮喘　(b) 暴饮　(c) 医疗延误

(d) 糖尿病　(e) 心脏病　(f) 大量饮酒

(g) 精神不适　(h) 无体检　(i) 无运动

(j) 肥胖　(k) 超重　(l) 身体不适

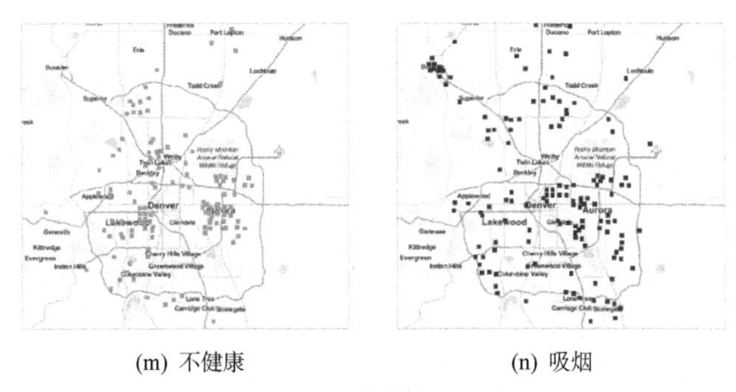

(m) 不健康　　(n) 吸烟

图 3.28　研究区域内 14 种健康与风险因子高发采样点的空间分布

依据改进的 L 函数(Yoo et al., 2012)，实验中将同现距离设置为 3000m，以构建不同高发因子间的空间邻近关系。表 3.6 列出了本节方法发现的显著空间同分布模式，包括一个二元模式、一个三元模式和一个六元模式。图 3.29 给出了零假设下三个显著空间同分布模式相异指数的经验分布。可以发现，对于每个显著同分布模式，零假设下均很难得到等于或小于观测值的相异指数，因此，各模式参与要素的空间分布具有统计显著的相似性。例如，如图 3.30 所示，从医疗延误、无运动、不健康的高发采样点分布的核密度可视化结果可以发现，三者具有显著相似的空间分布。

表 3.6　健康与风险因子间的空间同分布模式

ID	模式大小	显著空间同分布模式	相异指数	p-value
1	2	{暴饮，大量饮酒}	7.7×10^{-3}	0.01
2	3	{医疗延误，无运动，不健康}	6.9×10^{-3}	0.01
3	4	{糖尿病，精神不适，肥胖，超重，身体不适，吸烟}	9.9×10^{-3}	0.01

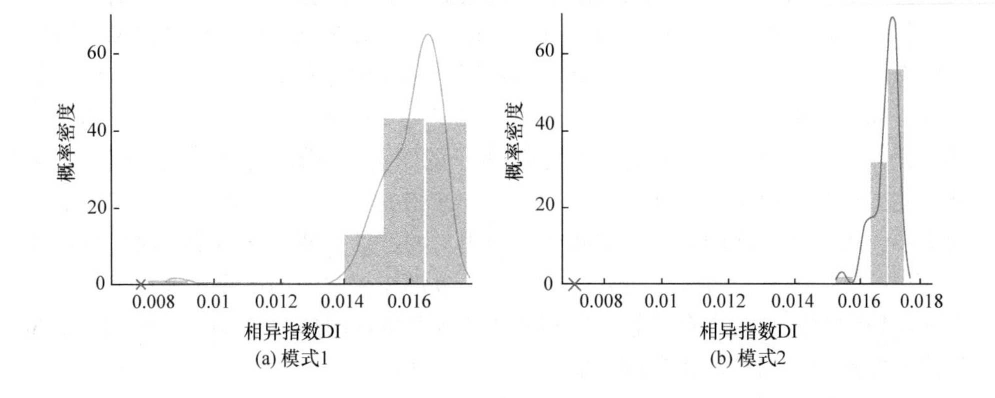

(a) 模式1　　(b) 模式2

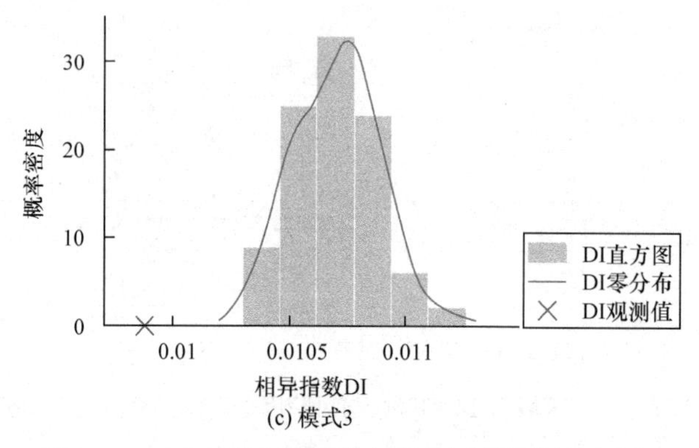

(c) 模式3

图 3.29　三个显著空间同分布模式相异指数的零分布

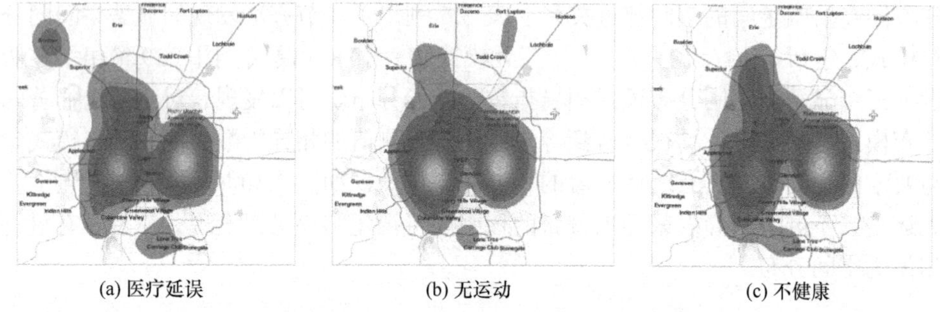
(a) 医疗延误　　(b) 无运动　　(c) 不健康

图 3.30　不同健康与风险因子空间分布的核密度可视化展示

进而，通过科罗拉多州公共健康与环境部(简称为 CDPHE)的分析报告(Williford et al., 2017)对上述挖掘结果的有效性进行评价。CDPHE 部门基于 Spearman 相关系数(Spearman, 1904)分析了科罗拉多州范围内吸烟与其他因子间的相关性，从高到底依次是吸烟与精神不适、无运动、肥胖。该结论与上述结果中的显著空间同分布模式{糖尿病，精神不适，肥胖，超重，身体不适，吸烟}传达的信息高度吻合，除了模式中包含的糖尿病与身体不适。造成分析结果存在稍许偏差的原因主要有两个方面：①本节的研究范围为科罗拉多州内分布有高密度采样点的局部区域，而 CDPHE 部门的研究范围为整个科罗拉多州全局区域。需要进一步考虑其他社会经济(如房价)与环境(如水污染)因子的作用，以分析健康与风险因子的区域性差异；②CDPHE 部门所采用的 Spearman 相关系数未考虑不同采样点间的空间关系，可能造成不同因子间空间交互作用力的低估，使得最终结果遗漏某些相关因子。实际上，现有医学研究已经证明了吸烟与糖尿病的形成显著相关，且患有糖尿病的烟民同时患有引起身体不适的严重并发症(如可导致麻木、疼痛、虚弱和协调性差的周围神经病变)的风险更高(CDC, 2018)。

实验中检测到的健康与风险因子间的显著空间同分布模式可以为患者对于治

疗和预防并发症的多方位需求提供有益的医疗服务建议。例如，模式{医疗延误，无运动，不健康}说明按时医疗且经常锻炼身体能够有效改善身体的亚健康状态；模式{糖尿病，精神不适，肥胖，超重，身体不适，吸烟}意味着戒烟可以有利于预防与控制其相关并发症，如糖尿病、肥胖、精神和身体不适等。

3.7 本章小结

空间同现模式是多类型空间点数据集中空间关联模式的主要表现形式。本章首先对现有空间同现模式挖掘的方法进行了系统的分类，并分析了各类方法代表性工作的主要思想、关键步骤及其优缺点。进而，针对现有空间同现模式挖掘方法难以对结果进行客观评价的问题，重点阐述了本书作者近年来提出的空间同现模式的非参数统计方法及其与空间聚类相融合的混合挖掘方法。相比于现有方法，所提方法借助空间统计策略能有效减免人为主观设置的同现频繁度阈值对挖掘结果的影响，并且通过空间分布的非参数重建亦可以有效避免空间要素分布模型的先验假设。因此，在缺乏充分先验知识引导的情况下，所提方法依然能够更加客观和有效地发现具有地理学和统计学意义的空间同现模式，并能够从挖掘结果中有效剔除由随机交互结构导致的虚假模式。最后，通过实例分析验证了所提方法在湿地物种共生关系识别、城市设施集群模式提取以及疾病风险因子空间并发规律分析方面的实际应用价值。

参考文献

艾廷华，周梦杰，李晓明. 2017. 网络空间同位模式的加色混合可视化挖掘方法. 测绘学报，46(6): 753-759.

邓敏，刘启亮，李光强，等. 2011. 空间聚类分析及应用. 北京：科学出版社.

邓敏，刘启亮，吴静. 2015. 空间分析. 北京：测绘出版社.

李光强，邓敏，朱建军. 2008. 基于 Voronoi 图的空间关联规则挖掘方法研究. 武汉大学学报·信息科学版，33(12): 1242-1245.

田晶，王一恒，颜芬，等. 2015. 一种网络空间现象同位模式挖掘的新方法. 武汉大学学报·信息科学版，40(5): 652-660.

王香红，栾兆擎，闫丹丹，等. 2015. 洪河沼泽湿地 17 种植物的生态位. 湿地科学，13(1): 49-54.

王远飞，何洪林. 2007. 空间数据分析方法. 北京：科学出版社.

禹文豪，艾廷华，刘鹏程，等. 2015. 设施 POI 分布热点分析的网络核密度估计方法. 测绘学报，44(12): 1378-1383.

Adilmagambetov A, Zaiane O R, Osornio-Vargas A. 2013. Discovering co-location patterns in datasets with extended spatial objects//Proceedings of the International Conference on Data Warehousing and Knowledge Discovery, Prague: 84-96.

Agrawal R, Srikant R. 1994. Fast algorithms for mining association rules//Proceedings of the 20th International Conference on Very Large Data Bases, Chile: 487-499.

Andrienko G, Andrienko N, Dykes J, et al. 2010. GeoVA (t)–geospatial visual analytics: Focus on time: Special issue of the international cartographic association commission on geovisualization. International Journal of Geographical Information Science, 24(10): 1453-1457.

Barua S, Sander J. 2011. SSCP: Mining statistically significant co-location patterns//Proceedings of the 12th International Symposium on Spatial and Temporal Databases, Minneapolis: 2-20.

Barua S, Sander J. 2014. Mining statistically significant co-location and segregation patterns. IEEE Transactions on Knowledge and Data Engineering, 26(5): 1185-1199.

Benjamini Y, Hochberg Y. 1995. Controlling the false discovery rate: A practical and powerful approach to multiple testing. Journal of the royal statistical society: Series B (Methodological): 289-300.

Besag J, Diggle P J. 1977. Simple Monte Carlo tests for spatial pattern. Journal of the Royal Statistical Society: Series C (Applied Statistics), 26(3): 327-333.

Borruso G. 2008. Network density estimation: A GIS approach for analysing point patterns in a network space. Transactions in GIS, 12(3): 377-402.

Cai J, Deng M, Liu Q, et al. 2019. Nonparametric significance test for discovery of network-constrained spatial co-location patterns. Geographical Analysis, 51(1): 3-22.

Cai J, Xie Y, Deng M, et al. 2020. Significant spatial co-distribution pattern discovery. Computers Environment and Urban Systems, 84: 101543.

CDC (Centers for Disease Control and Prevention). 2018. Smoking and Diabetes. https://www.cdc.gov/tobacco/campaign/tips/diseases/diabetes.html.

Deng M, He Z, Liu Q, et al. 2017. Multi-scale approach to mining significant spatial co-location patterns. Transactions in GIS, 21(5): 1023-1039.

Diuk-Wasser M A, Gatewood A G, Cortinas M R, et al. 2006. Spatiotemporal patterns of host-seeking Ixodes scapularis nymphs (Acari: Ixodidae) in the United States. Journal of Medical Entomology, 43(2): 166-176.

Dixon P M. 2002. Ripley's K function. Encyclopedia of Environmetrics, 3: 1796-1803.

Dykes J A, Mountain D M. 2003. Seeking structure in records of spatio-temporal behaviour: Visualization issues, efforts and applications. Computational Statistics & Data Analysis, 43(4): 581-603.

Elliott P, Wartenberg D. 2004. Spatial epidemiology: Current approaches and future challenges. Environmental Health Perspectives, 112(9): 998-1006.

Estivill-Castro V, Lee I. 2001. Data mining techniques for autonomous exploration of large volumes of geo-referenced crime data//Proceedings of the 6th International Conference on Geocomputation, Brisbane: 24-26.

Estivill-Castrol V, Murray A T. 1998. Discovering associations in spatial data—An efficient medoid based approach//Proceedings of the Pacific-Asia Conference on Knowledge Discovery and Data Mining, Melbourne: 110-121.

Guha S, Rastogi R, Shim K. 2000. ROCK: A robust clustering algorithm for categorical attributes. Information Systems, 25(5): 345-366.

He Z, Deng M, Xie Z, et al. 2020. Discovering the joint influence of urban facilities on crime occurrence using spatial co-location pattern mining. Cities, 99: 102612.

Huang Y, Shekhar S, Xiong H. 2004. Discovering colocation patterns from spatial data sets: A general approach. IEEE Transactions on Knowledge & Data Engineering, 16(12): 1472-1485.

Huang Y, Zhang P. 2006. On the relationships between clustering and spatial co-location pattern mining//Proceedings of the 18th IEEE International Conference on Tools with Artificial Intelligence, Arlington: 513-522.

Illian J, Penttinen A, Stoyan H, et al. 2008. Statistical Analysis and Modelling of Spatial Point Patterns. New York: John Wiley & Sons.

Koperski K, Han J. 1995. Discovery of spatial association rules in geographic information databases// Proceedings of the International Symposium on Spatial Databases, Portland: 47-66.

Leslie T F, Kronenfeld B J. 2011. The colocation quotient: A new measure of spatial association between categorical subsets of points. Geographical Analysis, 43(3): 306-326.

Leung Y, Zhang J S, Xu Z B. 2000. Clustering by scale-space filtering. IEEE Transactions on Pattern Analysis and Machine Intelligence, 22(12): 1396-1410.

Lotwick H W, Silverman B W. 1982. Methods for analysing spatial processes of several types of points. Journal of the Royal Statistical Society: Series B (Methodological), 44(3): 406-413.

Miller H J. 1994. Market Area Delimination within networks using geographic information systems. Geographical Systems, 1(2): 157-173.

Mohan P, Shekhar S, Shine J A, et al. 2012. Cascading spatio-temporal pattern discovery. IEEE Transactions on Knowledge and Data Engineering, 24(11): 1977-1992.

Monseny J J, López R M, Marsal E V. 2011. The mechanisms of agglomeration: Evidence from the effect of inter-industry relations on the location of new firms. Journal of Urban Economics, 70(2-3): 61-74.

Neyman J, Scott E L. 1958. Statistical approach to problems of cosmology. Journal of the Royal Statistical Society: Series B (Methodological), 20(1): 1-29.

Okabe A, Miki F. 1984. A conditional nearest-neighbor spatial-association measure for the analysis of conditional locational interdependence. Environment and Planning A, 16(2): 163-171.

Okabe A, Okunuki K, Shiode S. 2004. SANET: A toolbox for spatial analysis on a network. Tokyo: Center for Spatial Information Science.

Okabe A, Satoh T, Sugihara K. 2009. A kernel density estimation method for networks, its computational method and a GIS-based tool. International Journal of Geographical Information Science, 23(1): 7-32.

Okabe A, Sugihara K. 2012. Spatial Analysis Along Networks: Statistical and Computational Methods. New York: John Wiley & Sons.

Okabe A, Yamada I. 2001. The K-function method on a network and its computational implementation. Geographical Analysis, 33(3): 271-290.

Okabe A, Yomono H, Kitamura M. 1995. Statistical analysis of the distribution of points on a network. Geographical Analysis, 27(2): 152-175.

Pei T, Zhu A X, Zhou C, et al. 2006. A new approach to the nearest-neighbour method to discover cluster features in overlaid spatial point processes. International Journal of Geographical Information Science, 20(2): 153-168.

Pepin K M, Eisen R J, Mead P S, et al. 2012. Geographic variation in the relationship between human Lyme disease incidence and density of infected host-seeking Ixodes scapularis nymphs in the Eastern United States. The American Journal of Tropical Medicine and Hygiene, 86(6): 1062-1071.

Porta S, Strano E, Iacoviello V, et al. 2009. Street centrality and densities of retail and services in Bologna, Italy. Environment and Planning B: Planning and Design, 36(3): 450-465.

Ripley B D. 1976. The second-order analysis of stationary point processes. Journal of Applied Probability, 13(2): 255-266.

Shekhar S, Huang Y. 2001. Discovering spatial co-location patterns: A summary of results//Proceedings of the 7th International symposium on spatial and temporal databases, Los Angeles: 236-256.

Sierra R, Stephens C R. 2012. Exploratory analysis of the interrelations between co-located boolean spatial features using network graphs. International Journal of Geographical Information Science, 26(3): 441-468.

Spearman C. 1904. The proof and measurement of association between two things. American Journal of Psychology, 15 (1): 72-101.

Steinbach M, Karypis G, Kumar V. 2000. A comparison of document clustering techniques// Proceedings of the KDD Workshop on Text Mining, Boston: 525-526.

Tian J, Xiong F, Yan F. 2015. Mining Co-location Patterns Between Network Spatial Phenomena Advances in Spatial Data Handling and Analysis. Cham: Springer.

Valderas J M, Starfield B, Sibbald B, et al. 2009. Defining comorbidity: Implications for understanding health and health services. The Annals of Family Medicine, 7(4): 357-363.

Wang S, Huang Y, Wang X S. 2013. Regional co-locations of arbitrary shapes//Proceedings of the 13th International Symposium on Spatial and Temporal Databases, Munich: 19-37.

Wiegand T, Moloney K A. 2013. Handbook of Spatial Point-pattern Analysis in Ecology. Boca Raton: Chapman and Hall/CRC.

Williford D, White B. 2017. CDPHE community level estimates: Mapping out the correlations between adult cigarette smoking and obesity, alcohol consumption, mental distress, and physical activity. https://arcg.is/1q8nHX.

Witkin A. 1984. Scale-space filtering: A new approach to multi-scale description//Proceedings of the International Conference on Acoustics, Speech, and Signal Processing, San Diego: 150-153.

Xiao X, Xie X, Luo Q, et al. 2008. Density based co-location pattern discovery//Proceedings of the 16th ACM SIGSPATIAL International Conference on Advances in Geographic Information Systems, Irvine California: 1-10.

Yamada I, Thill J C. 2010. Local indicators of network-constrained clusters in spatial patterns represented by a link attribute. Annals of the Association of American Geographers, 100(2): 269-285.

Yoo J S, Bow M. 2012. Mining spatial colocation patterns: A different framework. Data Mining and Knowledge Discovery, 24(1): 159-194.

Yoo J S, Shekhar S. 2006. A joinless approach for mining spatial colocation patterns. IEEE Transactions on Knowledge & Data Engineering, 1323-1337.

Yu W. 2016. Spatial co-location pattern mining for location-based services in road networks. Expert Systems with Applications, 46: 324-335.

Yu W, Ai T, He Y, et al. 2017. Spatial co-location pattern mining of facility points-of-interest improved by network neighborhood and distance decay effects. International Journal of Geographical Information Science, 31(2): 280-296.

Zhou M, Ai T, Wu C, et al. 2019. A visualization approach for discovering colocation patterns. International Journal of Geographical Information Science, 33(3): 567-592.

第 4 章　空间点数据局部关联模式挖掘方法

4.1　引　　言

由于地理要素分布的空间异质性(Miller et al., 2009)，空间关联模式亦存在区域性分异的特点，从而形成局部关联模式。对于空间点数据集，局部关联模式表现为不同地理要素仅聚集同现于特定的局部子区域(Ding et al., 2011)，该类模式称为局部空间同现模式(Regional Co-location Pattern)。例如，在生态学中，由于环境因子(如光照强度、含水量、土壤性质等)的区域性差异，不同区域的物种共生关系也常存在显著性区别。发现局部空间同现模式能够从微观层次揭示不同地理要素间的局部关联关系，从而在实际应用中能够发挥更加重要的作用。

空间同现模式的前期研究主要集中于发展全局挖掘模型，如事务化的方法(Koperski et al., 1995)和免事务的方法(Huang et al., 2004)等，难以揭示仅存于子区域的局部模式。针对空间同现模式的异质性，一些学者在全局挖掘模型的基础上进行了初步的研究，主要发展了两类研究策略：①基于区域划分的策略；②基于区域探测的策略。

基于区域划分的策略通过特定区域划分机制将研究区域划分为若干子区域，进而借助全局挖掘模型识别各区域的频繁同现模式。此类方法能够发现一些从全局视角难以发现的局部空间同现模式，但是挖掘结果严重依赖于区域划分机制的选择，不能客观反映空间同现模式的聚集分布结构。针对该问题，基于区域探测的策略将每个空间同现模式的局部分布区域定义为频繁出现其实例的聚集区域，可以更加客观地提取不同局部同现模式的空间分布差异。

尽管现有方法具有发现空间局部同现模式的潜力，且能在局部层次确保模式的频繁性。但是，在聚集区域探测和模式频繁度评价的过程中涉及过多的人为参数(如聚类参数和频繁度阈值)，若参数设置不合理，则可能导致部分局部同现模式的遗漏和误判。为了降低这些参数设置的主观性，我们近年来融合自适应聚类和非参数统计思想，提出了一种基于自适应模式聚类的局部同现模式多层次统计挖掘方法(Cai et al., 2018)。该方法一方面可以在数据分布不均匀的情况下自适应地提取空间同现模式可能的聚集区域，另一方面可以在数据分布模型未知的前提下对局部同现模式的有效性进行客观评价。

下面首先对现有局部同现模式的代表性工作进行简要回顾与分析，重点阐述我们所提的方法，并结合真实数据集验证其在实际应用中的可行性及其优势。

4.2　基于区域划分的挖掘方法

区域划分是对同现模式空间异质性建模的最直接策略，该类方法的主要思想是通过特定的划分机制将研究区域预先分割为若干子区域，在每个子区域内采用全局挖掘模型识别频繁的空间同现模式，所有包含指定同现模式的子区域作为该模式的局部分布区域。显然，该类方法的核心工作在于区域划分机制的定义。现有研究包含多种区域划分方法。例如，Celik 等(2007)通过四叉树结构定义规则格网的划分单元(如图 4.1 所示)，在每个格网单元中识别空间同现模式。该方法没有顾及数据本身的分布格局，且需要用户设置格网单元的数目与大小。为了降低区域划分的主观性，Ding 等(2011)根据应用需求选取某个地理要素为目标要素，采用多分辨率格网识别该要素的分布热点区域，并在每个分布热点区域中识别与该要素相关的空间同现模式。不难发现，该方法仍然需要设置多分辨率格网的初始和终止空间粒度。为了避免划分参数的设置，Qian 等(2014)采用 k 近邻图构建不同地理要素间的空间邻近关系，并将全局空间划分为若干个 k 近邻子图，对每个子图识别其中的空间同现模式，进而通过 k 值的不断增长逐步合并包含相似的空间同现模式且满足邻近距离一致性约束的相邻子图，将合并结果中包含特定同现模式的区域视为该模式的局部分布区域。

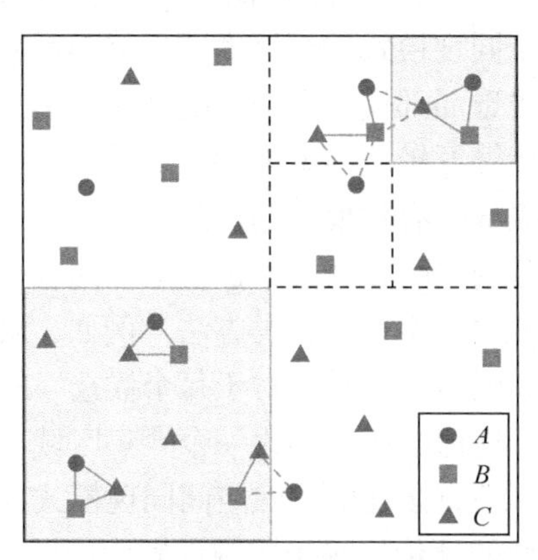

图 4.1　基于四叉树格网划分的局部同现模式挖掘

区域划分的方法能够有效发现一些隐藏的局部同现模式，但该类方法的挖掘结果严重依赖于划分策略和划分参数的选择。一些方法通过考虑地理要素的分布特征可以一定程度地降低区域划分的主观性，但是人为定义的划分机制仍然不能真实反映地理要素间空间同现模式自然的分布结构，可能割裂邻近划分单元间的模式实例，造成关键同现信息的损失。对于不同局部同现模式，其可能的分布范围均由划分单元的边界确定，难以揭示不同模式分布区域的个体性差异。

4.3　基于区域探测的挖掘方法

为了克服区域划分方法的弊端，学者们发展了数据驱动的研究策略，即区域探测。该类方法旨在关注每个候选空间同现模式自身的分布结构，针对每个候选模式，采用特定的区域探测方法识别频繁出现的局部子区域。采用该策略的现有研究大多将空间同现模式实例的聚集区域视为模式的局部分布区域。然而，现有空间聚类方法大多针对单类型地理要素，难以发现多类型地理要素的聚集模式。一个简单的解决策略是将连续空间划分为类似购物篮数据集的离散事务，每个事务中包含不同地理要素的邻近实例，并将空间事务视为特殊的单类空间点，事务中蕴含的同现信息视为空间点的属性，则可采用同时顾及空间位置和非空间属性的聚类方法识别局部同现模式。例如，Eick 等(2008)针对每个候选同现模式，依据其兴趣度构造目标函数，并提出一种基于划分的聚类方法，以识别该模式的聚集区域。但是，该方法需要用户设置空间簇的数目，且需要对所有可能的候选模式进行相同的聚类操作，实际应用中将面临巨大的计算开销。为此，Ding 等(2011)在感兴趣区域中识别与目标要素相关的同现模式，并仅将区域内的频繁模式作为候选局部模式，进而基于同现模式的频繁度定义聚类适应度函数，采用多分辨率格网的聚类策略对各个候选局部模式空间影响域的范围进行界定。该方法有效避免了对部分无效模式的计算开销，但聚类过程所采用的格网仍可能会破坏同现模式潜在的分布结构，导致部分有效模式的遗漏。

为了进一步从非事务的空间数据集中识别局部同现模式，学者们亦发展了一些针对连续空间域内同现模式实例的聚类方法。例如，Mohan 等(2011)发展了一种基于邻近图的方法。如图 4.2 所示，对于每个候选空间同现模式，邻近图方法将包含该模式实例的每个连通子图识别为一个聚集区域，进而发展局部参与指数评价候选模式的有效性。该方法能够反映空间同现模式在邻近约束下真实的分布结构，但局部模式有效性的评价依赖于主观设置的频繁度阈值。为此，Wang 等(2013)借鉴空间扫描统计的思想发展了一种启发式区域扩展方法，并分别基于概率论和贝叶斯方法给出了两种局部同现模式的统计判别框架。该方法能够有效排除随机模式对结果决策造成的干扰，对于每个候选模式，只能发现一个具有最大似然比的局部区域，会造成其他有效区域的遗漏，并且该方法仅能分析二元局部同现模式，难以适用于多元地理要素的场景。此外，该方法需要假设数据服从离散的二元泊松分布，这可能与数据的真实分布不吻合，并且离散的分布模型难以刻画地理数据的自相关性。

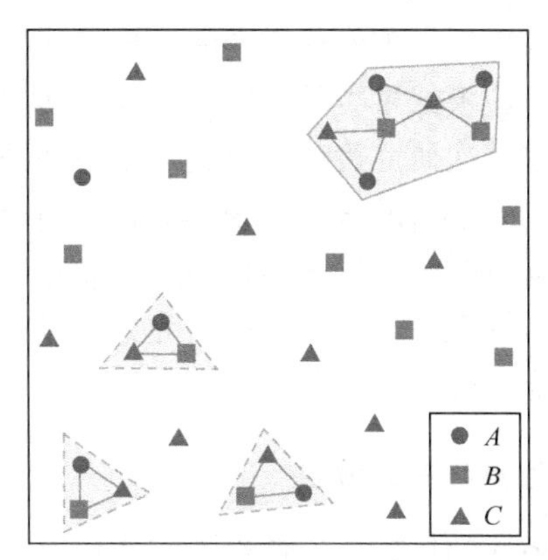

图 4.2　基于邻近图的局部同现模式挖掘

区域探测的方法能够有效缓解主观的区域划分对空间同现模式真实分布的破坏问题，但由于地理数据的不均匀分布，部分较为稀疏的局部同现模式仍然难以被有效发现。为了保证挖掘结果的准确性和完备性，Li 等(2018)给出了局部空间同现模式的一般性定义。对于每个候选模式，将包含其模式实例且满足频繁性约束的所有矩形区域均视为该模式的局部分布区域。然而，挖掘结果会存在高度的空间重叠，包含过多的冗余信息，导致用户难以筛选。此外，在所识别的局部区域中，同现模式实例的分布可能十分稀疏(如图 4.3 中区域 R_i)，造成结果的可解释性差。

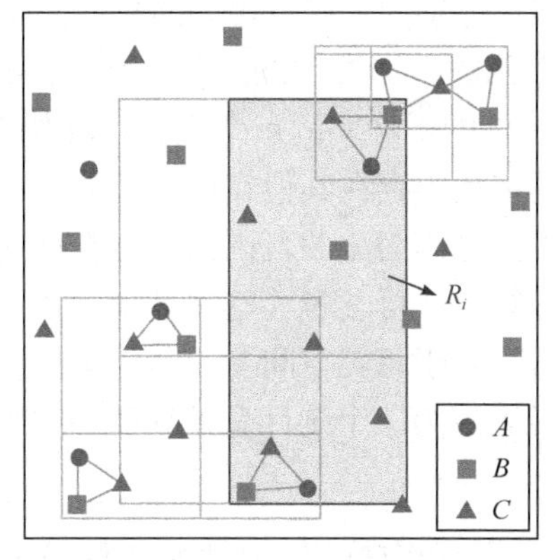

图 4.3　同现模式{A, B, C}的部分矩形分布区域

4.4 基于自适应模式聚类的挖掘方法

针对基于区域划分与区域探测的局部空间同现模式挖掘方法存在的局限性，本书提出了一种基于自适应模式聚类的局部同现模式多层次统计挖掘方法。该方法采用由全局到局部的多层次研究策略，首先借助空间同现模式的非参数统计方法，从全局层次发现并剔除显著的全局同现模式，进而提出一种空间同现模式的自适应聚类方法，自动探测非全局显著同现模式的候选聚集区域，从局部层次对其显著的空间影响域进行界定。下面对具体研究方法进行阐述，并结合实例生态物种数据集进行实验与应用分析。

4.4.1 空间同现模式的全局显著性检验

为了检验空间同现模式的显著性，首先需要构建多类要素分布相互独立的零模型。该零模型具备两个重要性质：①不同类型的空间要素之间不存在潜在的分布依赖性；②每类空间要素应保持自身的分布特征(如自相关结构(Barua et al., 2014a))。为了构建满足这两个性质的零模型，可借助非参数分布特征重建策略(Wiegand et al., 2013a)独立生成每类空间要素的重建数据。该方法不需要关于空间要素分布模型的先验假设，从而能够在重建数据集中更加客观地复现观测数据集中每类空间要素的分布特征。

针对每类空间要素，首先采用多个空间统计量对其在观测数据集中分布特征进行定量描述。在详尽描述空间分布特征的同时，尽量减少不同空间统计量表征信息之间的冗余，根据空间统计学已有研究中的经验(Wiegand et al., 2013a)，本节共选取了三个空间统计量，分别为：成对相关函数，记为 $g(r)$；最近邻分布函数，记为 $D(r)$；球面接触分布函数，记为 $H_s(r)$。$g(r)$为二阶统计量，用于描述数据集中各实例点周围距离为 r 处的平均实例点个数；$D(r)$为最近邻统计量，旨在度量各实例点周围距离为 r 的范围内存在其他实例点的概率；$H_s(r)$为形态统计量，旨在表达研究区域任意位置处距离为 r 的范围内不存在任何实例点的概率。关于三个统计量的具体定义与计算方法可参考《空间点模式统计分析》(Diggle, 2013)。

基于上述三个统计量，对于每类空间要素 f_i，其在重建数据集 ϖ 与观测数据集 ω 中的分布特征差异可表达为三个统计量差异的加权平均值，称为重建数据集的能量 $E(\varpi)$，可表达为：

$$E(\varpi) = k_1 \cdot \Delta g(\varpi) + k_2 \cdot \Delta D(\varpi) + k_3 \cdot \Delta H_s(\varpi) \tag{4-1}$$

式中，$\Delta g(\varpi)$ 为在 R 个距离尺度上的 $g(r)$统计量观测值 $g^{\omega}(r)$ 与重建值 $g^{\varpi}(r)$ 的平均差异，具体表达为：

$$\Delta g(\varpi)=\sqrt{\frac{1}{R}\cdot\sum_{r=r_{\min}}^{r_{\max}}\left(g^{\omega}(r)-g^{\varpi}(r)\right)^{2}} \tag{4-2}$$

式中，$r_{\max}$ 和 $r_{\min}$ 分别为距离尺度的最大值和最小值。通常情况下，$r_{\min}$ 需大于数据的分辨率，$r_{\max}$ 不超过研究区域最短维度的长度；$\Delta D(\varpi)$ 和 $\Delta H_s(\varpi)$ 分别表示统计量 $D(r)$ 和 $H_s(r)$ 的差异，其具体计算与 $\Delta g(\varpi)$ 相同；k_1、k_2 和 k_3 分别为用于均衡统计量 $g(r)$、$D(r)$ 和 $H_s(r)$ 重要性的权重，且 $k_1+k_2+k_3=1$。实际中，可使得 $\Delta g(\varpi)$、$\Delta D(\varpi)$ 和 $\Delta H_s(\varpi)$ 具有相近的数值。进而，以最小化每类空间要素 f_i 重建数据的能量为优化目标，采用一种类似模拟退火算法(Kirkpatrick et al., 1983)的优化策略生成 f_i 的重建数据，具体步骤描述为：

(1) 对于每类空间要素 f_i，生成与观测数据集 ω 中实例个数相等、但具有随机分布的初始重建数据 ϖ_0，并计算其能量值 $E(\varpi_0)$。

(2) 临时删除当前重建数据 $\varpi_t(t\geqslant 0)$ 中的任意一点，并在研究区域内随机生成一个空间点，得到一个候选重建数据 ϖ_{t+1}，若 $E(\varpi_{t+1})<E(\varpi_t)$，则认为 ϖ_{t+1} 的分布特征与观测数据集 ω 更为相似，接受 ϖ_{t+1} 为新的重建数据，并将 t+1 赋值于 t；否则，重新生成一个候选重建数据进行相同测试。

(3) 如果当前重建数据 ϖ_t 的能量小于可接受的阈值(本节设置为 0.005)，或生成的候选重建数据个数大于最大值(本节设为 80000)，则终止上述优化过程，并输出 ϖ_t 为最终结果；否则返回步骤(2)。

采用上述方法分别对每类要素执行 N 次，得到 N 个独立分布的多元重建数据集。进而，采用空间同现模式频繁度的常用度量指标，即参与指数(Participation Index, PI)(Huang et al., 2004)为检验统计量，对空间同现模式在全局范围内的显著性进行评价。给定同现距离阈值，构建不同要素间的空间邻近关系。对于每个候选的全局空间同现模式 $\text{CGC}=\{f_1,\cdots,f_k\}$，将互为空间邻居的所有参与要素实例的集合识别为该候选模式的实例，则其参与指数 PI(CGC)定义为各要素实例参与候选模式实例的最小概率，具体计算为：

$$\text{PI(CGC)}=\min_{i=1}^{k}\left\{\frac{|I(\text{CGC},f_i)|}{|I(f_i)|}\right\} \tag{4-3}$$

式中，$|I(\text{CGC},f_i)|$ 分别表示候选模式 CGC 实例中第 i 个要素 f_i 的实例个数；$|I(f_i)|$ 表示研究范围内 f_i 的实例总数。采用参与指数分别计算观测数据集和 N 个重建数据集中候选模式的频繁度，分别记为 $\text{PI}^{\text{obs}}(\text{CGC})$ 和 $\text{PI}_n^{\text{null}}(\text{CGC})\ (n=1,\cdots,N)$。进而，候选模式 CGC 的显著性(即 p 值)，定义为 $\text{PI}_n^{\text{null}}(\text{CGC})$ 大于等于 $\text{PI}^{\text{obs}}(\text{CGC})$ 的概率，记为 p-value(CGC)，表达为：

$$p\text{-value}(\text{CGC}) = \frac{\left|\text{PI}_n^{\text{null}}(\text{CGC}) \geqslant \text{PI}^{\text{obs}}(\text{CGC})\right| + 1}{N+1} \tag{4-4}$$

若候选模式 CGC 的 p 值小于等于给定的显著性水平 α(通常设为 0.05 或 0.01)，则认为零假设下 CGC 的出现为小概率事件，从而拒绝零假设，将 CGC 识别为统计显著的全局同现模式；否则，认为 CGC 在全局范围内不显著，并将其作为进一步挖掘空间局部同现模式的候选集，称为候选局部空间同现模式。

以图 4.4(a)所示的观测数据集为例，对上述方法进行阐述。首先采用非参数分布特征重建方法得到两类空间要素 A 和 B 的重建数据集，如图 4.4(b)所示。图 4.4(c)～(e)分别给出了两类要素的空间统计量 $g(r)$、$D(r)$和 $H_s(r)$在多个距离尺度上的重建值和观测值，可以发现重建数据集中每类要素均能很好地保持其原有的空间分布特征。候选同现模式$\{A, B\}$参与指数的观测值为 0.35，p 值为 0.19。若显著性水平设为 0.05，则将该模式识别为非全局显著同现模式，并将其作为候选局部空间同现模式。

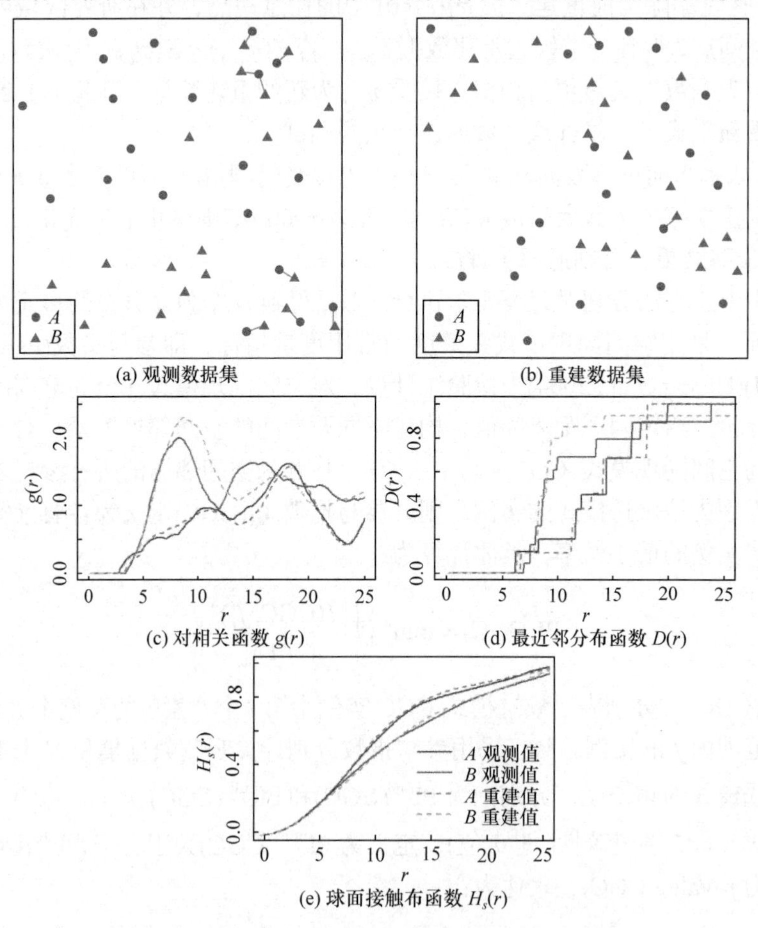

图 4.4　空间要素实例的非参数分布特征重建(见彩图)

4.4.2 空间同现模式的自适应聚类

对于局部候选集合中的每个同现模式，本节提出模式聚类的概念，将空间同现模式的每个实例看成一个整体，其空间位置采用模式实例中所有参与要素实例的平均位置表示，以此作为空间聚类的基本单元。由于不同空间同现模式的分布各异，传统空间聚类算法参数设置较为困难，且难以处理空间数据分布不均匀的性质。尽管一些基于密度的聚类算法通过改进 DBSCAN(Density-Based Spatial Clustering of Applications with Noise)算法(Ester et al., 1996)后，能够用于发现不同密度的空间簇，如 OPTICS(Ordering Points to Identify the Clustering Structure)算法(Ankerst et al., 1999)、SNN(Ertöz et al., 2003)和 DECODE(Pei et al., 2009)等，但是这些方法仍难以客观构建空间邻接关系或确定合适的密度阈值以识别不同密度的空间簇(Kriegel et al., 2011)。为此，本节采用自适应聚类方法(Deng et al., 2011)中多层次边长约束的策略自动识别空间同现模式的候选聚集区域。与现有方法相比，该方法既能自适应地构建空间点间的邻接关系，又能自动确定用于识别空间簇的密度阈值。

具体地，基于 Delaunay 三角网(记为 DT)构建候选模式实例中心点间的空间邻接关系。由于地理现象通常是全局一阶影响和局部二阶影响耦合作用下的结果(Bailey et al., 1995)，因此，该方法相继从整体到局部层次施加边长约束，对三角网 DT 进行多层次的修剪，主要步骤可描述如下：

(1) 对于候选模式每个实例中心点 I_i，其整体边长约束 $\mathrm{GC}(I_i)$ 用于删除原始三角网 DT 中与其直接相连的整体长边，可表达为：

$$\mathrm{GC}(I_i)=\mathrm{Mean}(\mathrm{DT})+\lambda_1\cdot\frac{\mathrm{Mean}(\mathrm{DT})}{\mathrm{Mean}(E_{\mathrm{DT}}^1(I_i))}\cdot\mathrm{SD}(\mathrm{DT}) \tag{4-5}$$

式中，$\mathrm{Mean}(\mathrm{DT})$ 和 $\mathrm{SD}(\mathrm{DT})$ 分别为三角网 DT 中所有边长的平均值和标准差；$\mathrm{Mean}(E_{\mathrm{DT}}^1(I_i))$ 表示 DT 中 I_i 的直接相连边的平均长度；λ_1 为全局调节参数。基于这个整体约束，若 I_i 的直接相连边的长度大于等于 $\mathrm{GC}(I_i)$，则将其从原始三角网 DT 中删除，得到一系列子图；

(2) 针对每个子图 SG，施加局部边长约束 $\mathrm{LC}(I_i)$，删除所有中心点 I_i 二阶邻域内的局部长边，可表达为：

$$\mathrm{LC}(I_i)=\mathrm{Mean}(E_{\mathrm{SG}}^2(I_i))+\lambda_2\cdot\mathrm{Mean}(\mathrm{SD}(E_{\mathrm{SG}}^1)) \tag{4-6}$$

式中，$\mathrm{Mean}(E_{\mathrm{SG}}^2(I_i))$ 为子图 SG 中实例中心点 I_i 的二阶相连边的平均长度；$\mathrm{Mean}(\mathrm{SD}(E_{\mathrm{SG}}^1))$ 为 SG 中所有中心点直接相邻边标准差的平均值；λ_2 为局部调节参数。对于子图 SG 中每个中心点 I_i，将其二阶邻域内长度大于等于 $\mathrm{LC}(I_i)$ 的边删除。

经过整体和局部约束后，将剩余的每一个子图视为候选局部同现模式的一个候选聚集区域。需要指出的是，用户可以通过调节因子 λ_1 和 λ_2 来控制区域的均质性。若两个因子设置较高，则空间簇内的边长可能具有较大差异；若调节因子较低，则部分空间簇可能会被分割为过于细碎的小簇，进而可能会被遗漏。实际应用中，将两个因子设置在 1～1.5 的范围内能够取得较为稳定的聚类结果(Deng et al., 2011)。因此，本实验中，两个因子均默认设置为 1。另外，如果聚集区域内包含的同现模式的实例个数较少，则认为该模式在此区域内缺乏代表性。实际应用中可以借助一定的专家知识对聚集区域内空间同现模式实例的个数施加约束，剔除小规模区域，以保证结果的实际应用价值。

以图 4.5 中的数据为例，以候选局部同现模式$\{A, B\}$实例的中心位置描述该模式的空间分布，如图 4.5(a)所示。根据同现模式$\{A, B\}$的中心位置生成 Delaunay 三角网，如图 4.5(b)所示。在此基础上，经过整体和局部边长约束条件进行删边后的结果如图 4.5(c)所示，其中两个子图表示该候选局部模式$\{A, B\}$潜在的聚集区域。

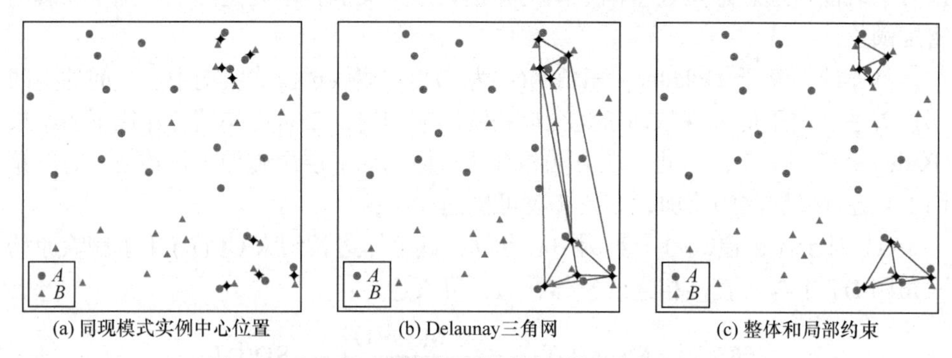

(a) 同现模式实例中心位置　　(b) Delaunay三角网　　(c) 整体和局部约束

图 4.5　基于自适应模式聚类的同现模式聚集区域探测

4.4.3　空间局部同现模式的局部显著性检验

针对每个候选局部模式，在探测其候选聚集区域之后，需要进一步检验该模式在局部层次的显著性，以识别显著空间局部同现模式，并提取有效的空间范围，即空间影响域。

为了测试候选模式的局部显著性，首先需要确定其空间支撑域。下面采用一种 Delaunay 三角网修剪方法描绘候选局部同现模式的支撑域，即聚集区域的空间范围，该方法能够快速地自动勾勒具有任意形状的空间点集的轮廓。如图 4.6(a)所示，对于每个候选局部同现模式，分别构建 Delaunay 三角网 DT_i 连接所有实例点(包含多类地理事件)；进而，根据三角网中边长的统计值定义每个候选局部同现模式中的长边修剪约束 TC_i，具体表达为：

$$\mathrm{TC}_i = \mathrm{Mean}(\mathrm{DT}_i) + 3 \cdot \mathrm{SD}(\mathrm{DT}_i) \tag{4-7}$$

式中，Mean(DT_i)和 SD(DT_i)分别为第 i 个候选聚集区域的三角网 DT_i 中所有边长的平均值与标准差。对于三角网 DT_i，删除其中长度大于等于于 TC_i 的图形边，得到修剪后的三角网 TDT_i。最后，将 TDT_i 中的非公共边(即仅属于一个多边形的边)视为其边界边，由边界边包围的区域即视为该候选局部同现模式的空间支撑域，如图 4.6(b)所示。

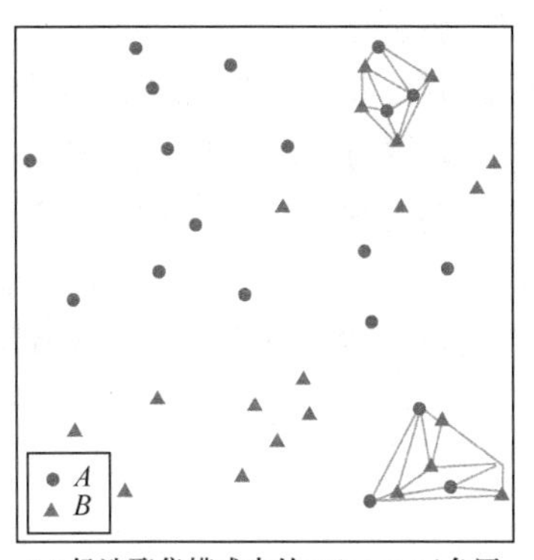

(a) 候选聚集模式内的Delaunay三角网

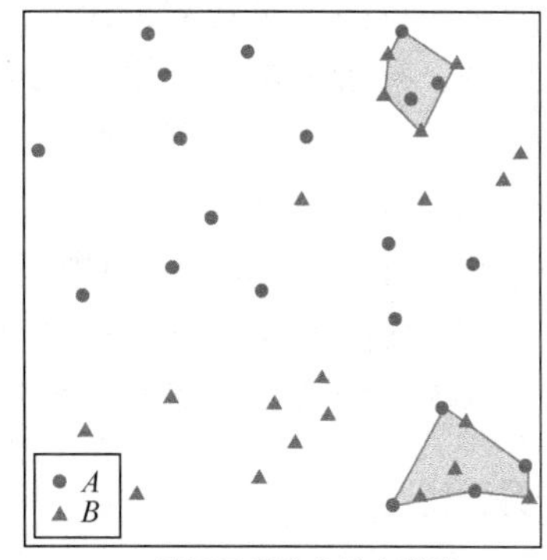

(b) 局部同现模式的支撑域

图 4.6　基于修剪 Delaunay 三角网的局部同现模式支撑域识别

进而采用 4.3.1 节提出的非参数检验方法测试该模式的局部显著性。然而，如图 4.6(b)所示，候选局部同现模式$\{A, B\}$的聚集区域内不同空间要素具有较为均匀的空间分布，该模式在各聚集区域内重建数据集中参与指数大于观测数据中参与指数的概率较高，从而难以发现显著的局部同现模式。因此，将每个候选聚集区域向外扩展一定的空间范围，并在聚集区域以及扩展区域中对该同现模式的局部显著性进行测试。如果发现任一区域内显著性小于等于给定显著性水平 α 的区域，则将该同现模式视为显著局部空间同现模式，并将其相应的分布区域定义为显著局部同现模式区域。为了确定该显著局部空间同现模式的有效范围(即空间影响域)，继续将各个显著局部同现模式向外扩展，并测试扩展区域内的该同现模式的局部显著性。对每个显著局部同现模式分别不断执行上述操作，直至同现模式的显著性大于显著性水平 α 为止，即显著性消失。同时，将由每个聚集区域生成的最大显著区域识别为该显著局部空间同现模式的空间影响域。

4.4.4　算法描述与分析

下面给出所提方法的具体实施步骤，并分析各关键步骤的计算时间复杂度，具体描述为：

(1) 在全局层次，采用模式重建方法生成大量包含多类空间要素的多元重建数据集；

(2) 在全局层次，采用非参数检验方法测试所有候选全局空间同现模式的显著性，并识别候选局部空间同现模式；

(3) 针对每个候选空间局部同现模式，采用自适应模式聚类方法识别其候选聚集模式；

(4) 在局部层次，对于每个候选空间局部同现模式，在其候选聚集区域以及其扩展区域内均生成多元重建数据集，并测试其显著性。

可以发现，与现有基于频繁度阈值的挖掘方法相比，所提方法在全局和局部层次的非参数显著性检验过程中会带来巨大的计算开销。实际应用中，可通过并行计算策略减少运行时间，例如可以同时在不同重建数据集中评价候选模式的频繁度。一般情况下，数据集中同现要素的数目会显著小于所有空间要素的数目(Barua et al., 2014a)。因此，可以适当限制候选同现模式中参与要素的最大数目，以避免对大量无效模式进行无意义的评价。

4.4.5 实例分析

为了验证所提方法的实用性，本实验采用所提方法识别我国东北地区某湿地不同类型生态物种间的共生关系。湿地生态系统中，不同生态物种通常会因生长环境、群落组成和物种丰度等因素的影响而存在复杂的种间关系(Zimmer et al., 2003; Keddy, 2010)。生态物种种间关系是生态学领域的研究热点，对于深入研究生态规律、改善生态环境和维持生态平衡都具有重要意义(Boucher et al., 1982; Hubalek, 1982)。研究区域位于我国东北某湿地，共包含 5 类生态物种：小叶章、毛果苔草、漂筏苔草、狭叶甜茅和沼柳，其空间分布分别如图 4.7(a)～(e)所示，实例个数分别为 387、666、1039、1660 和 2555。

生态学中，不同物种可能在多个距离(尺度)上产生空间交互(Wiegand et al., 2013b)，采用单一距离挖掘空间同现模式难以准确揭示复杂的物种共生关系。为此，根据 Barua 等人(2014b)的建议，实验中共设置了三个距离阈值(50m、100m 和 150m)进行应用分析，以发现不同物种间的多尺度共生模式。所提方法的探测结果列于表 4.1，可以发现：①部分显著空间同现模式的参与指数很低，现有方法若采用较高的参与指数阈值则可能会遗漏这些模式，所提方法通过对空间同现模式的显著性进行非参数检验，能够更加客观地评价空间同现模式的有效性；②在 50m 的同现距离上主要发现了一些显著全局同现模式，如模式{小叶章, 漂筏苔草}和{毛果苔草, 狭叶甜茅}；随着同现距离的增加，部分全局模式会逐渐退化为局部模式，如模式{毛果苔草, 沼柳}，甚至消失，如模式{小叶章, 漂筏苔草}，有些局部模式也会逐渐消失，如模式{小叶章, 沼柳}，同时也会出现了一些新的局部模式，如模式{毛果苔草, 漂筏苔草, 狭叶甜茅}；另外，也有一些显著同现模式的空间层次不会随着同现距离的变化而变化，如模式{毛果苔草, 狭叶甜茅}和{漂筏苔草，沼柳}，说明这些物种之间具有稳定的共生关系，对湿地生态系统的构成起主导性作用。

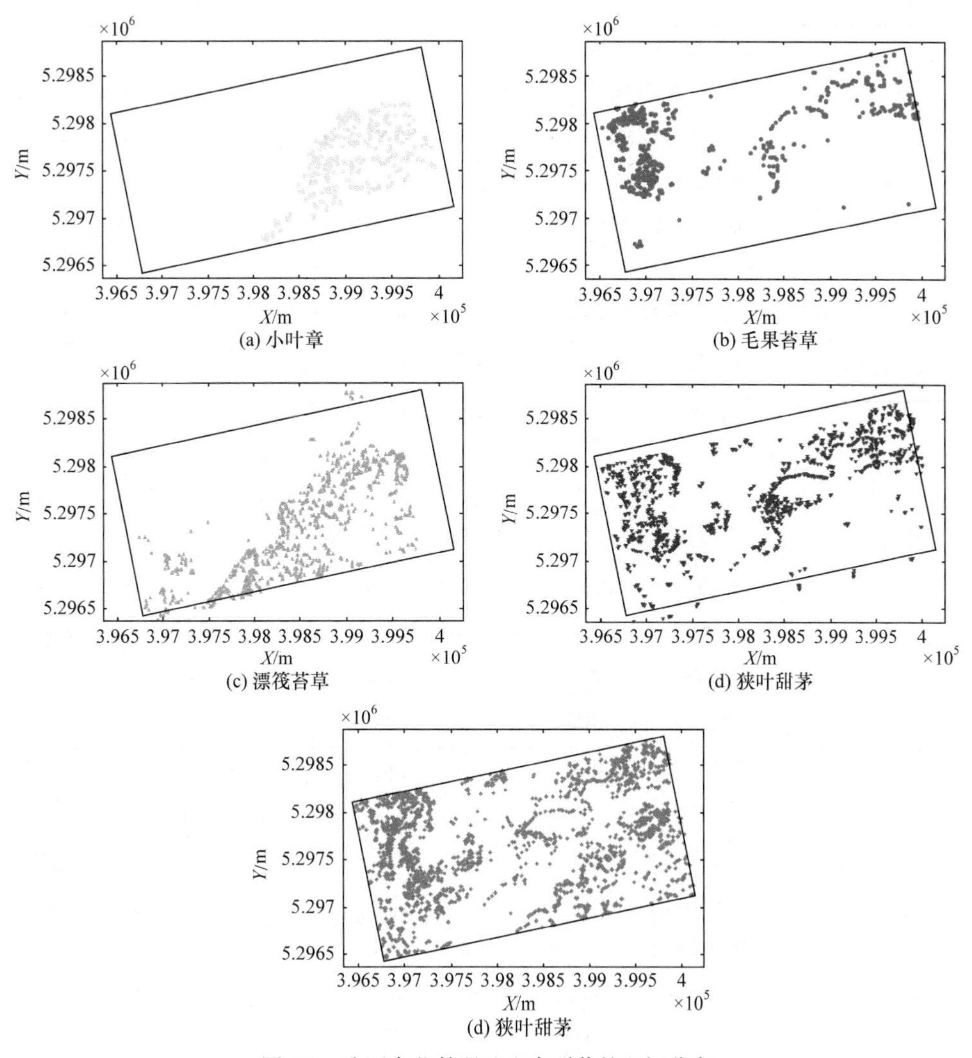

图 4.7　我国东北某湿地生态群落的空间分布

表 4.1　生态物种数据集中所提方法挖掘结果的统计信息

同现距离	空间同现模式	空间层次	PI^{glo}	PV^{glo}	PI^{reg}_{min}	PI^{reg}_{max}	PV^{reg}_{min}	PV^{reg}_{max}
50m	{小叶章，漂筏苔草}	全局	0.31	0.03	—	—	—	—
	{小叶章，沼柳}	局部	0.20	0.54	0.47	0.92	0.01	0.05

续表

同现距离	空间同现模式	空间层次	$\overset{glo}{PI}$	$\overset{glo}{PV}$	$\underset{min}{\overset{reg}{PI}}$	$\underset{max}{\overset{reg}{PI}}$	$\underset{min}{\overset{reg}{PV}}$	$\underset{max}{\overset{reg}{PV}}$
	{毛果苔草, 狭叶甜茅}	全局	0.65	0.01	—	—	—	—
	{毛果苔草, 沼柳}	全局	0.37	0.01	—	—	—	—
	{漂筏苔草, 沼柳}	局部	0.33	0.83	0.65	0.94	0.01	0.05
50m	{狭叶甜茅, 沼柳}	全局	0.70	0.01	—	—	—	—
	{小叶章, 漂筏苔草, 沼柳}	全局	0.16	0.01	—	—	—	—
	{毛果苔草, 狭叶甜茅, 沼柳}	全局	0.35	0.01	—	—	—	—
	{漂筏苔草, 狭叶甜茅, 沼柳}	局部	0.08	1	0.16	0.29	0.01	0.04
	{毛果苔草, 狭叶甜茅}	全局	0.86	0.01	—	—	—	—
	{毛果苔草, 沼柳}	全局	0.60	0.01	—	—	—	—
	{漂筏苔草, 狭叶甜茅}	局部	0.26	1	0.32	0.57	0.01	0.04
	{漂筏苔草, 沼柳}	局部	0.46	1	0.99	1	0.03	0.04
100m	{狭叶甜茅, 沼柳}	局部	0.80	0.15	0.29	0.99	0.01	0.05
	{小叶章, 狭叶甜茅, 沼柳}	局部	0.02	1	1	1	0.02	0.02
	{毛果苔草, 漂筏苔草, 狭叶甜茅}	局部	0.17	0.99	1	1	0.03	0.03
	{毛果苔草, 狭叶甜茅, 沼柳}	全局	0.60	0.01	—	—	—	—
	{漂筏苔草, 狭叶甜茅, 沼柳}	局部	0.25	1	0.28	1	0.01	0.04
	{毛果苔草, 狭叶甜茅}	全局	0.93	0.01	—	—	—	—
	{毛果苔草, 沼柳}	局部	0.68	0.20	0.86	0.94	0.03	0.05
	{漂筏苔草, 狭叶甜茅}	局部	0.39	1	0.40	1	0.02	0.02
	{漂筏苔草, 沼柳}	局部	0.54	1	1	1	0.02	0.02
	{狭叶甜茅, 沼柳}	局部	0.88	0.95	0.41	1	0.01	0.05
150m	{小叶章, 漂筏苔草, 狭叶甜茅}	局部	0.03	1	1	1	0.02	0.03
	{小叶章, 狭叶甜茅, 沼柳}	局部	—	—	1	1	0.02	0.02
	{毛果苔草, 漂筏苔草, 狭叶甜茅}	局部	0.29	1	0.35	0.99	0.03	0.04
	{毛果苔草, 漂筏苔草, 沼柳}	局部	0.25	1	0.33	0.33	0.04	0.04
	{毛果苔草, 狭叶甜茅, 沼柳}	全局	0.67	0.02	—	—	—	—
	{漂筏苔草, 狭叶甜茅, 沼柳}	局部	0.39	1	0.38	1	0.02	0.05

注：$\overset{glo}{PI}$ 和 $\overset{glo}{PV}$ 为全局参与指数和 p 值；$\underset{min}{\overset{reg}{PI}}$ 和 $\underset{max}{\overset{reg}{PI}}$ 为最小和最大局部参与指数；$\underset{min}{\overset{reg}{PV}}$ 和 $\underset{max}{\overset{reg}{PV}}$ 为最小和最大局部 p 值。

为了验证本节所提方法的优越性，设计了一个对比实验，主要与现有三种方法进行对比分析。其中，对于 MRG 方法(Ding et al., 2011)，首先采用基本单元大小为 100m×100m 的规则格网对生态数据集进行空间事务化，如图 4.8(a)所示；在此基础上，借助初始分辨率为 2000m，终止分辨率为 200m 的多分辨率格网探测各个生态物种的高发热点区域，结果仅发现了小叶章的分布热点，如图 4.8(b)所示；在热点区域中挖掘出两个包含小叶章的局部同现模式{小叶章, 漂筏苔草}和{小叶章, 沼柳}，支持度分别为 0.48 和 0.51；最后，再次采用多分辨率格网界定这两个局部模式的空间影响域，如图 4.8(c)和(d)所示。对于 NG 方法(Mohan et al., 2011)，同样采用三个同现距离阈值进行分析，探测结果列于表 4.2，与所提方法对比发现，NG 方法识别了一些所提方法未发现的局部同现模式，如模式{毛果苔草, 漂筏苔草}，亦忽略了一些所提方法发现的模式，如模式{小叶章, 狭叶甜茅, 沼柳}。对于 KNNG 方法(Qian et al., 2014)，整个研究区域被划分为 16 个距离变异度较小的局部子区域，如图 4.9 所示；进而，在每个局部子区域中挖掘频繁的局部空间同现模式，挖掘结果列于表 4.3，其中遗漏了四个所提方法发现的三元空间同现模式。

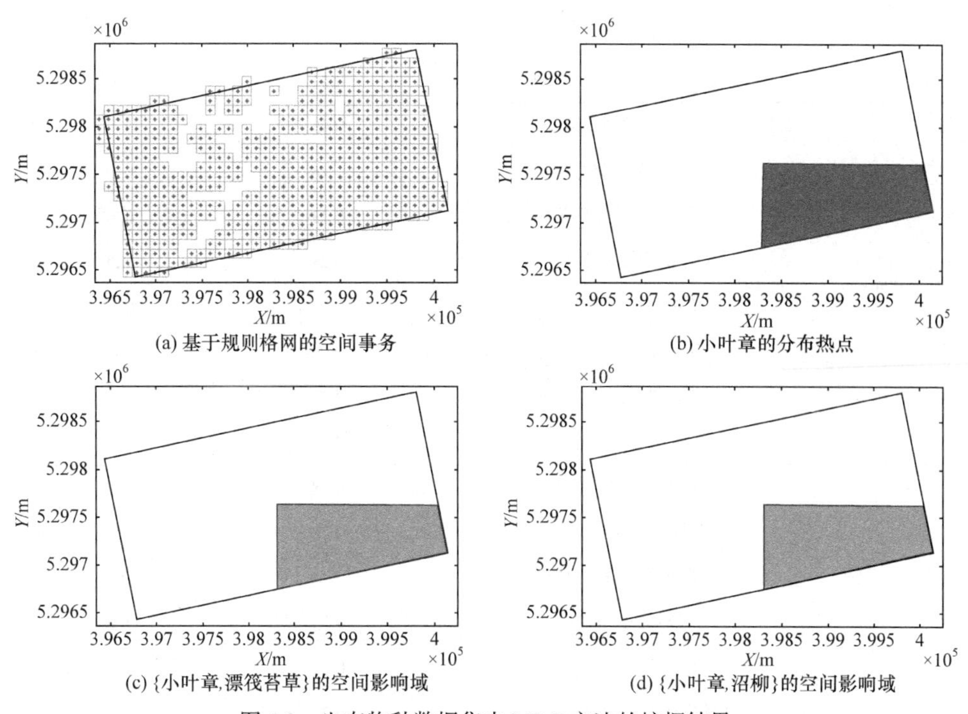

(a) 基于规则格网的空间事务　(b) 小叶章的分布热点

(c) {小叶章,漂筏苔草}的空间影响域　(d) {小叶章,沼柳}的空间影响域

图 4.8　生态物种数据集中 MRG 方法的挖掘结果

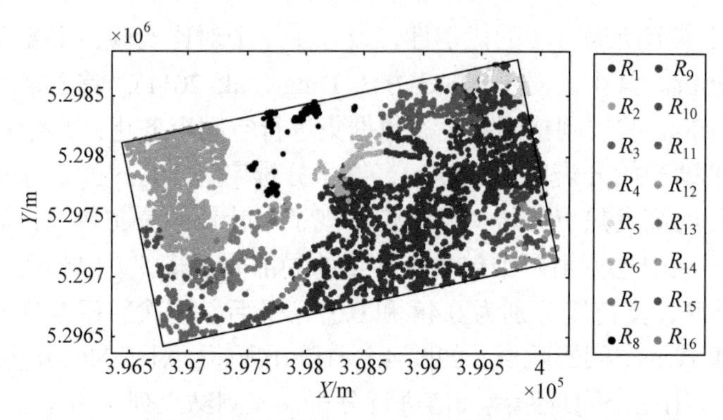

图 4.9　生态物种数据集中 KNNG 方法的挖掘结果(见彩图)

表 4.2　生态物种数据集中 NG 方法挖掘结果的统计信息

距离	空间同现模式	RPI_{min}	RPI_{max}
50m	{小叶章, 漂筏苔草}	0.14	0.14
	{毛果苔草, 狭叶甜茅}	0.18	0.18
	{毛果苔草, 沼柳}	0.19	0.19
	{狭叶甜茅, 沼柳}	0.15	0.3
	{毛果苔草, 狭叶甜茅, 沼柳}	0.17	0.17
100m	{小叶章, 漂筏苔草}	0.45	0.45
	{小叶章, 沼柳}	0.26	0.26
	{毛果苔草, 狭叶甜茅}	0.33	0.34
	{毛果苔草, 沼柳}	0.23	0.29
	{漂筏苔草, 沼柳}	0.31	0.31
	{狭叶甜茅, 沼柳}	0.26	0.42
	{小叶章, 漂筏苔草, 沼柳}	0.25	0.25
	{毛果苔草, 狭叶甜茅, 沼柳}	0.23	0.29
150m	{小叶章, 漂筏苔草}	0.58	0.58
	{小叶章, 沼柳}	0.28	0.28
	{毛果苔草, 漂筏苔草}	0.1	0.1
	{毛果苔草, 狭叶甜茅}	0.33	0.36
	{毛果苔草, 沼柳}	0.27	0.36
	{漂筏苔草, 狭叶甜茅}	0.28	0.28
	{漂筏苔草, 沼柳}	0.12	0.41
	{狭叶甜茅, 沼柳}	0.37	0.44

续表

距离	空间同现模式	RPI_{min}	RPI_{max}
150m	{小叶章, 漂筏苔草, 沼柳}	0.28	0.28
	{毛果苔草, 漂筏苔草, 狭叶甜茅}	0.1	0.1
	{毛果苔草, 漂筏苔草, 沼柳}	0.1	0.1
	{毛果苔草, 狭叶甜茅, 沼柳}	0.27	0.36
	{漂筏苔草, 狭叶甜茅, 沼柳}	0.11	0.27

表 4.3　生态物种数据集中 KNNG 方法挖掘结果的统计信息

局部空间同现模式	局部子区域	PI_{min}	PI_{max}
{小叶章, 漂筏苔草}	R_1, R_{10}, R_{12}	073	0.90
{小叶章, 沼柳}	R_1, R_{10}, R_{12}	0.73	0.91
{毛果苔草, 狭叶甜茅}	$R_1, R_2, R_4, R_6, R_9, R_{12}, R_{14}$	0.64	1
{毛果苔草, 沼柳}	R_2, R_3, R_6, R_9	0.63	1
{漂筏苔草, 狭叶甜茅}	R_1	0.86	0.86
{漂筏苔草, 沼柳}	$R_1, R_7, R_{10}, R_{12}, R_{13}, R_{15}$	0.71	0.93
{狭叶甜茅, 沼柳}	$R_1, R_2, R_3, R_4, R_5, R_6, R_7, R_8, R_9, R_{11}, R_{14}, R_{15}, R_{16}$	0.73	1
{小叶章, 漂筏苔草, 沼柳}	R_1, R_{10}	0.69	0.73
{毛果苔草, 狭叶甜茅, 沼柳}	R_2, R_6, R_9	0.60	0.99
{漂筏苔草, 狭叶甜茅, 沼柳}	R_1	0.81	0.81

注：PI_{min} 和 PI_{max} 分别为最小和最大参与指数。

以空间同现模式{小叶章, 沼柳}为例，采用交叉 K 函数对四种方法探测结果的正确性进行验证。图 4.10(a)给出了小叶章和沼柳在全局区域内交叉 K 函数计算结果，可以发现两类物种在全局区域内不具有显著的空间依赖性。所提方法在 50m、100m 和 150m 三个同现距离上的全局分析结果与交叉 K 函数验证结果相吻合，且所提方法在 50m 的邻域距离上将该模式识别为显著局部同现模式，其候选聚集区域和空间影响域如图 4.11 所示。图 4.10(b)～(j)分别给出了图 4.11(c)～(k)中最大空间影响域内交叉 K 函数的计算结果，两类物种在 50m 的距离上都具有显著的空间依赖性。MRG 方法所探测的该模式的空间影响域如图 4.8(d)所示，图 4.10(k)给出了在相应范围内交叉 K 函数的计算结果，可以发现这两类物种在该区域内确实存在显著的空间依赖性，但是由于人工格网的破坏，导致图 4.8(b)中分布于北部的有效区域未能被 MRG 方法发现。NG 方法分别在 100m 和 150m 的同现距离下发现了该模式，其聚集区域如图 4.12 所示，两个区域中交叉 K 函数计算结果如图 4.10(l)～(m)所示，结果表明所探测的区域中两个物种不存在显著的空间依赖。KNNG 方法所探测的该模式的局部分布区域如图 4.9 中 R_1、R_{10} 和 R_{12} 所示，图 4.10(n)～(p)分别给出了相应局部区域内交叉 K 函数的计算结果，可以发现仅有区域 R_1 被正确识别。相比之下，所提方法不仅可以有效避免人为参数和区域划分对挖掘结果的影响，而且能够准确识别局部空间同现模式的聚集区域。

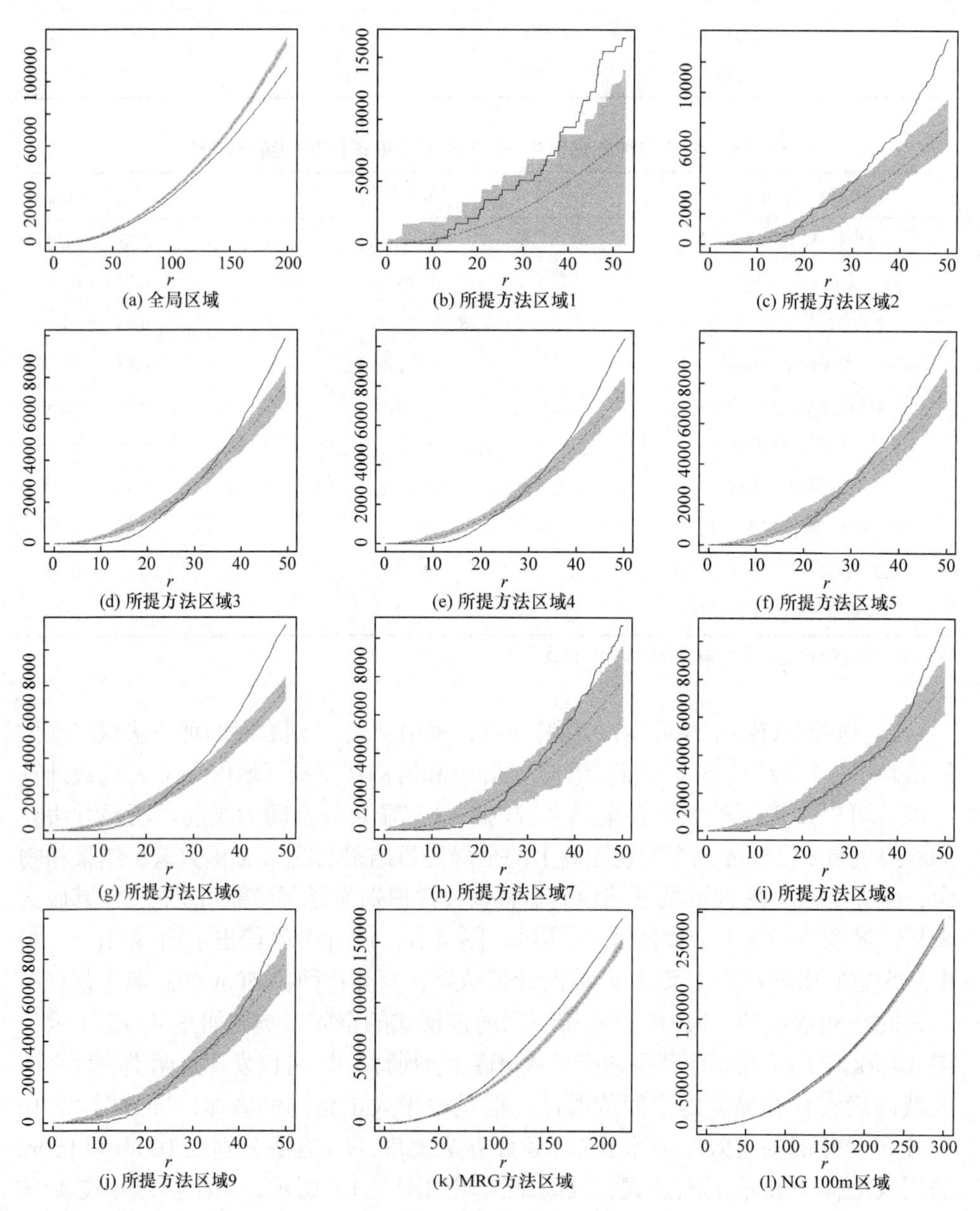

(a) 全局区域　(b) 所提方法区域1　(c) 所提方法区域2
(d) 所提方法区域3　(e) 所提方法区域4　(f) 所提方法区域5
(g) 所提方法区域6　(h) 所提方法区域7　(i) 所提方法区域8
(j) 所提方法区域9　(k) MRG方法区域　(l) NG 100m区域

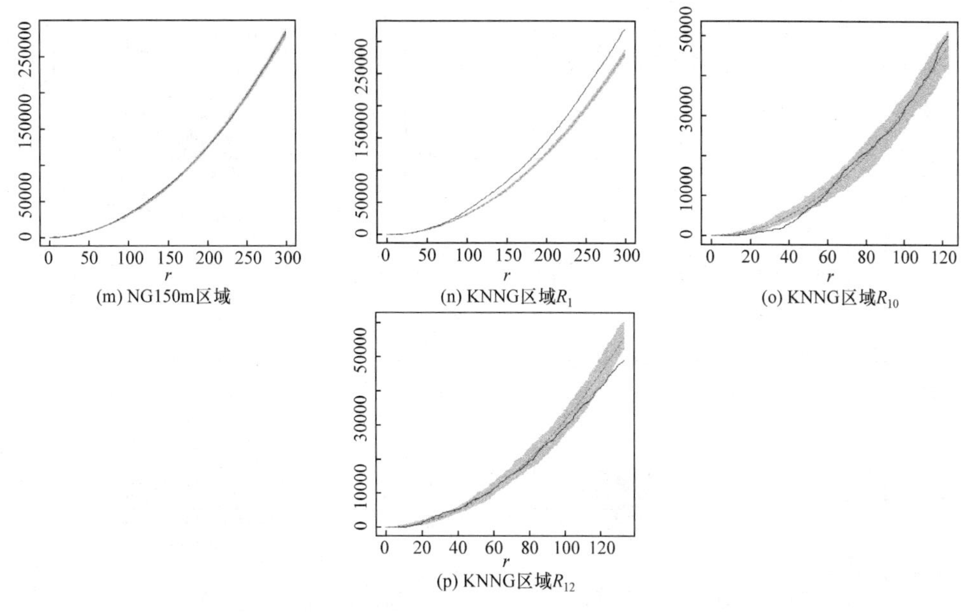

图 4.10　四种方法探测的同现模式{小叶章，沼柳}聚集区域内的交叉 K 函数计算结果

(虚线：理论值；实线：观测值；灰色条带：95%置信区间)

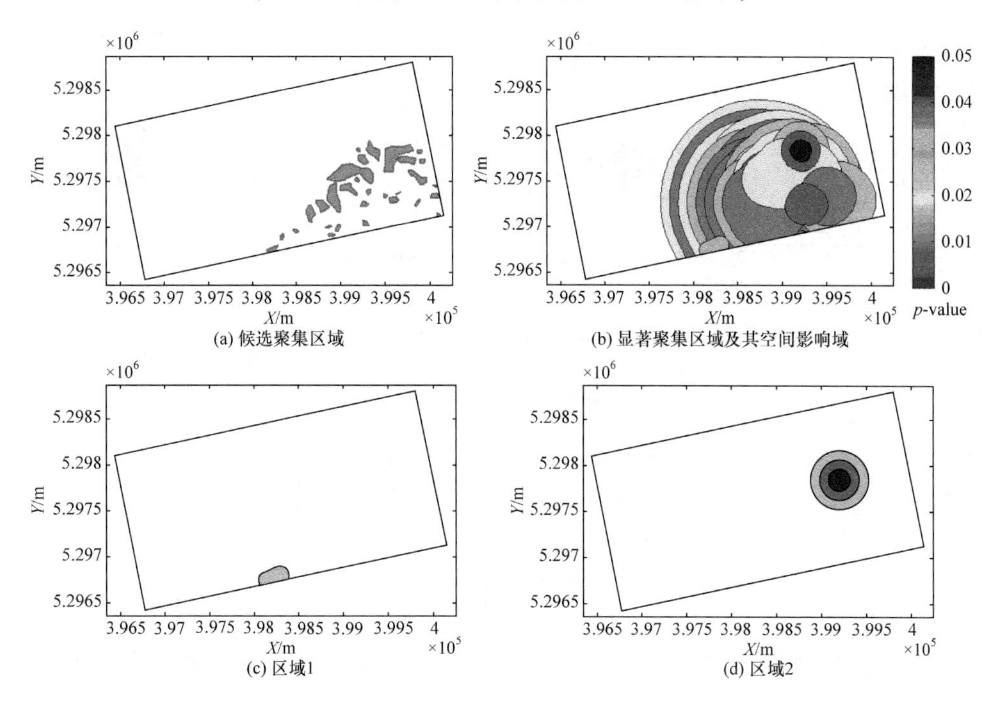

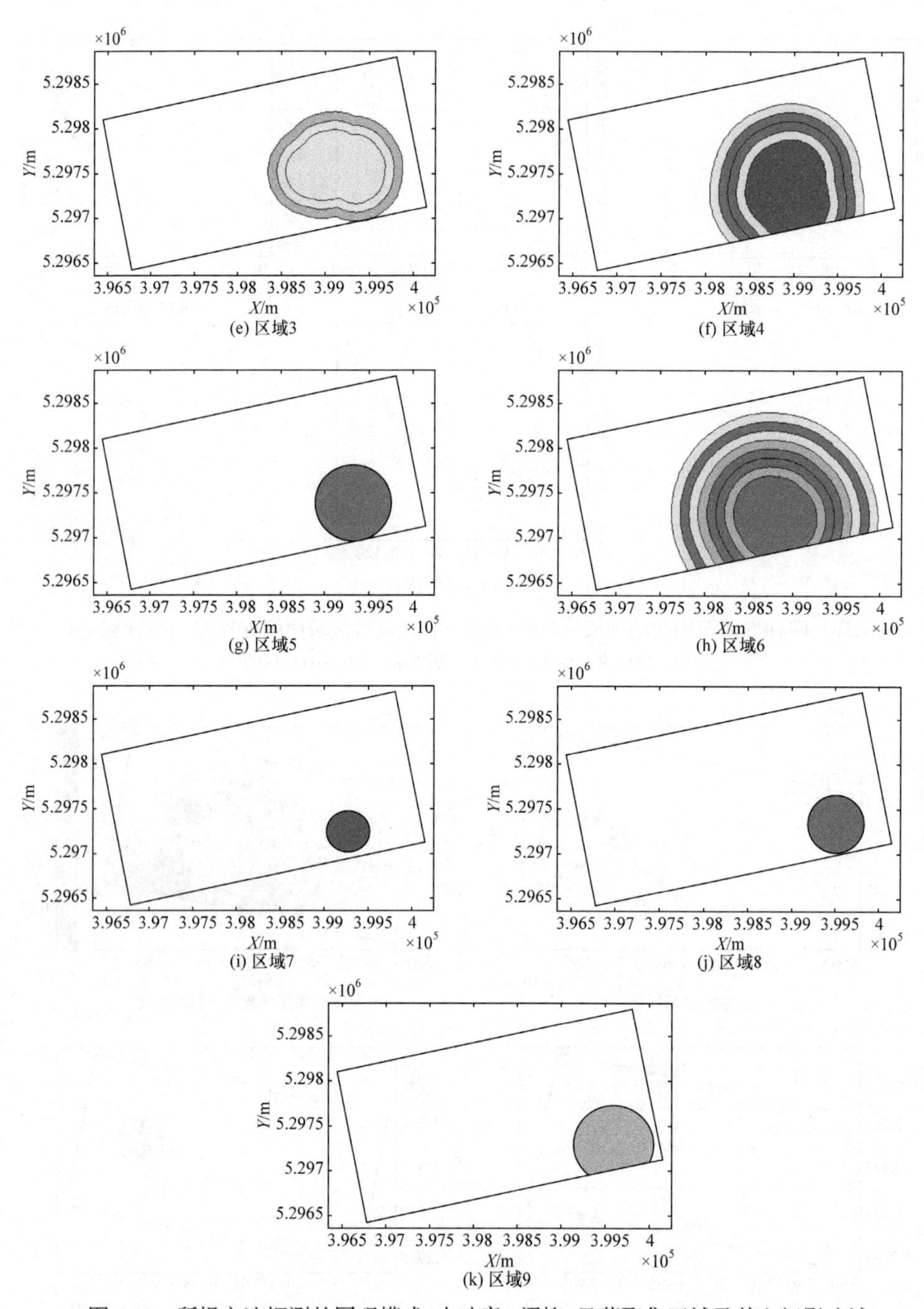

图 4.11　所提方法探测的同现模式{小叶章, 沼柳}显著聚集区域及其空间影响域

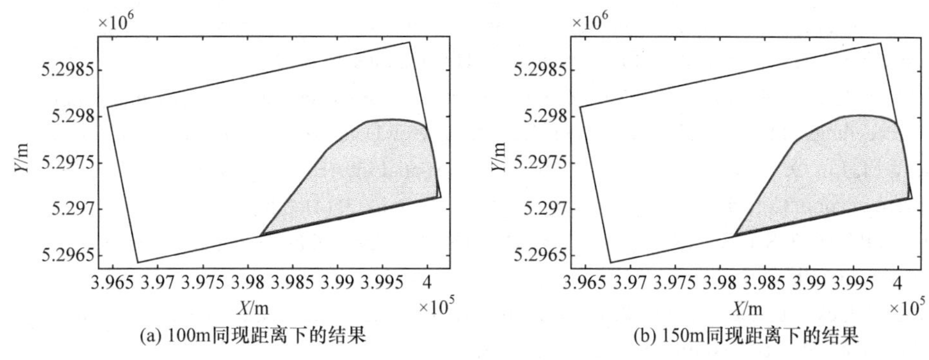

(a) 100m同现距离下的结果　(b) 150m同现距离下的结果

图 4.12　NG 方法探测的同现模式{小叶章, 沼柳}聚集区域

4.5　本 章 小 结

局部同现模式是地理空间关联模式在局部视角下的重要表现形式，能够客观揭示异质环境下不同地理要素间的关联关系。本章首先介绍了现有局部同现模式挖掘方法研究的主要思路与代表性工作，并分析了现有研究工作的优缺点。为了减少现有方法中区域探测参数以及同现频繁度阈值对挖掘结果的主观影响，重点阐述了本书作者所提的基于自适应模式聚类的局部同现模式的多层次统计挖掘方法。相比于现有方法，所提方法能够适应各空间同现模式的不均匀分布密度，自动探测其潜在的聚集区域，且无需对空间要素的分布模型进行过多的先验假设，从而降低了全局与局部同现模式有效性评价的主观性。最后，采用我国真实生态物种数据集，对比分析所提方法与现有方法的挖掘结果，验证了该方法的有效性和实用性。

参 考 文 献

Ankerst M, Breunig M M, Kriegel H P, et al. 1999. OPTICS: Ordering points to identify the clustering structure//Proceedings of the ACM International Conference on Management of Data, Philadelphia: 49-60.

Bailey T C, Gatrell A C. 1995. Interactive Spatial Data Analysis. Essex: Longman Scientific & Technical.

Barua S, Sander J. 2014a. Mining statistically significant co-location and segregation patterns. IEEE Transactions on Knowledge and Data Engineering, 26(5): 1185-1199.

Barua S, Sander J. 2014b. Mining statistically sound co-location patterns at multiple distances//Proceedings of the 26th International Conference on Scientific and Statistical Database Management, Aalborg Denmark: 7.

Boucher D H, James S, Keeler K H. 1982. The ecology of mutualism. Annual Review of Ecology and Systematics, 13(1): 315-347.

Cai J, Liu Q, Deng M, et al. 2018. Adaptive detection of statistically significant regional spatial co-location patterns. Computers, Environment and Urban Systems, 68: 53-63.

Celik M, Kang J M, Shekhar S. 2007. Zonal co-location pattern discovery with dynamic parameters//Proceedings of the 7th IEEE International Conference on Data Mining, Washington: 433-438.

Deng M, Liu Q, Cheng T, et al. 2011. An adaptive spatial clustering algorithm based on Delaunay triangulation. Computers, Environment and Urban Systems, 35(4): 320-332.

Diggle P J. 2013. Statistical Analysis of Spatial and Spatio-temporal Point Patterns. London: Chapman and Hall/CRC.

Ding W, Eick C F, Yuan X, et al. 2011. A framework for regional association rule mining and scoping in spatial datasets. Geoinformatica, 15(1): 1-28.

Eick C F, Parmar R, Ding W, et al. 2008. Finding regional co-location patterns for sets of continuous variables in spatial datasets//Proceedings of The 16th ACM SIGSPATIAL International Conference on Advances in Geographic Information Systems, Irvine: 1-10 .

Ertöz L, Steinbach M, Kumar V. 2003. Finding clusters of different sizes, shapes, and densities in noisy, high dimensional data//Proceedings of the 2003 SIAM International Conference on Data Mining, San Francisco: 47-58.

Ester M, Kriegel H P, Sander J, et al. 1996. A density-based algorithm for discovering clusters in large spatial databases with noise//Proceedings of the 2nd ACM International Conference on Knowledge Discovery and Data Mining, Portland Oregon: 226-231.

Huang Y, Shekhar S, Xiong H. 2004. Discovering colocation patterns from spatial data sets: A general approach. IEEE Transactions on Knowledge and Data Engineering, 16(12): 1472-1485.

Hubalek Z. 1982. Coefficients of association and similarity, based on binary (presence-absence) data: An evaluation. Biological Reviews, 57(4): 669-689.

Keddy P A. 2010. Wetland Ecology: Principles and Conservation. Cambridge: Cambridge University Press.

Kirkpatrick S, Gelatt C D, Vecchi M P. 1983. Optimization by simulated annealing. Science, 220(4598): 671-680.

Koperski K, Han J. 1995. Discovery of spatial association rules in geographic information databases//Proceedings of the International Symposium on Spatial Databases, Portland: 47-66.

Kriegel H P, Kröger P, Sander J, et al. 2011. Density-based clustering. Wiley Interdisciplinary Reviews: Data Mining and Knowledge Discovery, 1(3): 231-240.

Li Y, Shekhar S. 2018. Local co-location pattern detection: A summary of results//Proceedings of 10th International Conference on Geographic Information Science, Melbourne: 1-15.

Miller H J, Han J. 2009. Geographic Data Mining and Knowledge Discovery. Boca Raton: CRC Press.

Mohan P, Shekhar S, Shine J A, et al. 2011. A neighborhood graph based approach to regional co-location pattern discovery: A summary of results//Proceedings of the 19th ACM SIGSPATIAL International Conference on Advances in Geographic Information Systems, Chicago: 122-132.

Pei T, Jasra A, Hand D J, et al. 2009. DECODE: A new method for discovering clusters of different densities in spatial data. Data Mining and Knowledge Discovery, 18(3): 337.

Qian F, Chiew K, He Q, et al. 2014. Mining regional co-location patterns with kNNG. Journal of

Intelligent Information Systems, 42(3): 485-505.

Wang S, Huang Y, Wang X S. 2013. Regional co-locations of arbitrary shapes//Proceedings of the 13th International Symposium on Spatial and Temporal Databases, Munich: 19-37.

Wiegand T, He F, Hubbell S P. 2013a. A systematic comparison of summary characteristics for quantifying point patterns in ecology. Ecography, 36(1): 92-103.

Wiegand T, Moloney K A. 2013b. Handbook of Spatial Point-pattern Analysis in Ecology. Boca Raton: Chapman and Hall/CRC.

Zimmer K D, Hanson M A, Butler M G. 2003. Interspecies relationships, community structure, and factors influencing abundance of submerged macrophytes in prairie wetlands. Wetlands, 23(4): 717-728.

第 5 章　空间点数据异常关联模式挖掘方法

5.1　引　　言

由于地理环境固有的空间异质性，不同空间点要素的空间关联强度通常表现出区域性差异，研究区域内可能存在某些关联强度显著高于或低于期望值的异常子区域。本章以空间同现关联为例，将呈现极强关联或弱关联的模式定义为异常关联模式。如图 5.1 所示，实线表示要素 A 和要素 B 间的空间同现关联关系(即邻近关系)，可以发现在全局范围内每个 A 实例周围平均存在一个 B 实例，而在区域 HR_1 内每个 A 实例周围存在三至四个 B 实例，在区域 LR_1 和 LR_2 内 A 周围没有任何 B 实例，在这种情况下，HR_1、LR_1 和 LR_2 可能被识别为异常关联模式区域。异常关联模式可以从局部视角揭示不同地理要素间异常的空间关联关系，能够为领域专家提供局部空间优化的具体建议。例如，出租车供应点与需求点间的异常关联模式能够反映出租车供需失衡问题，可以为打造高效、平衡的交通系统提供重要的科学依据。

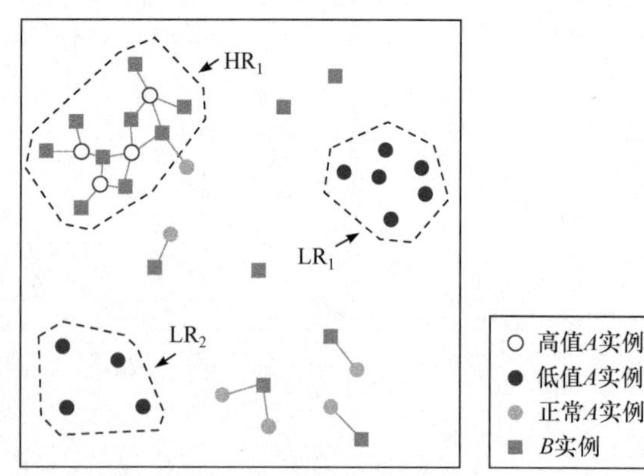

图 5.1　空间异常关联模式示例

第 4 章介绍的局部关联模式挖掘方法只能发现不同要素间频繁满足特定关联关系(如邻近关系)的区域，不能进一步判别区域内的空间关联是否异常。如图 5.2(a)所示，局部关联模式挖掘方法会将区域 R_1 和 R_2 识别为模式$\{A, B\}$的关联区域，因为要素 A 和 B 在两个区域内始终出现在邻近位置。但是，两个区域中也包含一些正常的关联实例(见图中灰色点)，并且局部关联模式挖掘方法也难以发现弱关联的区域(如图中蓝色点组成的区域)。为了解决上述问题，Wang 等人(2013)通过比较最大化区域内、外的同现概率比值，发展了基于扫描统计的方法。该方法所定义的同现概率不能直接反映不同要素的关联强弱，导致挖掘结果中仍可能包含一些正常的关联实例，如图 5.2(b)中的区域 HR_1。尽管该方法也可以用于发现一个区域内外同现概率比最小的区域，如图 5.2(b)中的区域 LR_1，但可能会遗漏其他有效的异常关联区域，如见图 5.1 中的区域 LR_2。此外，为检验挖掘结果的显著性，该方法需要假设数据服从二元泊松分布，若该假设与实际情况不符，则可能导致分析结果存在误差。

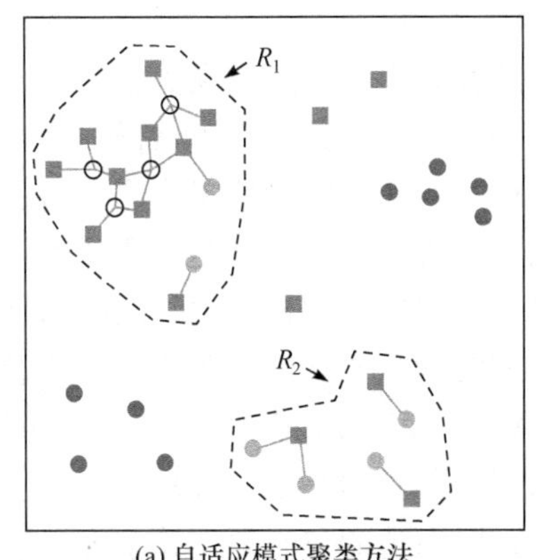

(a) 自适应模式聚类方法

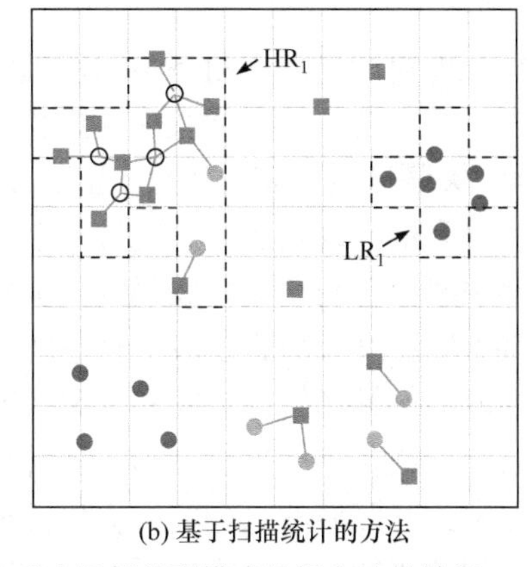

(b) 基于扫描统计的方法

图 5.2　示例数据中现有局部关联模式挖掘方法的结果

与本章内容相近的另一项研究工作为空间交叉异常探测，该项研究是单类要素空间点异常探测(Shekhar et al., 2003)的拓展问题。单类点异常可以通过空间属性(即空间位置)进行探测，如基于密度的方法(Breunig et al., 2000)和基于 Delaunay 三角网的方法(Shi et al., 2016)等，也可以同时结合空间属性与非空间属性进行判别，如基于距离的方法(Lu et al., 2003)和基于图的方法(Lu et al., 2011)等。若考虑空间点的专题属性类型(类别)，正常的单类空间点亦可能呈现出明显的异常特征(Papadimitriou et al., 2003)。为此，面向两类地理要素的空间交叉异常探测研究逐渐得到广泛关注。其主要思想在于采用核心要素的空间属性构建空间邻近关系，而将另一类参考要素的同现实例数目作为非空间属性用于判别核心要素的异常实例点。具体地，空间交叉异常可以通过 k 倍标准差准则(Papadimitriou et al., 2003)、约束 Delaunay 三角网(Shi et al., 2018)和统计测试(Deng et al., 2018)等方法进行判别。然而，这些方法不能直接用于发现本章定义的空间异常关联区域，且对交叉异常的评价过程涉及较多的关于数据分布的主观假设，未充分考虑数据的内在特征(如单类要素的自相关特征和多类要素的互相关特征)，进而可能导致分析结果存在一定的偏差。

通过分析可以发现,现有方法难以直接用于识别本章所定义的异常关联模式,且挖掘结果的有效性评价通常依赖于地理要素空间分布的先验假设。若先验假设与实际分布不一致,则可能导致结果的误判。为了尽可能地吻合数据的本质特征,本章着重阐述我们提出的融合多元分布特征的异常关联模式统计挖掘方法(Cai et al., 2021)。该方法不仅可以实现异常关联区域的自适应提取，而且能够对结果的有效性进行客观评价。

5.2 融合多元分布特征的异常关联模式统计挖掘方法

为了更加深入地揭示局部视角下不同地理要素间异常的空间关联关系，本节介绍一种融合多元分布特征的异常关联模式统计挖掘方法，其研究策略描述为:

(1) 空间异常关联区域的多向优化。首先,以核心要素的空间位置构建空间邻近关系，以参考要素的同现实例个数度量每个核心要素实例位置上的关联强度。进而，基于局部关联强度与全局关联强度的偏离程度定义空间异常关联区域的兴趣度量指标，将关联强度偏离程度较大且空间邻近的核心要素实例及其同现的参考要素实例所形成的区域理解为空间异常关联区域。基于以上认识，发展了空间异常关联区域的多项优化扩展方法。该方法将核心要素的每个实例点视为种子点，以最大化空间异常关联区域的兴趣度为优化目标，以内蕴的空间邻近关系确定扩展方向，搜索得到感兴趣的邻近实例所形成的异常关联区域，作为候选异常关联模式。该方法无须对局部区域的形状与大小做先验假设，且能在区域探测过程中融入异常关联特征，实现异常关联区域的自动探测。

(2) 基于二元点模式分布特征重建的显著性检验。将空间异常关联模式的有效性评价建模为均质空间关联零假设下的显著性检验问题。均质空间关联的零模型需要满足三个主要属性，分别是：①在全局范围内具有一致的空间关联强度；②每类要素的分布特征(即自相关特征)与观测数据相似；③两类要素的交互特征(即互相关特征)与观测数据相似。为此，发展了二元点模式分布特征重建方法。首先，借助多个一元和二元分布特征统计量定量分析观测数据的自相关与互相关特征，通过多元分布特征的非参数拟合获得服从零假设的重建数据；进而，比较重建数据中候选空间异常关联模式的兴趣度与观测值的差异，据此识别统计显著的空间异常关联模式。相比于现有方法，该方法避免了对多元地理要素分布模型的主观假设，能够获取更加客观的评价结果。

5.2.1 空间异常关联区域的多向优化扩展

为了自适应地识别任意形状的空间异常关联区域，提出一种多向优化扩展方法。该方法的理论基础源自经典的空间统计工具——AMOEBA(Aldstadt et al.,

2006)。AMOEBA 的主要思想在于通过最大化局部空间自相关统计量，发现高/低值面状单元的聚集区域。本书将该思想拓展至包含两类地理要素的空间点数据集，同时融入异常关联的特征表达，进而发现两类要素空间关联强度的高/低值区域，并将其识别为空间异常关联区域。

首先，依据具体的应用需求，将两类地理要素分为核心要素和参考要素。其次，采用多层次约束三角网(Deng et al., 2011)定义核心要素的空间邻近关系，因为该方法能够依据数据内蕴的分布密度自适应地识别邻近域。具体地，对于核心要素 pf 的实例，构建 Delaunay 三角网 DT，进而分别基于整体与局部的边长约束(分别记为 GC 与 LC)相继删除 DT 中的整体与局部长边。对于每个核心要素实例 I_i^{pf}，$\text{GC}(I_i^{\text{pf}})$ 与 $\text{LC}(I_i^{\text{pf}})$ 具体表达为：

$$\text{GC}(I_i^{\text{pf}}) = \text{Mean(DT)} + \frac{\text{Mean(DT)}}{\text{Mean}(E_{\text{DT}}^1(I_i^{\text{pf}}))} \cdot \text{SD(DT)} \tag{5-1}$$

$$\text{LC}(I_i^{\text{pf}}) = \text{Mean}(E_{\text{SG}}^2(I_i^{\text{pf}})) + \text{Mean}(\text{SD}(E_{\text{SG}}^1)) \tag{5-2}$$

式中，Mean(DT) 与 SD(DT) 分别表示原始三角网 DT 中所有边的长度平均值与标准差；$\text{Mean}(E_{\text{DT}}^1(I_i^{\text{pf}}))$ 表示 DT 中实例 I_i^{pf} 一阶邻域内的边长平均值；SG 表示删除 DT 中整体长边后包含 I_i^{pf} 的子图；$\text{Mean}(E_{\text{SG}}^2(I_i^{\text{pf}}))$ 表示 SG 中 I_i^{pf} 二阶邻域内的边长平均值；$\text{Mean}(\text{SD}(E_{\text{SG}}^1))$ 表示 SG 中所有实例一阶邻域边长标准差的平均值。如图 5.3(a)所示，删除整体与局部长边后，相互连接的实例识别为空间邻居。

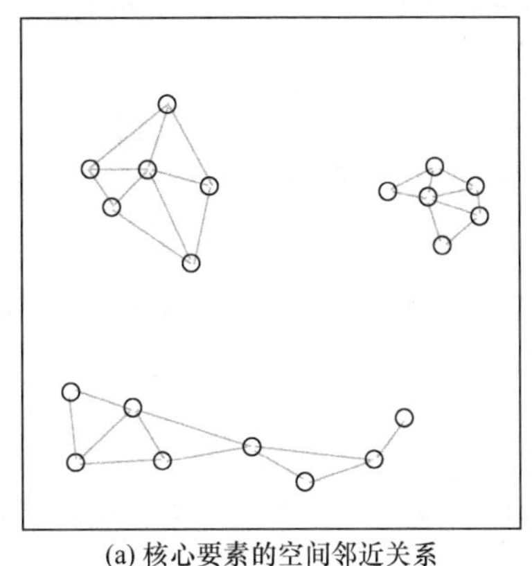

(a) 核心要素的空间邻近关系

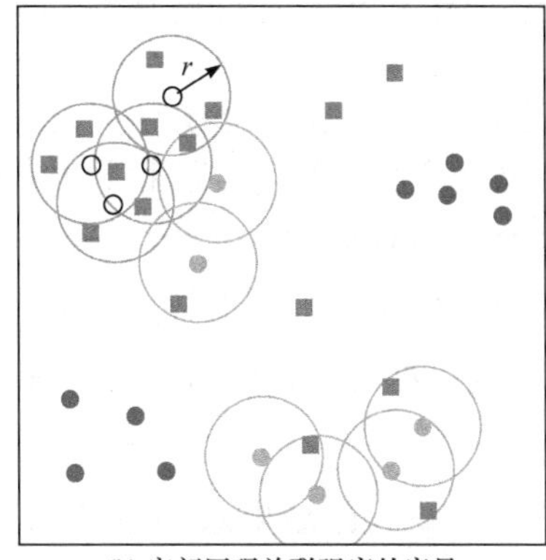

(b) 空间同现关联强度的度量

图 5.3　多向优化扩展方法的准备步骤

给定两类要素空间同现关联的分析尺度 r(称为同现距离阈值)，若参考要素 rf 的实例 I_j^{rf} 与核心要素 pf 的实例 I_i^{pf} 间的距离 $d(I_i^{\text{pf}}, I_j^{\text{rf}})$ 小于等于 r，则认为 I_j^{rf} 与 I_i^{pf} 满足空间同现关联关系。两类要素在 I_i^{pf} 处的空间同现关联强度 CI_i 定义为与

其同现的参考要素的实例个数，表达为：

$$\mathrm{CI}_i = \left|\{I_j^{\mathrm{rf}} \mid d(I_i^{\mathrm{pf}}, I_j^{\mathrm{rf}}) \leqslant r\}\right| \tag{5-3}$$

进而，采用 G^*指数(Getis et al., 1992; Duque et al., 2011)度量空间异常关联区域的兴趣度。对于包含 n 个核心要素实例的区域 R，其 G^*指数定义为：

$$G^*(R) = \left(\sum_{I_i^{\mathrm{pf}} \in R} \mathrm{CI}_i - n \cdot \overline{\mathrm{CI}}\right) \Bigg/ \left(S \cdot \sqrt{\frac{N \cdot n - n^2}{N-1}}\right) \tag{5-4}$$

式中，N 为全局范围内核心要素的实例总数；$\overline{\mathrm{CI}}$ 为所有核心要素实例与参考要素实例的同现关联强度的平均值；S 可计算为：

$$S = \sqrt{\frac{\sum_{j=1}^{N} \mathrm{CI}_j^2}{N} - \overline{\mathrm{CI}}^2} \tag{5-5}$$

若 $G^*(R) > 0$，则表示区域 R 内两类要素的空间关联强度大于全局期望水平，进而将 R 识别为高值异常关联区域；同理，若 $G^*(R) < 0$，则表示区域 R 内两类要素的空间关联强度小于全局期望水平，R 为低值异常关联区域。如图 5.3(b)所示，以要素 A 为核心要素、要素 B 为参考要素，要素 A 与要素 B 空间同现关联强度的全局期望值为 $(4+3+\cdots+0)/20 = 20/20 = 1$，图 5.3(b)中左上角 4 个高值 A 实例所占据的子区域的 G^* 指数取值为 $((4+3+4+3)-4\cdot1)\big/(\sqrt{(4^2+3^2+\cdots+0^2)/20-1^2}\cdot\sqrt{(20\cdot4-4^2)/(20-1)})\approx 4.06 > 0$，表明该区域内要素 A 和 B 的同现关联强度高于期望水平。

基于以上定义，多向优化扩展方法以每个核心要素实例为种子点，进而向其空间邻居进行扩展，使得子区域的 G^*指数绝对值最大化，从而识别高/低值空间异常关联区域，具体步骤描述为：

(1) 对于高值区域 R_i^t(即 G^*指数大于 0 的区域)，将邻近的核心要素实例按照 G^*取值降序排列。R_i^t 的初始区域为仅包含第 i 个核心要素实例 I_i^{pf} 的区域，记为 R_i^0；

(2) 对排序后的邻居依次测试。若扩展至某个邻居后的区域 R_i^{t+1} 的兴趣度优于 R_i^t(即 $G^*(R_i^{t+1}) > G^*(R_i^t)$)，则接受此次扩展，并将 t+1 赋值于 t；

(3) 若区域得到扩展，则返回步骤(1)，继续测试其二阶邻居(即邻居的邻居)，而未包含在扩展区域内的邻居将在下步中不予考虑；否则，当前区域的 G^*指数达到其局部最优值，结束扩展步骤，将 R_i^t 识别为关于实例 I_i^{pf} 的最优空间异常关联区域。

图 5.4(a)～(d)展示了示例数据集中从高值种子点 A_1 开始的多向优化扩展步骤。对于低值区域，扩展过程仍按上述步骤执行，不同的是其优化目标为最小化区域的 G^*取值。得到所有种子点的局部最优区域后，保留相互重叠的区域中 G^*绝对值最高的区域，并将其识别为最终的空间异常关联区域，作为候选的空间异常关联模式。如图 5.4(e)所示，示例数据集中可探测出一个高值异常关联区域 HR_1 和两个低值异常关联区域 LR_1 和 LR_2。

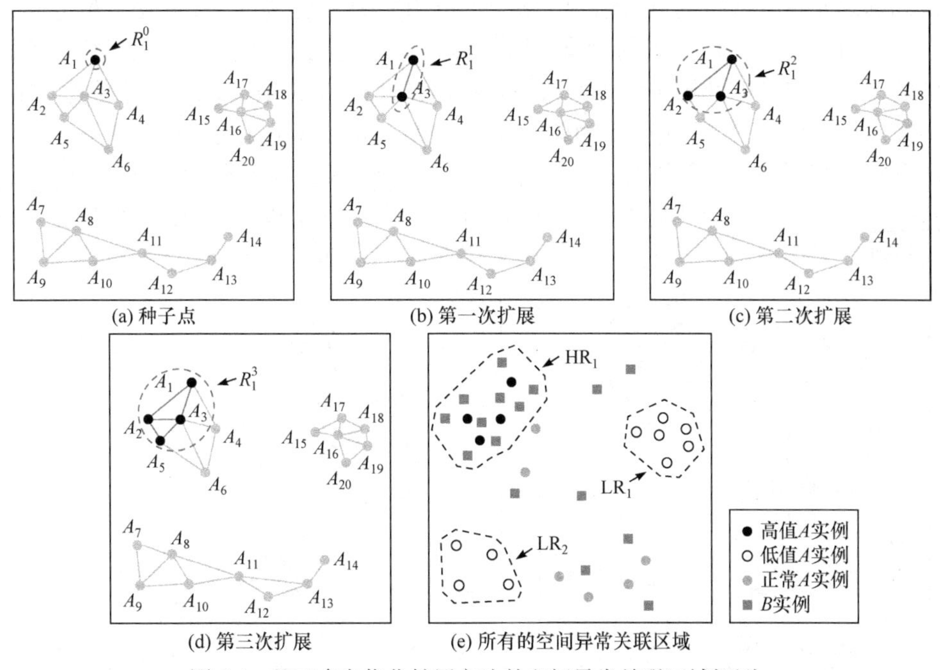

图 5.4　基于多向优化扩展方法的空间异常关联区域探测

5.2.2　二元空间点模式的分布特征重建

为了对探测的空间异常关联区域进行显著性检验，需要构建服从均质空间关联零假设的重建数据集，即零模型。重建数据集在对两类要素间局部的空间关联强度进行随机化的同时，需要维持观测数据中内蕴的自相关与互相关特征。为此，发展了一种二元点模式分布特征重建方法。该方法通过同时拟合观测数据的多个一元和二元分布特征，获得具有相似自相关与互相关结构的重建数据集。由于重建过程中无需预先假设二元点模式的分布模型，从而可以显著降低零模型构建的主观性。

由于不同的空间分布特征统计量往往用于表征不同角度下的分布结构，且不同表征结果亦可能蕴含冗余信息，因而需要选择合理的特征统计量组合。现有研究通过严密的比较实验发现，借助成对相关函数(记为 $g(r)$)、最近邻分布函数(记

为 $D(r)$)和球面接触分布函数(记为 $H_s(r)$)能够全面地刻画一元要素的空间分布结构(Wiegand et al., 2013a)。图 5.5(a)给出了上述三个分布特征统计量的示意图。$g(r)$描述空间点邻近属性(即邻居数目)的平均信息，是信息量最大的分布特征统计量。$D(r)$能够在微观视角下刻画最近邻属性，可以弥补 $g(r)$中所遗失的分布结构局部变异信息。在非平稳的空间点模式中，$H_s(r)$是前两者的重要补充，能够提供关于空白区域大小的描述信息。与上述分析类似，选取 $g(r)$函数和 $D(r)$函数的二元形式刻画二元要素的空间分布结构，即交叉对相关函数(记为 $g_{12}(r)$)和交叉最近邻分布函数(记为 $D_{12}(r)$)。二者的计算过程与其一元表达形式类似，但是二元统计量刻画的是核心要素的邻居中参考要素的属性信息，如图 5.5(b)所示。不同的，$H_s(r)$函数以任意位置为测试中心，因此 $H_s(r)$函数的二元形式不能用于描述两类要素空间点间的交互结构。鉴于此，为详尽地刻画地理要素的一元和二元分布结构，共选择五个分布特征统计量(包括 $g(r)$、$D(r)$、$H_s(r)$、$g_{12}(r)$)和 $D_{12}(r)$)，其数学表达与计算细节可参见《生态空间点模式分析手册》(Wiegand et al., 2013b)。

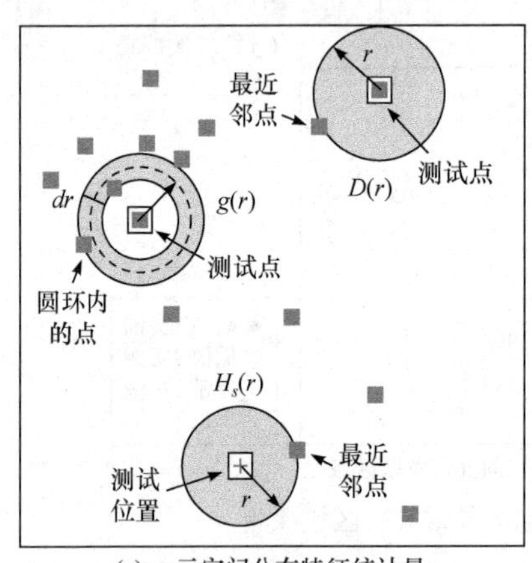

(a) 一元空间分布特征统计量

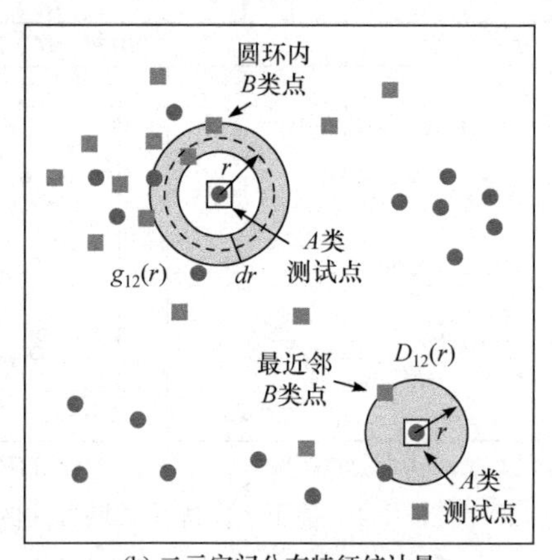

(b) 二元空间分布特征统计量

图 5.5　一元与二元空间分布特征统计量示意图

所提方法旨在测试核心要素 pf 周围同现的参考要素 rf 的实例数目是否异常。为此，重建数据集中保持核心要素 pf 的实例位置固定不变，而通过拟合上述选择的一元和二元分布特征统计量对参考要素 rf 的实例位置进行重建。参考要素 rf 的重建过程描述为：

(1) 随机生成与观测数据集 ω 中 rf 实例个数相同的初始重建数据集 ϖ_0；

(2) 计算当前重建数据集 ϖ_t 与 ω 的分布特征差异，记为 $E(\varpi_t)$，具体表达为：

$$E(\varpi_t) = \sum_{m=1}^{M} k_m \cdot \sqrt{\frac{1}{|r|} \cdot \sum_{r=r_{\min}}^{r_{\max}} \left(F_m^{\omega}(r) - F_m^{\varpi_t}(r)\right)^2} \Big/ \sum_{m=1}^{M} k_m \tag{5-6}$$

式中，$F_m^{\omega}(r)$ 和 $F_m^{\varpi_t}(r)$ 分别表示观测数据集 ω 和重建数据集 ϖ_t 中第 m 个分布特

征统计量的计算值；$|r|$ 表示用于计算统计量的空间距离 $r(r_{\min} \leqslant r \leqslant r_{\max})$的个数；$k_m$ 表示用于平衡不同统计量重要性的权值。需要注意的是，一元统计量的计算仅针对参考要素 rf，因为重建数据集中核心要素 pf 的位置固定不变；二元统计量的计算以 pf 为核心要素，以 rf 为参考要素；

(3) 在研究区域内随机生成一个空间点，临时替换 ϖ_t 中任一 rf 实例点，得到新的候选重建数据集 ϖ_{t+1}。基于式(5-6)判断 ϖ_{t+1} 是否优于 ϖ_t，若 $E(\varpi_{t+1}) < E(\varpi_t)$，则表明 ϖ_{t+1} 具有与观测数据集 ω 更加相似的一元与二元分布特征，为此，接受此次替换，并将 $t+1$ 赋值于 t；否则，重新执行步骤(3)；

(4) 判断重建数据集的优化过程是否达到结束条件，即 $E(\varpi_t)$ 小于一定阈值(一般设置为 0.005)或优化次数超过一定数目(一般设为 80000 次)。若满足条件，则输出 ϖ_t 为最终的重建数据集；否则，返回步骤(3)。

以图 5.6(a)给出的示例数据集为例，图 5.6(b)给出了二元点模式分布特征重建方法得到的一个重建数据集，图 5.6(c)～(g)给出了观测数据集与 99 组重建数据集

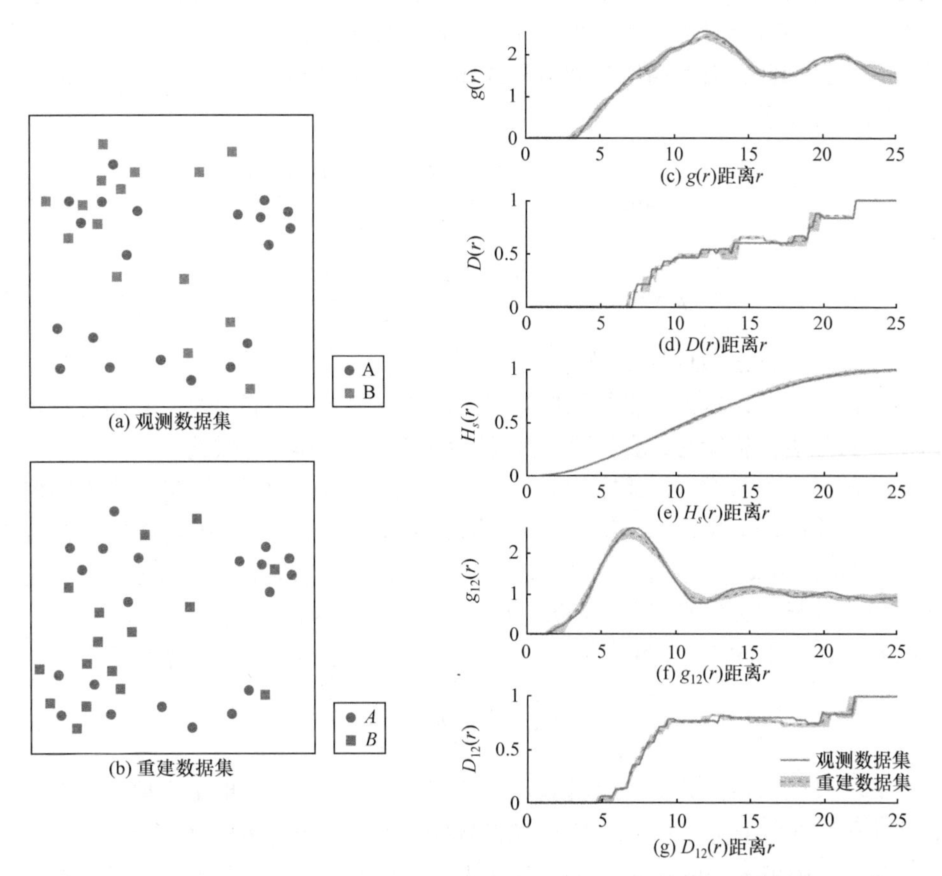

图 5.6　基于二元点模式分布特征重建的均质空间关联零模型构建

中 $g(r)$、$D(r)$、$H_s(r)$、$g_{12}(r)$和 $D_{12}(r)$的函数值曲线。可以发现，与观测数据集相比，即使重建数据集中要素 A 与要素 B 同现于不同空间位置，重建数据集中仍很好地保持了两类要素的一元和二元空间分布特征。

5.2.3　空间异常关联模式的显著性检验

基于 5.2.2 节方法生成大量服从均质空间关联零假设的重建数据集后，选择空间异常关联模式的兴趣度量指标(即 G^*指数)为检验统计量，测试 5.2.1 节中候选空间异常关联模式的统计显著性。

具体而言，对于每个候选的空间异常关联模式，计算其在 N 个重建数据集中的 G^*指数取值，记为 $G_n^{\text{null}}(n=1,2,\cdots,N)$。进而，与观测数据集中 G^*指数取值(记为 G^{obs})进行比较，将零假设成立的情况下出现该异常关联模式(即 G^*指数取值等于或优于 G^{obs})的概率定义为该模式的统计显著性概率，记为 p-value。需要注意的是，当 G^*指数大于 0 时，取值越大，表示区域内空间关联强度高于期望值的程度越大；当 G^*指数小于 0 时，取值越小，表示区域内空间关联强度低于期望值的程度越大。因此，对于高值和低值候选异常关联模式(分别表示为 HR 和 LR)，其 p-value 分别计算为：

$$p\text{-value(HR)}=\frac{\left|G_n^{\text{null}}(\text{HR})\geqslant G^{\text{obs}}(\text{HR})\right|+1}{N+1} \tag{5-7}$$

$$p\text{-value(LR)}=\frac{\left|G_n^{\text{null}}(\text{LR})\leqslant G^{\text{obs}}(\text{LR})\right|+1}{N+1} \tag{5-8}$$

式中，$|\cdot|$表示满足条件的数据集个数。

实际情况下，数据集中往往包含多个候选空间异常关联模式，当同时对多个区域进行显著性检验时，会显著增加结果的假阳率，即增加候选模式错误识别为显著空间异常关联模式的概率。为了解决多重假设检验的问题，进一步采用控制错误发现率(False Discovery Rate, FDR)方法(Benjamini et al., 1995)对给定的显著性水平 α(即 p-value 的截断值，通常设为 0.05 或 0.01)进行矫正。具体地，首先对 K 个候选空间异常关联模式按 p-value 升序排列，使得 $p\text{-value}(R_1)\leqslant p\text{-value}(R_2)\leqslant\cdots\leqslant p\text{-value}(R_K)$。进而将显著性水平矫正为满足式(5-9)的 p-value，具体计算为：

$$\alpha_{\text{adj}}=p\text{-value}(R_i)\leqslant\frac{i}{K}\cdot\alpha \tag{5-9}$$

式中，i 为排序后候选模式下标$\{1,2,\cdots,K\}$中满足上述不等式的最大值。基于显著性水平的校正值 α_{adj}，对于高值(或低值)候选模式 HR(或 LR)，若其 p-value 小于等于 α_{adj}，则拒绝均质空间关联的零假设，认为区域 HR(或 LR)中两个要素的空间关联强度显著高于(或低于)全局期望水平，进而将 HR(或 LR)识别为统计显著的高值(或低值)空间异常关联模式。

5.2.4 算法描述

基于上述的基本定义与关键技术，所提的异常关联模式统计挖掘方法的主要步骤描述为：

(1) 构建核心要素 pf 实例间的空间邻近关系；

(2) 针对 pf 的每个实例，计算其与参考要素 rf 的空间关联强度及 G^*指数值；

(3) 基于多向优化方法识别具有最大 G^*绝对值的候选空间异常关联模式；

(4) 采用二元点模式分布特征重建方法生成 N 个重建数据集；

(5) 测试候选模式的显著性，识别统计显著的空间异常关联模式。

5.3 实例分析与比较

为了测试所提方法的实用性，采用上海市真实出租车数据集进行实例分析，旨在测试研究区域内出租车供需是否均衡。本实验选择出租车需求为核心要素，出租车供应为参考要素。高值异常关联模式表明区域内出租车服务供过于求，低值模式对应供不应求的区域。发现出租车供需不平衡模式对于改善出租车运作模式、提升城市综合服务能力具有重要的指导价值。

同时，与现有基于扫描统计的方法(Wang et al., 2013)进行了比较分析，因为基于扫描统计方法所针对的挖掘问题与本章关注的异常关联模式挖掘最为接近。实例分析中，根据改进的 L 函数(Yoo et al., 2012)将同现距离设置为 500m，显著性水平均设置为 0.05，重建数据集数目设置为 99。为了取得更好的可视化效果，实验中采用 α 形状法(Edelsbrunner et al., 1983)展示所提方法的挖掘结果。

5.3.1 数据描述

实验数据源自 2013 年 12 月 2 日(星期一)上海市超过 48000 辆出租车的移动记录。记录的采样频率为 10 秒，每条记录包含出租车 ID 号、时间、位置和状态(0 表示空车，1 表示载客)。实验选取了上午 8 点与下午 6 点的出租车数据进行研究，分别用于揭示早高峰与晚高峰的出租车供需不平衡模式。对于所选取的时刻 t，出租车需求点位置表示为 t 前 10 分钟内的上车点位置(即状态由 0 转为 1 的位置)，出租车供应点位置为 t 时的空车位置(即状态为 0 的位置)。实验中仅考虑被满足的出租车需求，因为未被满足的需求点无法从出租车的记录中获取。两个时刻的出租车需求点与供应点的空间分布如图 5.7 所示。

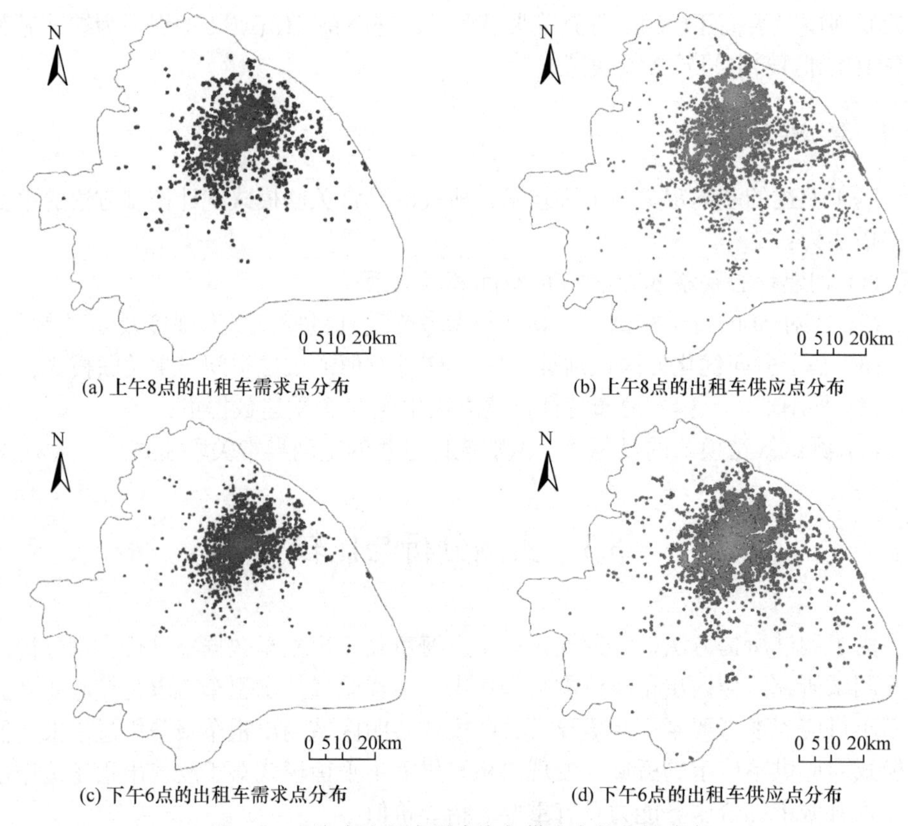

(a) 上午8点的出租车需求点分布　　(b) 上午8点的出租车供应点分布

(c) 下午6点的出租车需求点分布　　(d) 下午6点的出租车供应点分布

图 5.7　上海市出租车需求点与供应点的空间分布

5.3.2　结果分析

图 5.8 展示了两种方法在不同时刻挖掘的出租车供需异常关联模式的空间分布。本书所提方法在上午 8 点共发现 19 个异常关联模式，其中包括 8 个高值模式和 11 个低值模式；在下午 6 点共发现 22 个异常关联模式，其中包括 7 个高值模式和 15 个低值模式。然而，对于每个时刻，基于扫描统计的方法仅能识别一个具有最大同现概率比(Co-occurrence Probability Ratio，CPR)的高值异常关联区域。观察两个方法挖掘结果的空间分布可以发现，现有方法探测的高值区域亦覆盖了部分所提方法识别的正常和低值区域。因为低于或等于全局期望值的关联强度均会增加现有方法中的 CPR 取值。此外，现有方法没有发现显著的低值异常关联区域。因为观测数据集中 CPR 的最小值为 0(即区域内出租车需求点周围不存在任何供应点)，而在零假设下同样能够普遍发现 CPR 为 0 的低值区域。

进而，结合上海市十个重要场所的空间分布(如图 5.9(a)所示)对所提方法发现的出租车供需不平衡模式进行解释。图 5.9(b)～(c)分别给出了上午 8 点与下午 6

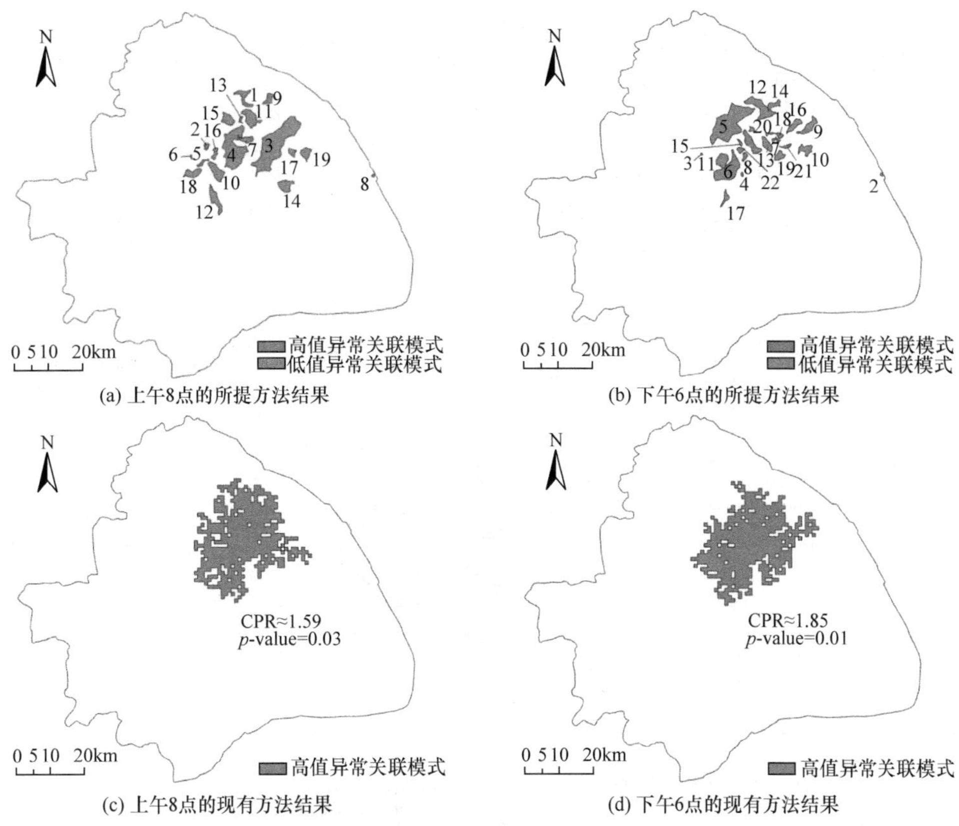

(a) 上午8点的所提方法结果　(b) 下午6点的所提方法结果

(c) 上午8点的现有方法结果　(d) 下午6点的现有方法结果

图 5.8　两种方法在不同时刻挖掘的出租车供需异常关联模式

点所提方法结果与重要场所的叠加显示。可以发现，两个时刻存在一些相似规律。如图 5.9(b)区域 8 和图 5.9(c)区域 2 所示，浦东国际机场附近总能发现一个高值异常关联模式。因为机场往往与乘客目的地间的路程较远，使得出租车司机能够获得更多经济收益，大量出租车会在机场排队等待乘客(Salanova et al., 2011)。此外，如图 5.9(b)区域 7 与图 5.9(c)区域 8 所示，在上海中心城区亦常存在高值异常关联模式。因为在中心城区(如南京路步行街和徐家汇街道)具有许多其他便捷的出行方式(如地铁、公交车和共享单车)，进而导致出租车服务供过于求。

通过分析不难发现，空间异常关联模式的类型、位置和大小亦随时间呈现动态变化。例如，上午 8 点，低值异常关联模式多出现于居民区，如图 5.9(b)中区域 3 和区域 19 所示；而下午 6 点，低值异常关联模式经常出现于工业区和科技园区等工作场所，如图 5.9(c)中区域 9 和区域 10 所示。因为居民区和工作地点的出租车需求在不同时间存在显著性空间差异，上班高峰期主要集中于居民区，而下班高峰期多出现于工作地点。这些出租车需求的触发因素可能会导致出租车的供不应求(Tang et al., 2019)，进而形成低值异常关联模式。

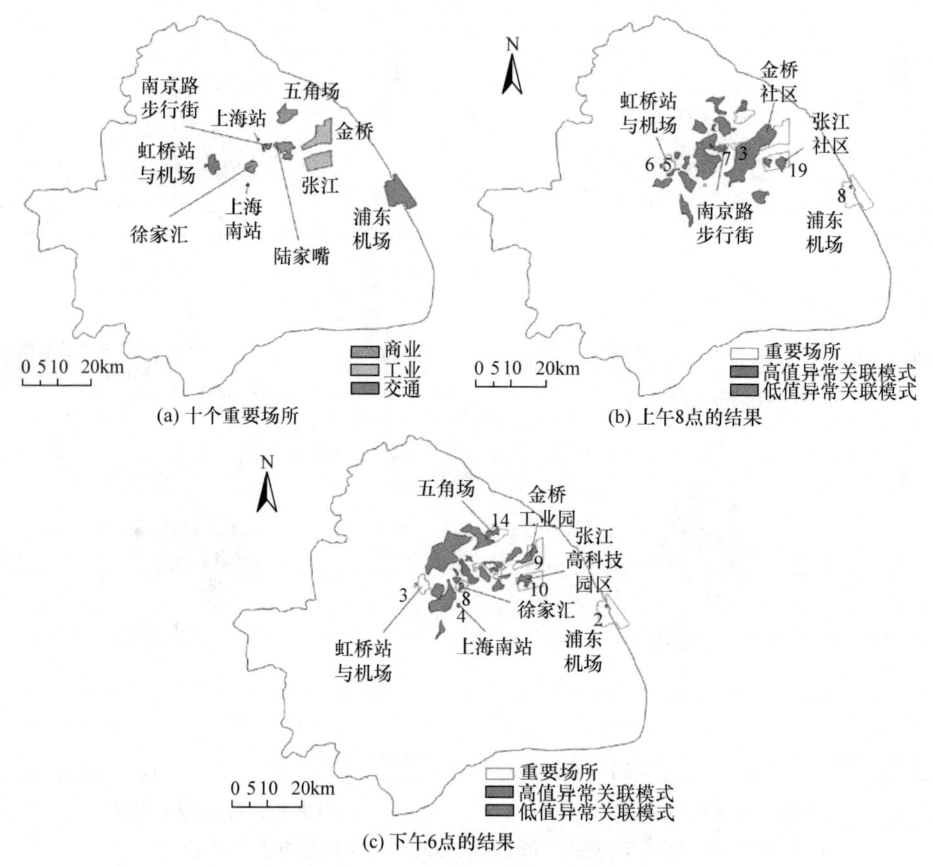

(a) 十个重要场所　(b) 上午8点的结果

(c) 下午6点的结果

图 5.9　所提方法挖掘结果与上海市十个重要场所的叠加显示(见彩图)

5.4　本 章 小 结

为了在局部尺度揭示不同地理要素间空间关联的异常表现，本章探索了空间异常关联模式挖掘问题。针对异常关联模式的形状与大小难以自动探测且有效性难以客观评价的问题，重点阐述了一种融合多元分布特征的空间异常关联模式的统计挖掘方法。首先，基于核心要素内蕴的空间邻近关系与空间异常关联模式的特征表达，给出了异常关联区域的多向优化扩展方法；在此基础上，融合地理要素的自相关与互相关特征，阐述了二元点模式分布特征重建方法，构建服从均质空间关联零假设的重建数据集；进而，将空间异常关联模式的有效性评价建模为均质空间关联零假设下的显著性检验问题，识别具有统计显著性的异常关联模式。本章方法无需对局部区域的形状与大小以及地理要素的空间分布模型进行先验假设，并且能够自适应地提取统计显著的空间异常关联模式。最后，通过上海市出租车供需数据集验证了本书所提方法对于发现地理要素间异常关联模式的有效性和可行性。

参 考 文 献

Aldstadt J, Getis A. 2006. Using AMOEBA to create a spatial weights matrix and identify spatial clusters. Geographical Analysis, 38(4): 327-343.

Benjamini Y, Hochberg Y. 1995. Controlling the false discovery rate: A practical and powerful approach to multiple testing. Journal of the Royal Statistical Society: Series B (Methodological), 57(1): 289-300.

Breunig M M, Kriegel H P, Ng R T, et al. 2000. LOF: Identifying density-based local outliers// Proceedings of the 2000 ACM SIGMOD International Conference on Management of Data, Dallas: 93-104.

Cai J, Deng M, Guo Y, et al. 2021. Discovering regions of anomalous spatial co-locations. International Journal of Geographical Information Science, 35(5): 974-998.

Deng M, Liu Q, Cheng T, et al. 2011. An adaptive spatial clustering algorithm based on Delaunay triangulation. Computers, Environment and Urban Systems, 35(4): 320-332.

Deng M, Yang X, Shi Y, et al. 2018. A non - parametric statistical test method to detect significant cross - outliers in spatial points. Transactions in GIS, 22(6): 1462-1483.

Duque J C, Aldstadt J, Velasquez E, et al. 2011. A computationally efficient method for delineating irregularly shaped spatial clusters. Journal of Geographical Systems, 13(4): 355-372.

Edelsbrunner H, Kirkpatrick D, Seidel R. 1983. On the shape of a set of points in the plane. IEEE Transactions on Information Theory, 29(4): 551-559.

Getis A, Ord J K. 1992. The analysis of spatial association by use of distance statistics. Geographical Analysis, 24(3), 189-206.

Lu C T, Chen D, Kou Y. 2003. Detecting spatial outliers with multiple attributes//Proceedings of the 15th IEEE International Conference on Tools with Artificial Intelligence, Sacramento: 122-128.

Lu C T, Santos R., Liu X, et al. 2011. A graph-based approach to detect abnormal spatial points and regions. International Journal on Artificial Intelligence Tools, 20(4): 721-751.

Papadimitriou S, Faloutsos C. 2003. Cross-outlier detection//Proceedings of the 8th International Symposium on Spatial and Temporal Databases, Santorini Island: 199-213.

Salanova J M, Estrada M, Aifadopoulou G, et al. 2011. A review of the modeling of taxi services. Procedia-Social and Behavioral Sciences, 20: 150-161.

Shekhar S, Lu C T, Zhang P. 2003. A unified approach to detecting spatial outliers. GeoInformatica, 7(2): 139-166.

Shi Y, Deng M, Yang X, et al. 2016. Adaptive detection of spatial point event outliers using multilevel constrained Delaunay triangulation. Computers, Environment and Urban Systems, 59: 164-183.

Shi Y, Gong J, Deng M, et al. 2018. A graph-based approach for detecting spatial cross-outliers from two types of spatial point events. Computers, Environment and Urban Systems, 72: 88-103.

Tang J, Zhu Y, Huang Y, et al. 2019. Identification and interpretation of spatial-temporal mismatch between taxi demand and supply using global positioning system data. Journal of Intelligent Transportation Systems, 23(4): 403-415.

Wang S, Huang Y, Wang X S. 2013. Regional co-locations of arbitrary shapes//Proceedings of the 13th International Symposium on Spatial and Temporal Databases, Munich: 19-37.

Wiegand T, He F, Hubbell S P. 2013a. A systematic comparison of summary characteristics for quantifying point patterns in ecology. Ecography, 36(1): 92-103.

Wiegand T, Moloney K A. 2013b. Handbook of Spatial Point-pattern Analysis in Ecology. Boca Raton: Chapman and Hall/CRC.

Yoo J S, Bow M. 2012. Mining spatial colocation patterns: A different framework. Data Mining and Knowledge Discovery, 24(1): 159-194.

第 6 章　时空点数据关联模式挖掘方法

6.1　引　　言

时空关联模式旨在从时空数据库中发现频繁满足特定空间和时间关系的时空规律。现实生活中许多地理要素或地理现象可以用布尔型时空点要素进行表达，如发生于特定空间位置和时间点的犯罪事件、疾病病例、交通事故等。给定包含多类型要素的时空点数据集，时空关联模式主要表现为频繁发生于邻近空间和时间位置的要素集合(Celik et al., 2006a)，此类时空关联模式称为时空同现模式。

时空同现模式挖掘是时空关联模式挖掘的一项核心研究内容，已被广泛应用于公共健康、智能交通、犯罪分析等诸多领域(Koubarakis et al., 2003; Shekhar et al., 2015)，对于理解不同要素之间的时空交互作用具有重要价值。例如，在犯罪分析中，因具有相似的诱导因素，在酒吧关门后经常同时出现酒驾、吸毒和破坏公共秩序等行为(Scott et al., 2006)。通过发现不同犯罪行为之间的时空同现规律可为犯罪的控制和预警提供重要的决策信息，推动公共安全智能化管理体系构建。时空同现模式在其他挖掘任务中亦能发挥关键作用，例如，不同事件类别的同现信息有助于识别聚集结构随时间和空间的演变趋势(Leibovici et al., 2014)。

时空同现模式挖掘是空间同现模式挖掘(Shekhar et al., 2001)在时空域上的拓展问题，根据时间变量在空间同现模式挖掘模型中的纳入方式，可以将现有方法大致分为两类，即时空分治的方法和维度附加的方法。

如图 6.1(a)所示，给出了基于时空分治策略的时空同现模式挖掘方法基本思想。首先对时空数据的时间维度进行切片处理，认为出现于同一时间切片内的地理要素满足时间邻近关系；进而，将每个时间切片内的地理要素实例投影至空间平面，并采用空间同现模式挖掘方法识别每个切片内的空间同现模式；最后，统计每个空间同现模式在所有时间切片内的出现数量，以此评价候选模式的时间频繁度，根据设定的频繁度阈值，筛选在空间和时间维度均频繁的时空同现模式。

如图 6.1(b)所示，给出了基于维度附加策略的时空同现模式挖掘方法的基本思想。该类方法的核心思想在于将时间维度视为空间维度的附加维度，通过同时施加空间邻近和时间邻近(如时间无序邻近和时间有序邻近等)双重约束，定义地理要素间的时空邻近关系。若候选模式中不同地理要素的实例互为时空邻居，则将该实例集合识别为候选模式的时空实例。进而，度量候选模式的时空频繁度，并采用同现模式挖掘算法发现所有频繁的时空同现模式。

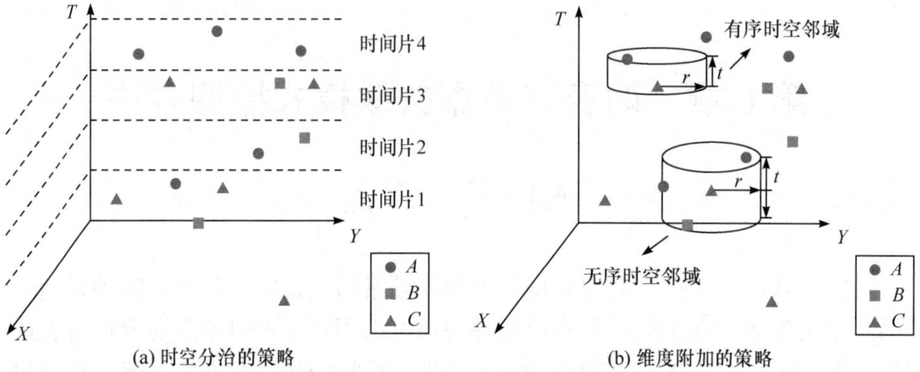

(a) 时空分治的策略　(b) 维度附加的策略

图 6.1　时空同现模式挖掘的两种策略

下面将对两类时空同现模式挖掘方法中的代表性工作进行介绍，重点阐述本书所提方法，并结合具体案例进行实验分析与比较。

6.2　基于时空分治的挖掘方法

时空分治的方法是先将时间维度划分为若干离散的时间片，在各时间片中探测频繁的空间同现模式，进而度量空间同现模式的时间频繁度，识别在空间和时间上均频繁的时空同现模式。现有各种时空分治方法识别同现模式的主要区别在于时间频繁度的评价。基于此，时空同现模式主要可分为：在多个时间片中满足空间频繁度的混合时空同现模式、在多个连续时间片中满足空间频繁度递增约束的持续时空同现模式和在各类地理要素生存期内的多个时间片中满足空间频繁度的稀有时空同现模式。下面将对三类时空同现模式挖掘方法的代表性工作进行介绍和分析。

6.2.1　混合时空同现模式挖掘方法

针对时空点数据集，Celik 等(2006a)将在时间维度上频繁出现的空间同现模式识别为混合时空同现模式。挖掘该模式方法的核心思想是在每个时间片上建立不同要素实例间的空间邻近关系，并度量候选混合时空同现模式在该时间片上的空间频繁度，进而将时间频繁度定义为满足空间频繁度阈值约束的时间片比例，若计算得到的比例大于给定阈值，则将该候选模式识别为频繁混合时空同现模式。最后，利用空间频繁度和时间频繁度单调性(Celik et al., 2008)发展类似 Apriori 的挖掘方法识别所有频繁的混合时空同现模式(Huang et al., 2004)。

具体地，对于一个由 k 类地理要素组成的候选混合时空同现模式 CP =

$\{f_1,f_2,\cdots,f_k\}$，不同地理要素 $f_1,f_2,\cdots,f_k$ 在时间片 t_h 中互为空间邻居的频繁度定义为候选模式 CP 在该时间片中的空间频繁度，用空间参与指数(Spatial Participation Index, SPI)度量，计算为：

$$\mathrm{SPI}(\mathrm{CP},t_h)=\min_{i=1}^{k}\left\{\frac{|I(\mathrm{CP},f_i,t_h)|}{|I(f_i,t_h)|}\right\} \tag{6-1}$$

式中，$|I(\mathrm{CP},f_i,t_h)|$ 为时间片 t_h 中地理要素 f_i 参与候选模式 CP 实例的不重复实例数量；$|I(f_i,t_h)|$ 为地理要素 f_i 在时间片 t_h 中实例的总数量。若 SPI(CP, t_h)不小于空间频繁度阈值 θ_s，则认为候选模式 CP 在时间片 t_h 满足空间频繁度阈值约束。进而，采用时间参与度(Temporal Participation Index, TPI)计算候选模式 CP 的时间频繁度，可表达为：

$$\mathrm{TPI}(\mathrm{CP})=\frac{|\mathrm{SPI}(\mathrm{CP},t_h)\geqslant\theta_s|}{\mathrm{TN}} \tag{6-2}$$

式中，TN 表示离散后的时间片总数量；$|\mathrm{SPI}(\mathrm{CP},t_h)\geqslant\theta_s|$ 表示候选模式 CP 满足空间频繁度阈值约束的时间片数量。若 TPI(CP)不小于时间频繁度阈值 θ_t，则候选模式 CP 识别为频繁混合时空同现模式。

基于以上定义，挖掘混合时空同现模式的主要步骤描述为：

(1) 根据特定时间维度划分规则(如均等或不均等时长划分等)将时空数据集划分为若干离散时间片；

(2) 利用特定空间邻近规则(如距离阈值、k 近邻等)，分别建立每个时间片内不同地理要素实例间的空间邻近关系；

(3) 在每个时间切片中，识别候选模式的实例，进而采用空间参与指数度量候选混合时空同现模式的空间频繁度；

(4) 给定空间频繁度阈值，采用时间参与指数度量候选混合时空同现模式的时间频繁度；

(5) 给定时间频繁度阈值，将时间参与指数大于或等于所设时间频繁度阈值的候选模式识别为频繁混合时空同现模式。

如图 6.2 所示，时空数据集划分为四个时间切片，每个时间片内被实线所连接的实例彼此满足空间邻近关系。在时间片 t_1 中，要素 A、B、C 分别有 4、3、5 个实例，其中三类要素分别 2、2、3 个实例有参与候选混合时空同现模式$\{A,B,C\}$实例。因此，SPI($\{A,B,C\}$, t_1) = min(2/4, 2/3, 3/5) = 1/2，同理候选模式$\{A,B,C\}$在时间片 t_2、t_3、t_4 中的空间频繁度分别为 2/5、5/8、0；若将空间参与指数阈值设置为 0.4，则 TPI($\{A,B,C\}$) = 3/4；若时间参与指数阈值设置为 0.5，则候选模式$\{A,B,C\}$被识别为频繁混合时空同现模式。

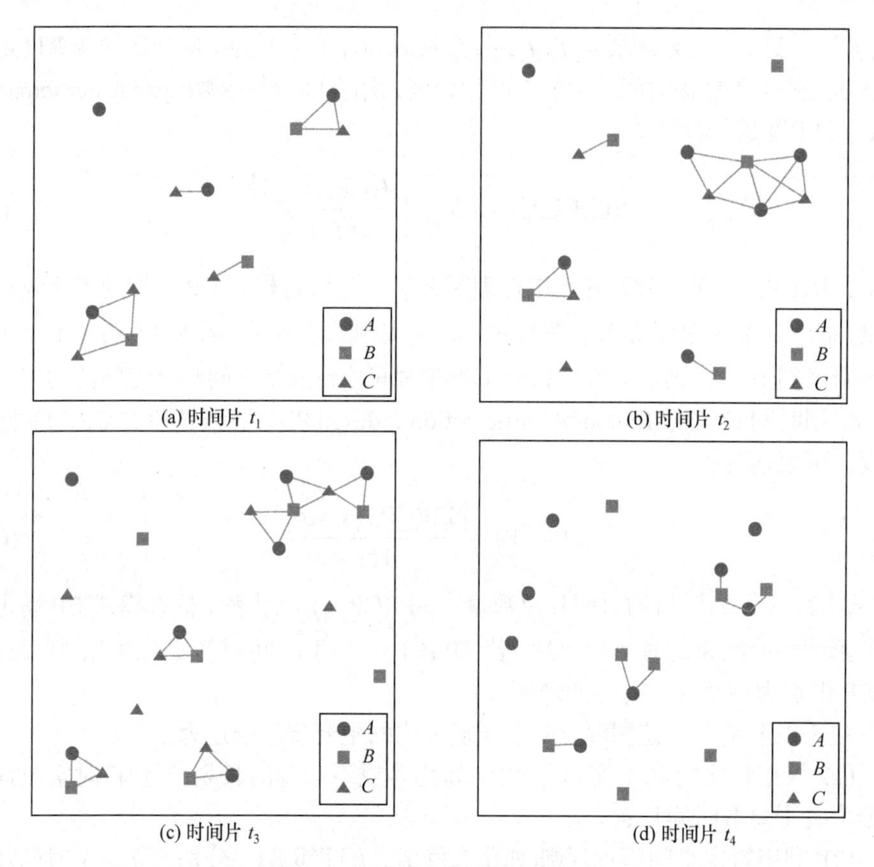

图 6.2　基于时空分治的挖掘方法

混合时空同现模式挖掘方法通过时间维度划分策略将时空同现模式挖掘转化为在多个空间平面中识别空间同现模式的问题，方法简单，具有较强的实用性和可操作性。然而，此类方法仅关注时空同现模式在所有时间切片中的出现是否频繁，难以揭示时空同现模式随时间的变化规律。

6.2.2　持续时空同现模式挖掘方法

持续时空同现模式挖掘方法与混合时空同现模式挖掘方法的主要区别在于时空频繁度度量方式，此类方法旨在挖掘在连续时间片上空间邻近频繁度持续单调递增的多类型地理要素集合，以描述时空同现模式的空间频繁度随时间的持续增长规律(Celik et al., 2006b)。对于公共卫生领域(如识别新型疾病或某地新发疾病)、生态学(如发现环境中物种活动规律或识别某空间位置新出现污染物)等学科领域具有重要的应用价值。

持续时空同现模式挖掘方法将时间频繁度定义为候选模式空间频繁度大于等于空间参与指数阈值且随时间单调递增的时间切片数目与总时间切片数目的比

值。为此，对于由 k 类地理要素组成的候选混合时空同现模式 $CP = \{f_1, f_2, \cdots, f_k\}$，其时间参与指数可表达为：

$$\text{TPI(CP)} = \frac{\#(t_a, t_b)}{\text{TN}} \tag{6-3}$$

并且

$$\forall t_h, t_m \in [t_a, t_b], \text{SPI}(\text{CP}, t_m) \geqslant \text{SPI}(\text{CP}, t_h) \geqslant \theta_s, m > h \tag{6-4}$$

式中，TN 表示时空数据集离散后的时间片总数量，$\#(t_a, t_b)$表示从第 a 个时间片到第 b 个的时间片的连续时间切片数量；此外，对于任意$[t_a, t_b]$内的时间片 t_h 和 t_m ($m > h$)，候选模式 CP 的空间频繁度 SPI(CP, t_h)、SPI(CP, t_m)均不小于空间频繁度阈值 θ_s，且随时间空间频繁度单调递增。若 TPI(CP)不小于时间频繁度阈值 θ_t，则候选模式 CP 识别为频繁混合时空同现模式。基于此，持续时空同现模式挖掘的主要步骤描述为：

(1) 基于特定时间维度划分规则将时空数据集划分为若干离散时间片；

(2) 分别建立每个时间片内不同地理要素实例间的空间邻近关系；

(3) 在每个时间切片中，识别候选模式的实例，进而采用空间参与指数度量候选持续时空同现模式的空间频繁度；

(4) 基于给定的空间频繁度阈值，采用时间参与指数度量候选持续时空同现模式的时间频繁度；

(5) 将时间参与指数足够大的候选模式识别为持续时空同现模式。

如 6.2.1 节中所述，候选模式{A, B, C}在图 6.2 中的时间片 t_1、t_2、t_3、t_4 中的空间频繁度分别为 1/2、2/5、5/8、0，可以发现候选模式{A, B, C}的空间频繁度仅从时间片 t_2 到 t_3 递增且不小于空间频繁度阈值 0.4，候选持续时空同现模式{A, B, C}的时间参与度为 1/2。当时间频繁度阈值不超过 0.5 时，候选模式{A, B, C}被识别为持续时空同现模式。

持续时空同现模式挖掘方法进一步刻画候选模式的空间频繁度随时间的增长趋势，有效揭示了随时间变化的多类型地理要素关联关系。然而，持续时空同现模式和混合时空同现模式挖掘方法均难以有效发现仅存在于少量时间片的时空要素间的稀有同现模式。

6.2.3　稀有时空同现模式挖掘方法

由于部分地理要素仅存在于少量的时间切片，导致包含这些稀有要素的时空同现模式难以被有效发现。针对这个问题，Celik 等(2015)在候选模式时间频繁度的度量模型中进一步考虑了每类地理要素的生存期，以此定义时间参与指数，用于发现稀有时空同现模式。

具体地，对于由 k 类地理要素组成的候选混合时空同现模式 $\mathrm{CP}=\{f_1,f_2,\cdots,f_k\}$，首先根据 6.2.1 节所述度量每个时间切片内候选模式的空间频繁度；然后计算每类地理要素 f_i 实例所存在的时间切片数量，将其定义为要素 f_i 的生存期；在此基础上，度量地理要素 f_i 在生存期内与候选模式中其他所有要素频繁满足空间邻近关系的频繁度，即候选模式满足空间频繁度阈值约束的时间片数量占要素 f_i 生存期的比例，可采用时间参与率(Temporal Participation Ratio, TPR)进行计算，具体表达为：

$$\mathrm{TPR}(\mathrm{CP},f_i)=\frac{\left|\mathrm{SPI}(\mathrm{CP},t_h)\geqslant\theta_s\right|}{\mathrm{TN}\_f_i},\quad f_i\in\mathrm{CP} \tag{6-5}$$

式中，TN_f_i 表示时空数据集离散后的要素 f_i 生存期；$\left|\mathrm{SPI}(\mathrm{CP},t_h)\geqslant\theta_s\right|$ 表示候选模式 CP 满足空间频繁度阈值约束的时间片数量。将候选模式中所有要素时间参与率的最小值评估为该模式的时间频繁度，则候选模式 CP 的时间参与指数可计算为：

$$\mathrm{TPI}(\mathrm{CP})=\min_{i=1}^{k}\{\mathrm{TPR}(\mathrm{CP},f_i)\} \tag{6-6}$$

若 TPI(CP)不小于时间频繁度阈值 θ_t，则候选模式 CP 识别为频繁稀有时空同现模式。

于是，挖掘稀有时空同现模式的主要步骤具体描述为：

(1) 将时空数据集离散为若干时间切片，并在每个时间片内建立不同地理要素实例间的空间邻近关系；

(2) 在每个时间切片中，识别候选模式的实例，进而采用空间参与指数度量候选稀有时空同现模式的空间频繁度；

(3) 计算候选模式中每类地理要素的生存期，并根据给定的空间频繁度阈值，计算每类地理要素的时间参与率，进一步计算时间参与指数评估候选模式时间频繁度；

(4) 识别时间参与指数大于时间频繁度阈值的稀有时空同现模式。

如图 6.2 所示，要素 A、B、C 的生存期分别为 4、4、3。在空间频繁度阈值为 0.4 的条件下，如 6.2.1 节中所述，候选模式$\{A,B,C\}$的三类要素在三个时间片 t_1、t_2、t_3 中均满足空间频繁邻近关系，则要素 A、B、C 的时间参与率分别为 3/4、3/4 和 3/3，候选模式$\{A,B,C\}$的时间参与指数为 $\mathrm{TPI}(\{A,B,C\})=\min(3/4,3/4,3/3)=3/4$。

稀有时空同现模式挖掘方法能够有效发现在少量时间切片中多类型地理要素频繁满足空间邻近关系的关联模式。然而，与混合时空同现模式和持续时空同现模式挖掘方法相同，时空分治策略对时间维度的强制划分可能会造成邻近时间片内要素实例间时空邻近关系的破坏，导致挖掘结果中遗漏部分有意义的同现模式(Qian et al., 2009)。

6.3　基于维度附加的挖掘方法

为了有效表达地理要素在连续空间域与时间域内的时空关系，发现更为完备的时空同现模式，基于维度附加的时空同现模式挖掘方法陆续被提出。该类方法将时间维度视为空间维度的附加维度，在时间和空间维度上同时施加时空邻近约束，以定义时空要素实例间的时空邻域。若多类要素的实例频繁满足时空邻近关系，则将该要素集合识别为时空同现模式，如图 6.3 所示。根据时空邻域的定义不同，可以将时空同现模式区分为三种类型：全序时空同现模式、偏序时空同现模式和无序时空同现模式。其中，全序时空同现模式中所有参与要素的实例均存在时间次序，偏序时空同现模式中仅顾及部分要素实例间次序关系，其余要素间的时间次序不予考虑，而无序时空同现模式不考虑模式中时空要素实例发生的时间先后次序。下面将对三类时空同现模式挖掘方法的代表性工作进行详细阐述。

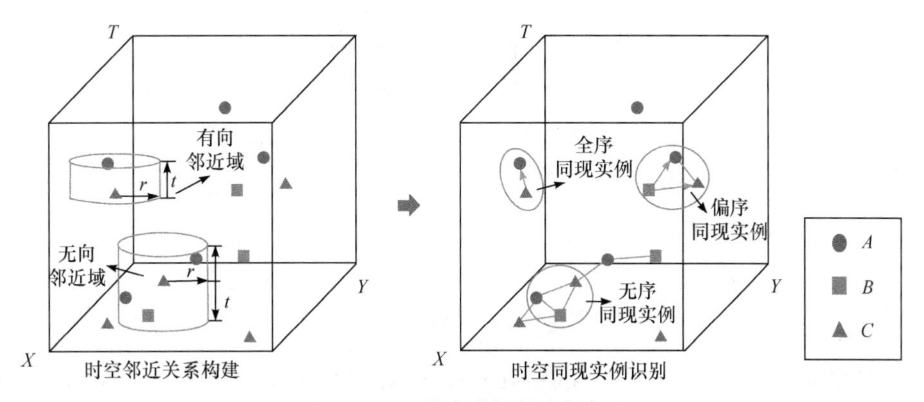

图 6.3　基于维度附加的挖掘方法

6.3.1　全序时空同现模式挖掘方法

全序时空同现模式为时空数据库中在时空邻近域频繁共同出现的有序要素集合(Huang et al., 2008)。全序时空同现模式挖掘方法的核心思想是根据空间距离定义空间邻近关系，在时间邻近关系的定义中施加时间次序约束，从而依次定义不同地理要素间的有序时空邻近域，通过发展序列指数度量候选模式的频繁度，发现形如 $f_1 \rightarrow f_2 \rightarrow \cdots \rightarrow f_k$ 的全序时空同现模式。例如，带有西尼罗病毒的鸟类一段时间后将病毒传播给附近的蚊子，随后经过蚊虫活动，病毒进一步注入给附近地区的人类，从而导致西尼罗病毒在区域繁殖与疾病流行，这一病毒传播过程可表达为一个全序时空同现模式：“鸟→蚊子→人类”。

为了从时空数据库中发现由 k 类地理要素组成的全序时空同现模式 CP =

$\{f_1 \rightarrow f_2 \rightarrow \cdots \rightarrow f_k\}$，下面首先给出一些相关定义。

定义 6.1 有序时空邻域(Ordered Spatio-temporal Neighboring Range, OSTNR)。给定空间邻近距离阈值 r 和时间邻近距离阈值 t，以地理要素 f_i 的实例 e_a 为底面圆心形成的半径为 s，高为的 t 的柱体称为实例 e_a 的有序时空邻域，记为 $R(e_a, r, t)$。

定义 6.2 时空邻居(Spatio-temporal Neighborhood, STN)。对于地理要素 f_i 的实例 e_a，位于 $R(e_a, r, t)$内的其他要素实例认为与 e_a 满足有序时空邻近关系，并称为 e_a 的时空邻居，记为 $N(e_a)$。如图 6.4 所示，实例 e_1 的时空邻居为 e_2 和 e_3，实例 e_4 的时空邻居为 e_5。

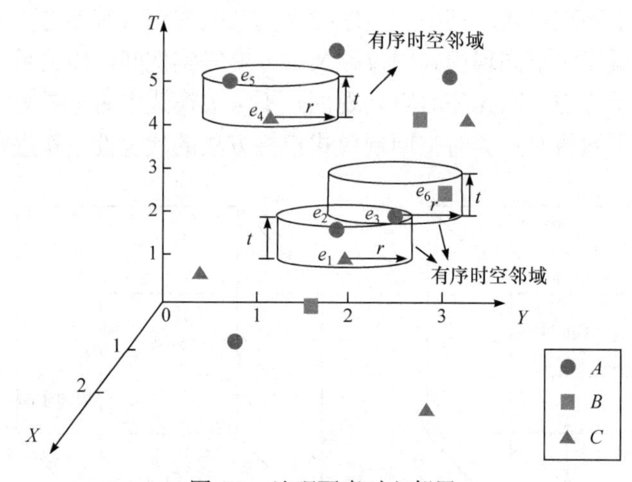

图 6.4 地理要素时空邻居

定义 6.3 时空邻近密度(Spatio-temporal Neighborhood Density, STND)。与要素 f_i 的实例 e_a 满足有序时空邻近关系的要素 f_j 的实例在时空域 $R(e_a, r, t)$中的密度，称为实例 e_a 与要素 f_j 的时空邻近密度，记为 $D(e_a \rightarrow f_j)$，计算为：

$$D(e_a \to f_j) = \frac{\left|I(N(e_a), f_j)\right|}{V(R(e_a, r, t))} \tag{6-7}$$

式中，$\left|I(N(e_a), f_j)\right|$ 表示实例 e_a 的时空邻居中要素类型为 f_j 的实例数量；$V(R(e_a, r, t))$ 表示实例 e_a 的有序时空邻域的体积。如图 6.4 所示，r 和 t 均为 1，则 $D(e_1 \rightarrow A) = 2/(3.14 \times 1^2 \times 1) = 0.637$，$D(e_4 \rightarrow A) = 1/(3.14 \times 1^2 \times 1) = 0.318$。进而，要素 f_i 的所有实例与要素 f_j 的时空邻近密度均值称为要素 f_i 与 f_j 的时空邻近密度，记为 $D(f_i \rightarrow f_j)$。在图 6.4 中，$D(C \rightarrow A) = (0.637+0.318)/2 = 0.478$。

定义 6.4 时空邻近密度比(Spatio-temporal Neighborhood Density Ratio, STNDR)。时空邻近密度比为要素 f_i 与 f_j 的时空邻近密度与要素 f_j 在研究时空区域

ST 内的密度的比值，用于表征要素 f_j 发生于要素 f_i 有序时空邻域内的时空频繁度，记为 DR($f_i \to f_j$)，计算为：

$$DR(f_i \to f_j) = \frac{D(f_i \to f_j)}{\left|I(f_j)\right| / V(ST)} \tag{6-8}$$

式中，$D(f_i \to f_j)$ 为要素 f_i 与 f_j 的时空邻近密度；$|I(f_j)|$为研究区域内要素 f_j 的实例数量；V(ST)表示研究区域的时空体积。在图 6.4 中，V(ST)=2×3×5=30，研究区域中要素 A 有六个实例，则 DR($C \to A$)=0.478/(6/30)=2.39。

定义 6.5　全序时空同现模式实例(Spatio-temporal Sequential Pattern Instance, STSPI)。对于一个候选全序时空同现模式 CP = $\{f_1 \to f_2 \to \cdots \to f_k\}$，要素 $f_1, f_2, \cdots, f_k$ 中相邻要素均满足有序时空邻近关系的实例集合称为候选模式 CP 的一个实例。如图 6.4 所示，对于候选模式$\{C \to A \to B\}$，e_1 与 e_3 满足有序时空邻近关系，e_3 与 e_6 满足有序时空邻近关系，则(e_1, e_3, e_6)为候选模式$\{C \to A \to B\}$的一个实例。

定义 6.6　序列指数(Sequence Index, SI)。序列指数用于度量一个候选全序时空同现模式 CP = $\{f_1 \to f_2 \to \cdots \to f_k\}$的时空频繁度。若 $k = 2$，则序列指数可计算为：

$$\text{SI(CP)} = \text{DR}(f_1 \to f_2) \tag{6-9}$$

若 $k \geqslant 3$，序列指数的计算过程可以分为三个步骤：

(1) 对于候选模式 CP 中相邻两个要素 f_i 与 f_{i+1}，二者的时空邻近密度表示为要素 f_i 参与候选模式实例的不重复实例与 f_{i+1} 的时空邻近密度的均值，表达为：

$$D(\text{CP}, f_i \to f_{i+1}) = \frac{\sum_{e_a \in I(\text{CP}, f_i)} D(e_a \to f_{i+1})}{\left|I(\text{CP}, f_i)\right|} \tag{6-10}$$

式中，$I(\text{CP}, f_i)$为要素 f_i 参与候选模式实例的不重复实例集合；$D(e_a \to f_{i+1})$为实例 e_a 与要素 f_{i+1} 的时空邻近密度。

(2) 可获得候选模式 CP 中，两类要素的时空邻近密度比，计算为：

$$\text{RD}(\text{CP}, f_i \to f_{i+1}) = \frac{D(\text{CP}, f_i \to f_{i+1})}{\left|I(f_{i+1})\right| / V(\text{ST})} \tag{6-11}$$

(3) 序列指数定义为候选模式中任意两个相邻要素的时空邻近密度比的最小值，具体表达为：

$$\text{SI(CP)} = \min(\text{RD}(\text{CP}, f_i \to f_{i+1})), \quad i = [1, k-1] \tag{6-12}$$

若候选模式的序列指数大于设定的阈值，则该候选模式识别为频繁的全序时空同现模式。如图 6.4 所示，$D(\{\text{C} \to A \to \text{B}\}, C \to A) = D(e_1 \to A) = 0.637$，则 RD($\{\text{C} \to A \to \text{B}\}, C \to A$)=0.637/(6/30) = 2.39；此外，$D(\{\text{C} \to A \to \text{B}\}, A \to B) = D(e_3 \to B) = 0.318$，则 RD($\{\text{C} \to A \to \text{B}\}, A \to B$) = 0.318/(3/30) = 3.18，因此，SI(C→A→B) = min(2.39,

3.18) = 2.39。

于是，全序时空同现模式挖掘的主要步骤可以描述为：

(1) 在给定的空间邻近与时间有序邻近规则下，构建每个要素实例的有序时空域，并识别其时空邻居；

(2) 识别候选全序时空同现模式的实例；

(3) 采用序列指数度量候选全序时空同现模式的频繁度；

(4) 给定频繁度阈值，将序列指数大于或等于所设阈值的候选模式识别为频繁序全序时空同现模式。

全序时空同现模式挖掘方法能够有效建模地理要素间的空间关系和有序时间关系，为发现地理现象时空演化规律提供方法支撑。此类方法考虑到地理要素发生的全序约束过于严格，难以揭示一般性的有序同现规律。

6.3.2 偏序时空同现模式挖掘方法

为了进一步揭示和理解不同地理要素间关联关系的传导机制，Mohan 等人(2012)给出了顾及时间顺序的时空同现模式的一般性定义，即偏序时空同现模式(亦称为级联模式，Cascading Pattern)。在该定义中，部分地理要素仅受时间和空间的邻近约束，其余要素在此基础上亦需顾及其发生次序。例如，气象领域中，某一区域发生飓风，随后伴随大降雨、大风等自然现象的发生，其中大雨一定程度上导致了地区发生洪水，猛烈的大风造成停电现象。这一过程可以表达偏序时空同现模式，如图 6.5 所示。

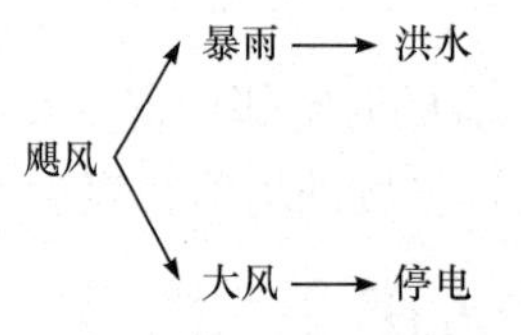

图 6.5　偏序时空同现模式示例

该类方法在采用免事务方法挖掘空间同现模式的基础上，将空间参与指数扩展至时空域，定义时空参与指数来评估候选偏序时空同现模式中多类别地理要素满足时空邻近约束的频繁度，若时空参与指数大于给定的频繁度阈值，则候选模式被判别为频繁时空同现模式。具体而言，对于一个由 k 类地理要素组成的形如 $\{f_1 \to f_2; f_1 \to f_3; \cdots; f_i \to f_k\}$ 的候选偏序时空同现模式 CP，若一组 k 类要素的实例集合按照一定的时间顺序出现在邻近空间位置，则该实例集合称为候选模式 CP 的一个实例，候选时空同现模式的时空参与指数(Spato-temporal Participation Index, STPI)定义为候选模式中各类别地理要素组成该模式实例的概率，计算为：

$$\mathrm{STPI(CP)} = \min_{i=1}^{k}\left\{\frac{|I(\mathrm{CP}, f_i)|}{|I(f_i)|}\right\} \tag{6-13}$$

式中，$|I(\mathrm{CP}, f_i)|$ 和 $|I(f_i)|$ 分别表示候选模式 CP 中要素 f_i 在候选模式实例以及研究区域内不重复的实例计数。如图 6.6 所示，研究区域内要素 A、B、C 分别具有

7、6、5 个实例，满足空间邻近且时间有序邻近的要素实例用有向实线加以连接，候选模式$\{A\to B; A\to C\}$共有三个实例，三类要素参与模式实例的概率分别为 3/7、3/6、2/5，进而模式$\{A\to B; A\to C\}$的时空参与指数计算为 $\mathrm{STPI}(\{A\to B; A\to C\}) = \min(3/7, 3/6, 2/5) = 0.4$。若将参与指数阈值设置为 0.4，则该模式被识别为偏序时空同现模式。

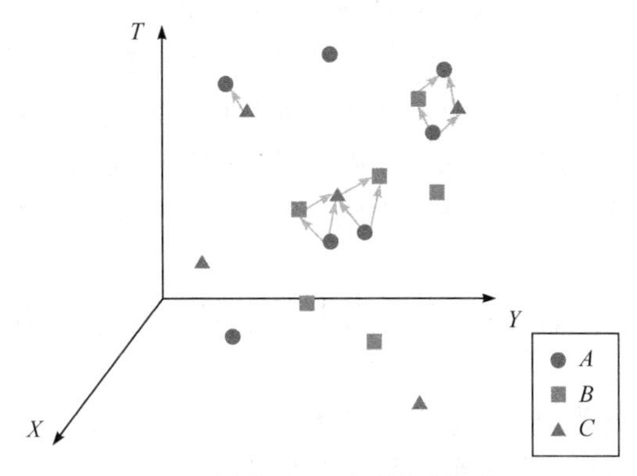

图 6.6　偏序时空同现模挖掘方法

于是，偏序时空同现模式挖掘的主要步骤可以描述为：

(1) 在制定的空间邻近与时间有序邻近规则下，构建要素实例间的时空邻近关系；

(2) 识别候选偏序时空同现模式实例；

(3) 计算该模式时空参与指数，以此为度量指标识别频繁的偏序时空同现模式。

偏序时空同现模式挖掘方法构建了顾及地理要素时间顺序的时空同现模式的广义挖掘框架，从而深入且完整揭示不同要素发生的顺序规则。然而，此类方法同全序时空同现模式挖掘方法相同，根据所设阈值筛选频繁模式，在实际应用中需要有足够的领域知识作为引导，否则难以获得可信的挖掘结果。

6.3.3　无序时空同现模式挖掘方法

无序时空同现模式指频繁出现于邻近时空域的地理要素集合，其中不同地理要素的发生次序不予考虑。例如，Wang 等(2005)将空间距离和时间距离同时小于各自距离阈值的要素实例视为时空邻居，采用立方体结构组织时空数据，并用类似 FP-growth 的挖掘算法提取无序时空同现模式。为了揭示具有演变形态的复杂地理要素(如耀斑等太阳活动现象)间的无序时空同现模式，Pillai 等(2012)通过度量不同复杂地理对象时空体积的重叠度来定义时空邻近关系，并采用类似 Apriori 的挖掘算法识别无序时空同现模式。

分析可以发现，不同时空要素若具有较高的同现频繁程度，现有方法则会将其识别为有效的无序时空同现模式。然而，具有较高同现频繁程度的不同时空要素在统计上亦可能呈现非相关甚至负相关。此类偶然发生的虚假同现模式可能会造成领域专家的决策失误。在空间统计学中，不同要素间的同现关系通常被理解为不同类型点过程间的依赖性，并可以借助特定的统计指标对二元点过程间的空间依赖性进行诊断，如交叉 K 函数(Ripley, 1976)和交叉最近邻距离函数(Okabe et al., 1984)等。为此，下面专门安排两节(即 6.4 节和 6.5 节)分别阐述本书提出的无序时空同现模式的参数统计挖掘方法和非参数统计挖掘方法(Cai et al., 2019; 陈袁芳等, 2019)，这两种方法将无序时空同现模式挖掘建模为多类时空点过程间时空依赖性的显著性检验问题，旨在为无序时空同现模式提供更加可靠的决策依据。

6.4 基于时空点过程的参数统计方法

为了识别具有显著的统计学意义的无序时空同现模式，本书基于空间统计思想，将无序时空同现模式的有效性评价建模为多元独立分布零假设下的显著性检验问题。首先，对各类时空要素的分布特征进行探索分析，为时空要素点过程的模型选择提供指导依据；然后采用合适的时空点过程模型对各类要素的分布特征进行拟合，在维持时空自相关结构的基础上生成包含多类独立分布的时空要素的模拟数据集，作为同现模式显著性检验的零模型；在此基础上，选取刻画不同类型要素时空交互的同现频繁度作为显著性检验的统计量，在观测数据集以及模拟数据集上同时计算各候选模式的检验统计量；若检验统计量的观测值显著高于模拟值，则认为该候选模式的产生不是一个偶然过程，并将其识别为统计显著的无序时空同现模式。下面将重点阐述该方法的实现步骤、算法描述以及实例分析。

6.4.1 时空要素分布特征的探索性分析

不同地理要素的时空分布特征各异，为了选择合理的时空点过程模型，需要先对各时空要素的分布特征进行探索性分析。针对该问题，时空统计学中发展了许多分布特征时空统计量，不同统计量往往能够从不同视角捕捉时空要素的分布结构，但同时也可能包含部分冗余描述信息。当前分布特征的时空统计量大致可以分为一阶统计量、二阶统计量、最近邻统计量和形态统计量(Wiegand et al., 2013b)。一阶统计量旨在描述时空要素在给定位置上的分布强度(即时空密度)；二阶统计量用于刻画时空要素实例的平均邻居数目，可用于判断时空要素是否存在自相关结构；最近邻统计量意在建模时空要素实例邻居数目的局部变异，可用于分析时空要素的异质结构；形态统计量则用于获取时空要素分布的形态信息。空间点过程统计的经验知识指出二阶分布特征能够反映空间结构的主要信息

(Stoyan, 1992)。为此，选择时空非均质 K 函数(Space-time Inhomogeneous K-function)(Gabriel et al., 2009)对时空要素的二阶分布特征进行统计描述，进而以非均质时空泊松过程为基准，判别时空要素实例交互间是否存在非随机的时空结构，即时空自相关。

具体地，对于时空要素 f_i，其时空实例 $e_1,\cdots,e_n$ 分布于空间区域 S 以及时间区间 T，给定空间距离阈值 u 和时间距离阈值 v，则时空非均质 K 函数值 $K_{\mathrm{ST}}(u, v)$ 可表达为：

$$K_{\mathrm{ST}}(u,v)=\frac{1}{\left|S\cdot T\right|}\cdot\sum_{i=1}^{n}\sum_{j=1;\ j\neq i}^{n}\frac{1}{w_{ij}}\cdot\frac{1}{\lambda(e_i)\cdot\lambda(e_j)}\cdot\theta(d_s(e_i,e_j)\leqslant u,d_t(e_i,e_j)\leqslant v) \tag{6-14}$$

式中，$\left|S\cdot T\right|$ 为研究范围的时空体积；$\theta(\cdot)$ 为指示函数，当实例 e_i 和 e_j 间空间距离 $d_s(e_i, e_j)$和时间距离 $d_t(e_i, e_j)$分别小于等于给定距离阈值 u 和 v 时取值为 1，否则取值为 0；$\lambda(e_i)$和$\lambda(e_j)$分别为实例 e_i 和 e_j 的分布强度；w_{ij} 为处理时空边界效应的边界矫正因子。对于任一具有非零分布强度的非均质时空泊松过程，其函数的理论值为 $2\pi u^2 v$。因此，当时空非均质 K 函数估计值大于 $2\pi u^2 v$ 时，则意味着时空要素 f_i 在空间距离阈值 u 和时间距离阈值 v 上呈现时空自相关结构，反之，则 f_i 不存在时空自相关。

以图 6.7(a)和(b)为例，要素 A 和要素 B 在时空域内呈现明显的聚集结构，要素 A 和 B 的时空非均质 K 函数估计曲面分别如图 6.7(c)和(b)所示。可以发现，两类要素的时空非均质 K 函数观测曲面(蓝色曲面)高于非均质时空泊松过程的理论曲面(红色曲面)，因此认为两个要素均存在时空自相关特征，与人眼认知的结果一致。

6.4.2　基于时空点过程的零模型构建

统计学中，零模型构建是显著性检验的关键步骤。不合理的零模型将可能导致统计推断的失效。本节旨在对无序时空同现模式中参与要素间的时空依赖性进行统计评价，故零假设认为不同要素时空分布间不存在时空依赖性，即时空分布

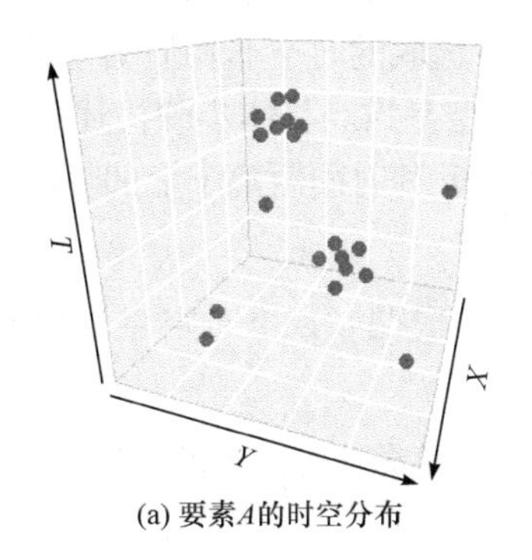

(a) 要素A的时空分布

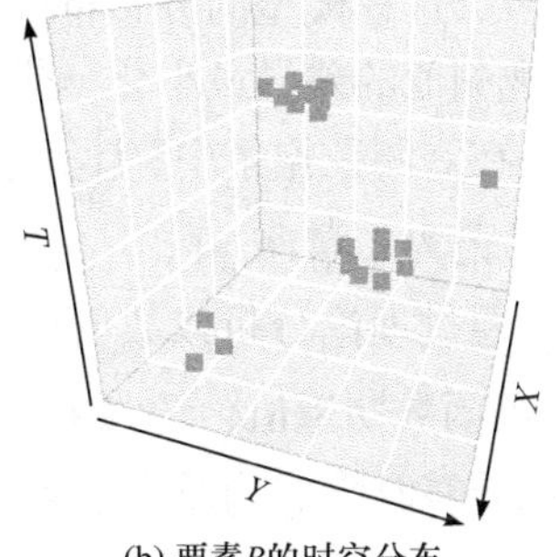

(b) 要素B的时空分布

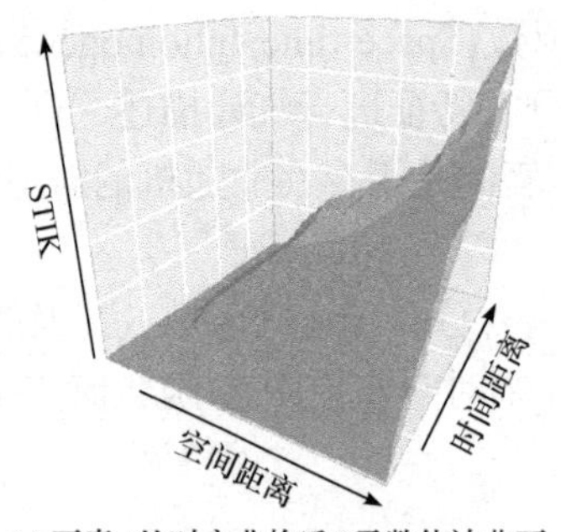

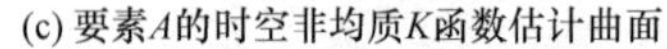
(c) 要素A的时空非均质K函数估计曲面

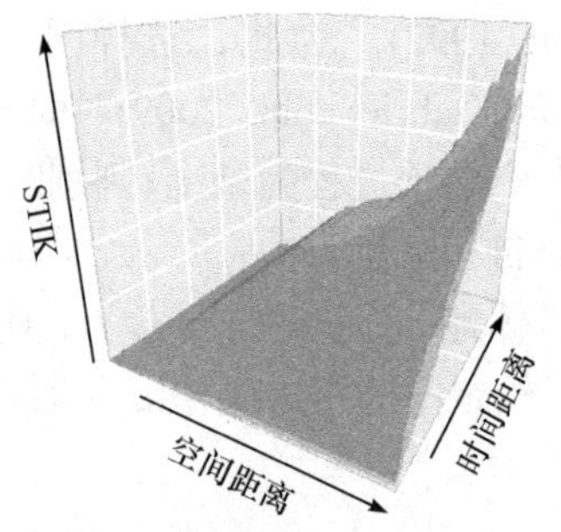

(d) 要素B的时空非均质K函数估计曲面

图 6.7　时空要素分布及其非均质 K 函数估计曲面(见彩图)

相互独立。为了构建服从该假设的零模型，可以先对各参与要素的时空分布进行模拟，独立生成多类要素的重建数据。然而，地理环境中时空要素往往会由于时空自相关性，而存在由相关实例时空簇形成的聚合结构。该时空聚合结构可以通过时空 Neyman-Scott 簇过程(Gabriel et al., 2013)进行有效模拟。为此，依据时空非均质 K 函数，当 f_i 存在时空自相关时，则采用时空 Neyman-Scott 簇过程建模其潜在的聚合结构，否则选择时空泊松点过程对其均质或随机结构进行模拟。

对于每个时空要素 f_i，根据其分布特征选定合理的时空点过程模型后，需要对其模型参数进行估计。对于时空 Neyman-Scott 簇过程，其模型参数与空间簇过程(Neyman et al., 1958)相似，即包含三个主要参数：①用于产生时空簇中心(称为父类点)的泊松过程的分布强度λ；②用于确定各个时空簇内成员(称为子类点)数目的泊松分布的平均值 μ；③在各时空簇中用于产生子类点的三元分布的尺度参数δ，其中子类点的空间分布是平均值为簇中心坐标值、方差为δ_1 的二元正态分布，时间分布是率参数为δ_2的指数分布。对于时空泊松点过程，其模型参数是分布强度λ，λ可能是常数或是随时空位置(x, y, t)变化的函数。关于时空点过程的具体描述与实现可参见相关文献(Gabriel et al., 2013)。

为了获得模型参数的最优估计值，采用最小对比度方法(Stoyan et al., 1994; Waagepetersen, 2007)作为拟合策略。对于每个时空要素 f_i，运用该方法使得所选取的时空点过程模型的分布特征统计量(如本节所选取的时空非均质 K 函数)的期望值与观测值的差异最小化，进而获得最优的模型参数。具体步骤描述为：

(1) 在观测数据集中，计算 f_i 在多个空间距离 u 和时间距离 v 上的 STIK 函数观测值，记为 $K_{\mathrm{ST}}^{\mathrm{obs}}(u,v)$；

(2) 通过理论分析或数值模拟方式，计算当前模型参数下时空点过程的时空非均质 K 函数期望值，记为 $K_{\mathrm{ST}}^{\mathrm{rec}}(u,v)$；

(3) 计算时空非均质 K 函数观测值与期望值的差异 ΔK_{ST}，可以表达为：

$$\Delta K_{\mathrm{ST}}=\int_0^V\int_0^U\left(K_{\mathrm{ST}}^{\mathrm{obs}}(u,v)^{\frac{1}{4}}-K_{\mathrm{ST}}^{\mathrm{rec}}(u,v)^{\frac{1}{4}}\right)^2\mathrm{d}u\mathrm{d}v \tag{6-15}$$

式中，U 为空间距离 u 的最大取值，V 为时间距离 v 的最大取值。为了减少边界效应的影响，U 和 V 取值需显著小于空间维度和时间维度的研究范围长度(Diggle, 2003)。为此，本节将 U 和 V 分别设置为最短空间维度和时间维度研究范围的一半长度。

(4) 优化模型参数后，返回步骤(2)。若 ΔK_{ST} 达到最小值(即 ΔK_{ST} 的减少量不超过容忍值，本节设置为 10^{-5})，则迭代过程结束，并将当前结果输出为最优模型参数。

在此基础上，对于每个时空要素 f_i，根据所选择的时空点过程模型以及所估计的模型参数，独立生成 N 个重建数据，以构建 N 个包含多类独立分布的时空要素的重建数据集，即零模型。以图 6.8 的数据为例，时空非均质 K 函数的探索性分析结果指出时空要素 A 和 B 均存在时空自相关结构，故采用时空 Neyman-Scott 簇过程对其分布进行拟合。通过拟合时空非均质 K 函数的观测值(见图 6.8 蓝色曲面)与模型参数下的期望值(见图 6.8 绿色曲面)，得到要素 A 的模型参数为$\lambda=0.004$、$\mu=5$、$\delta_1=0.685$、$\delta_2=0.193$，要素 B 的模型参数为$\lambda=0.003$、$\mu=6$、$\delta_1=0.729$、$\delta_2=0.201$。基于簇过程和模型参数生成的要素 A 和 B 的重建数据及其时空非均质 K 函数拟合结果如图 6.8 所示，可以发现，重建数据能够较好地保持观测数据中的时空自相关结构。

值得注意的是，除了时空非均质 K 函数所描述的二阶分布特征外，时空要素的实例间可能还存在其他高阶交互作用(González et al., 2016)。为此，在估计模型参数时，可同时拟合其他高阶时空统计量，如时空最近邻距离分布函数和时空空白函数(Cronie et al., 2015)，以获取更佳的拟合效果。此外，时空要素的聚合结构除了源于其内部自相关性，也可能是由外部环境变异所造成。对于该类时空要素，可采用时空 Cox 过程进行拟合(Diggle et al., 2013)。该过程可理解为非均质泊松点过程的扩展，不同的是其分布强度函数亦是一个随机过程，因此 Cox 过程也被称

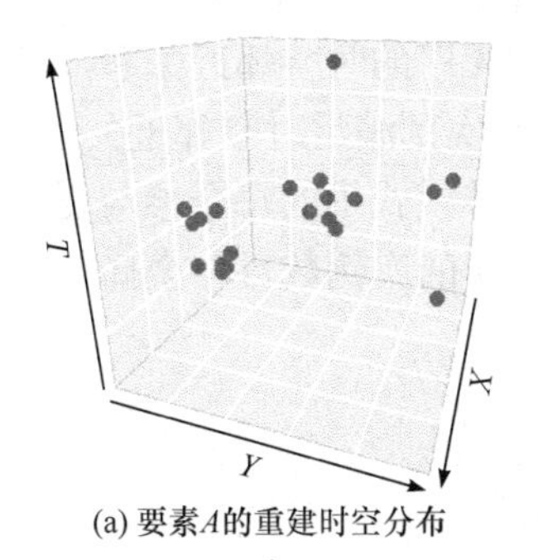

(a) 要素A的重建时空分布

(b) 要素B的重建时空分布

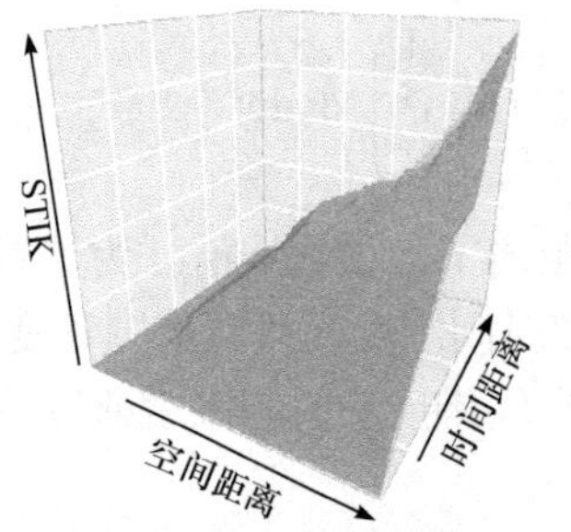

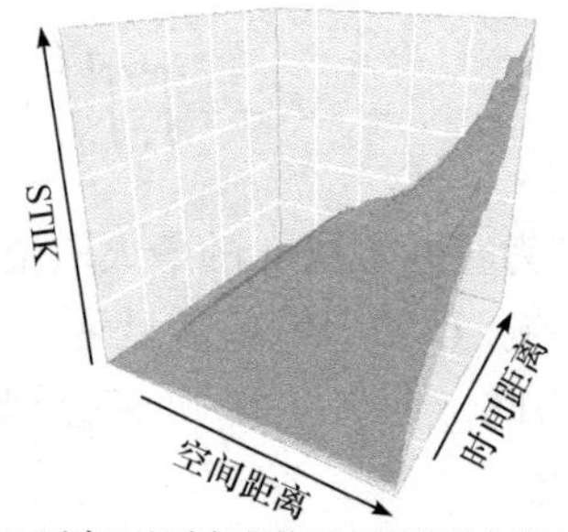

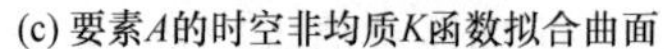
(c) 要素A的时空非均质K函数拟合曲面　　(d) 要素B的时空非均质K函数拟合曲面

图 6.8　时空要素的重建分布及其时空非均质 K 函数拟合曲面(见彩图)

为双重随机过程。在将其分布强度函数定义为多个簇内概率密度函数组成的混合函数时，本节所采用的 Neyman-Scott 簇过程亦可以视为 Cox 函数的特例。为此，时空 Cox 过程可以同时建模外部环境变异和内部聚集机制(Wiegand et al., 2013b)。实际情况中，当缺乏足够的关于时空分布产生机理的先验知识时，可同时对多个候选时空点过程模型进行拟合，并选择具有最小分布差异的时空点过程模型作为最佳模型。

6.4.3　无序时空同现模式的显著性检验

构建多元独立分布的零模型后，需要对每个候选无序时空同现模式进行显著性检验，本节选择时空参与率(Participation Ratio，PR)作为检验统计量(Mohan et al., 2012)。对于候选模式 $\mathrm{CP}=\{f_1,\cdots,f_k\}$，每个参与要素 f_i 的时空参与率 PR(CP, f_i)的定义与条件概率 cp(CP−$\{f_i\}|f_i$)的含义相近，即模式中其他参与要素 CP−$\{f_i\}$的时空邻域内存在参与要素 f_i 的情况下，这些要素彼此间亦满足时空邻近关系的概率。该统计量可以用于刻画时空要素 f_i 与候选模式中其他参与要素的同现频繁程度。需要指出的是，无序时空同现模式检验统计量的选择并不唯一，其他能够描述不同要素间时空依赖性的指标也可以应用于本节方法。

本节方法旨在探测无序时空同现模式，即仅考虑参与要素间的时空邻近关系，而忽略要素发生的时间次序。如图 6.1(b)所示，给定空间和时间同现距离阈值，以各要素实例为中心的时空圆柱体构建不同要素间无序的时空邻近关系。若候选无序时空同现模式 CP 中所有参与要素 $f_1,\cdots,f_k$ 存在实例满足时空邻近关系，则将该实例集合识别为无序时空同现模式实例。对于候选模式中的每个参与要素 f_i，其时空参与率 PR(CP,f_i)定义为同现模式实例中要素 f_i 的实例数目与全局范围内要素 f_i 的实例数目的比值，具体表达为：

$$\mathrm{PR}(\mathrm{CP},f_i)=\frac{\left|I\left(\mathrm{CP},f_i\right)\right|}{\left|I(f_i)\right|} \tag{6-16}$$

式中，$\left|I(\mathrm{CP},f_i)\right|$ 为无序时空同现模式实例中要素 f_i 的实例数目；$\left|I(f_i)\right|$ 为全局范围内要素 f_i 的实例数目。以图 6.1(a)中数据为例，三类时空要素 A、B 和 C 间的无序时空邻近关系在 Y-T 平面上的投影如图 6.9 所示。要素 A 的五个实例中有两个出现于无序时空同现模式$\{A,B,C\}$，故该模式中 A 的参与率计算为 $\mathrm{PR}(\{A,B,C\},A)=2/5=0.4$。同理，$\mathrm{PR}(\{A,B,C\},B)=2/3\approx0.67$，$\mathrm{PR}(\{A,B,C\},C)=3/5\approx0.6$。

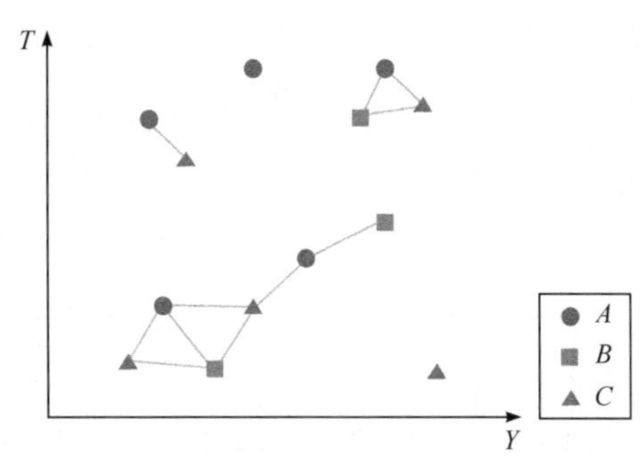

图 6.9　不同时空要素间无序邻域图在 Y-T 平面上的投影

以时空参与率为检验统计量，候选模式 $\mathrm{CP}=\{f_1,\cdots,f_k\}$ 统计显著性检验步骤描述为：

(1) 在观测数据集中，计算候选模式 CP 中每个参与要素 f_i 时空参与率的观测值，记为 $\mathrm{PR}^{\mathrm{obs}}(\mathrm{CP},f_i)$；

(2) 在 N 个服从多元独立分布零假设的重建数据集中，计算候选模式 CP 中每个参与要素 f_i 时空参与率的重建值，记为 $\mathrm{PR}_j^{\mathrm{null}}(\mathrm{CP},f_i)\,(j=1,\cdots,N)$；

(3) 计算零假设下各参与要素 f_i 时空参与率的重建值大于等于观测值的概率(即 p-value)，具体计算为：

$$p\text{-value}(\mathrm{CP},f_i)=\frac{\left|\mathrm{PR}_j^{\mathrm{null}}(\mathrm{CP},f_i)\geqslant\mathrm{PR}^{\mathrm{obs}}(\mathrm{CP},f_i)\right|+1}{N+1}\tag{6-17}$$

(4) 计算候选模式 CP 的统计 p-value，定义为模式中所有参与要素 p-value 的最大值，具体表达为：

$$p\text{-value}(\mathrm{CP})=\max_{i=1}^{k}\{p\text{-value}(\mathrm{CP},f_i)\}\tag{6-18}$$

给定显著性水平 α，若 $p\text{-value}(\mathrm{CP})\leqslant\alpha$，则意味着所有参与要素之间存在显著的时空依赖性，进而将候选模式 CP 识别为统计显著的无序时空同现模式。统计学中，显著性水平是犯第一类错误的概率，即在零假设为真时拒绝零假设的概率，通常设置为 0.05 或 0.01。

同样地，采用图 6.8 的示例数据集，以同现模式$\{A,B\}$为例，两类参与要素 A 和 B 的时空参与率观测值(见图 6.10 中*号)分别为 0.9 和 1。零假设下时空参与率重建值的概率分布如图 6.10 所示，可以发现两类要素时空参与率的观测值均显著大于重建值，p-value 取值均为 0.01，进而模式$\{A, B\}$的 p-value 计算为 0.01。如果显著性水平设为 0.05，则将该模式识别为统计显著的无序时空同现模式。

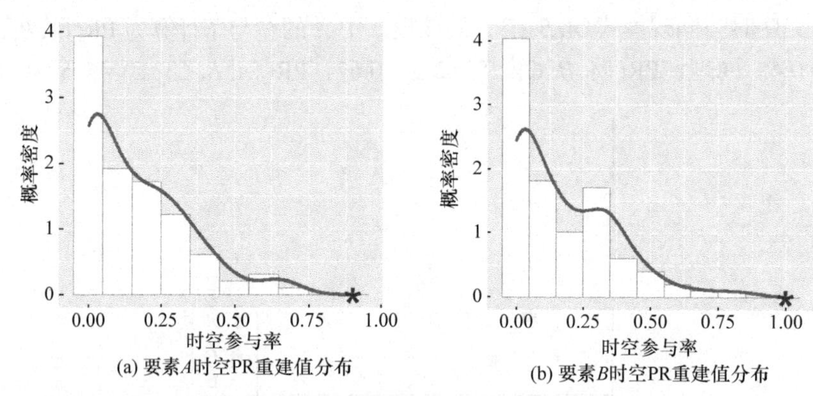

图 6.10 无序时空同现模式中各要素参与率(PR)在零假设下取值的概率分布

6.4.4 算法描述

基于上述研究思路，无序时空同现模式统计挖掘的算法流程具体描述为：

(1) 对于各时空要素，借助时空非均质 K 函数对其时空分布特征进行探索性分析，选择合适的时空点过程模型；

(2) 对于各时空要素的时空点过程模型，采用最小对比度方法估计其模型参数；

(3) 基于所选取的时空点过程模型和相应的模型参数，生成 N 组包含 k 类时空要素的重建数据集；

(4) 对于各可能的候选无序时空同现模式，在观测数据集和重建数据集中均计算各参与要素的时空参与率；

(5) 对每个候选无序时空同现模式进行显著性检验，返回所有统计显著的无序时空同现模式。

6.4.5 实例分析

实验中采用美国波特兰市犯罪数据集测试所提方法在实际应用中的可行性和有效性。挖掘多类型犯罪事件中的无序时空同现模式能够更加深入地揭示不同类型犯罪案件间的时空交互关系，进而有效辅助理解犯罪发生机理和诱导机制。同时，挖掘得到的犯罪无序时空同现模式可以为警情及时响应提供有效决策信息，从而有助于维护社区安全、减少财产损失。实验数据采用 2014 年美国波特兰市包含多种类型的犯罪案件数据集。原始数据可从 CivicApps 数据目录(http://www.civicapps.org/datasets)获取。数据中每个犯罪案件记录包含犯罪类型、空间位置和报警时间。原始数据中存在部分类型的犯罪案例过于稀少，实验中在对该类数据进行移除处理后，对原始数据进行重分类，共分为十一种犯罪类型，分别是：伤害、扰乱治安、涉毒、造假、诈骗、盗窃、涉酒、抢劫、非法侵入、蓄意破坏和涉枪。每类犯罪数据的统计信息列于表 6.1，时空分布如图 6.11 所示。

表 6.1　实际应用中十一类犯罪数据的统计信息

ID	要素类型	实例数目
1	伤害	3236
2	扰乱治安	2881
3	涉毒	2599
4	造假	543
5	诈骗	1904
6	盗窃	30795
7	涉酒	2241
8	抢劫	802
9	非法侵入	2313
10	蓄意破坏	4115
11	涉枪	313

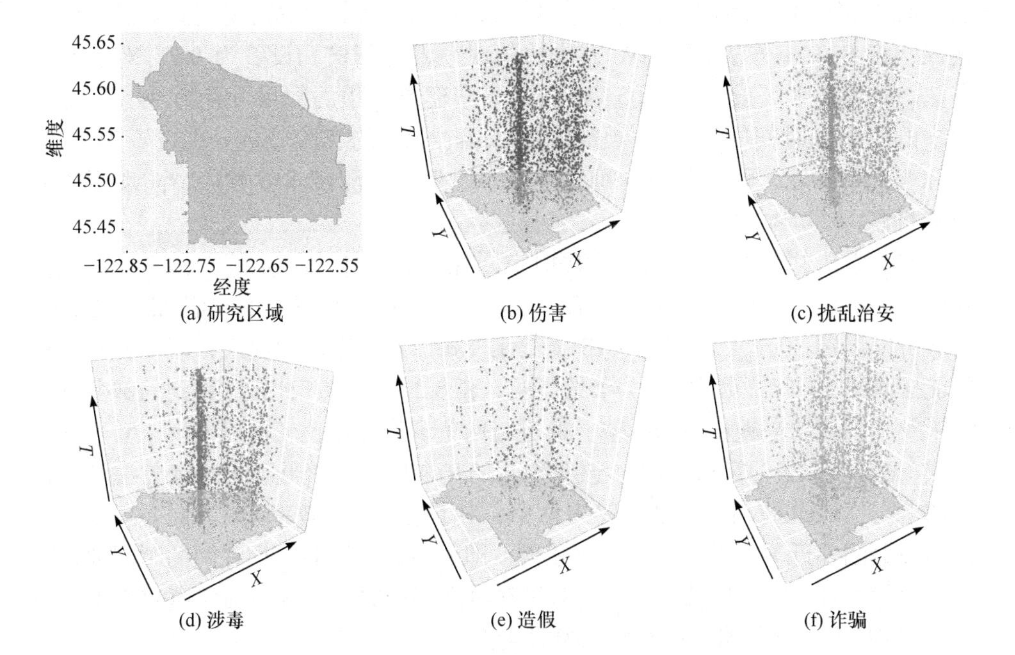

(a) 研究区域　(b) 伤害　(c) 扰乱治安

(d) 涉毒　(e) 造假　(f) 诈骗

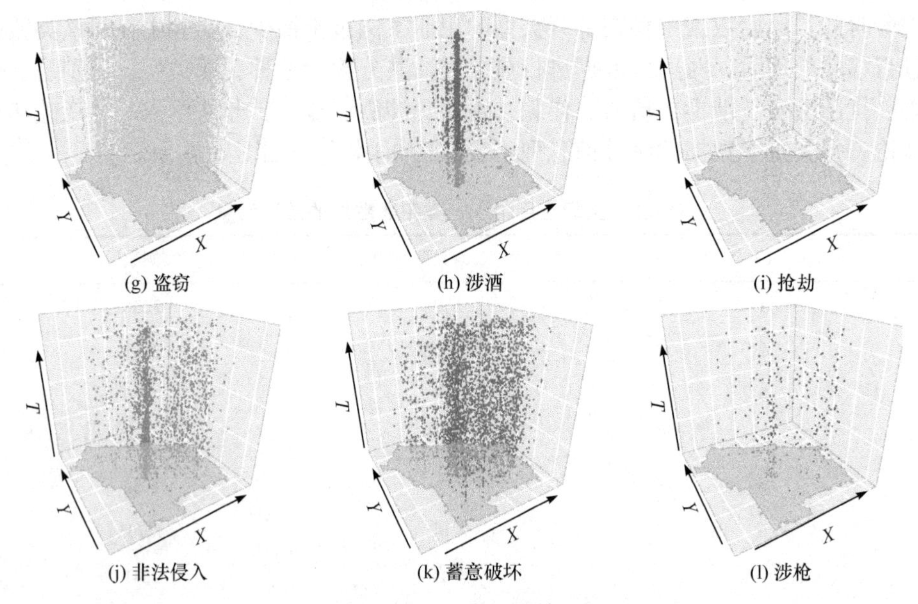

图 6.11　实际应用中十一类犯罪数据的时空分布

为了验证本节发展方法的有效性，实验中同时比较了 Mohan 等(2012)提出的偏序时空同现模式挖掘方法(简称为 STPM 方法)和 Qian 等(2009)提出的基于加权滑动窗口的方法(简称为 WSW 方法)。需要指出的是，实验中对 STPM 方法中时空邻近关系的定义进行了修正，旨在发现无序时空同现模式。根据原文建议，将 STPM 方法和 WSW 方法的同现频繁度阈值均设置为 0.2。对于本节方法，显著性水平设置为 0.05，零假设下重建数据集的数目设置为 99。所有方法中的空间和时间同现距离阈值依据 Celik(2015)的实验分析分别设置为 1000 米和 1 天。最后，采用多个空间和时间同现距离以测试本节方法中同现距离的影响机制。

本节方法共发现 12 个二元无序时空同现模式、35 个三元模式、22 个四元模式以及 2 个五元模式。如果采用现有方法原文推荐的同现频繁度阈值 0.2，则 STPM 方法可以识别 30 个二元模式、10 个三元模式以及两个四元模式；而 WSW 方法仅能探测出 13 个二元模式。为节约篇幅，表 6.2 列出了三种方法得到的部分挖掘结果及其相应的兴趣度量指标值。通过与两个现有方法比较可以发现，对于同一模式，WSW 方法计算得到的时空频繁度(STP)取值会显著低于 STPM 方法计算得到的参与指数(PI)取值。在 WSW 方法中，为了提高计算效率，对不同要素实例在时间域上的邻近关系进行了粗粒度建模，即表达为不同时间切片间的时间邻近关系。因此，对于同一候选模式，相对于对时间邻近关系进行精细建模的 STPM 方法，WSW 方法会忽略一些有效的模式实例。

表 6.2　犯罪数据集中三种方法的部分挖掘结果

模式大小	犯罪无序时空同现模式	本节方法	STPM 方法	WSW 方法
		p-value	PI	STP
2	{伤害，扰乱治安}	—	0.40	0.20
	{伤害，非法侵入}	—	0.35	—
	{扰乱治安，涉毒}	—	0.50	0.25
	{扰乱治安，涉酒}	0.03	0.45	0.26
	{扰乱治安，非法侵入}	—	0.44	0.20
	{扰乱治安，涉枪}	0.03	—	—
	{涉毒，涉酒}	0.02	0.49	0.27
	{涉毒，非法侵入}	—	0.41	0.20
	{涉酒，非法侵入}	0.03	0.37	0.20
	{抢劫，非法侵入}	0.05	0.20	—
3	{伤害，扰乱治安，涉毒}	0.01	0.24	—
	{伤害，扰乱治安，诈骗}	0.01	—	—
	{伤害，扰乱治安，涉酒}	—	0.23	—
	{伤害，涉毒，涉酒}	0.02	0.23	—
	{涉毒，涉酒，非法侵入}	0.01	0.30	—
4	{伤害，扰乱治安，涉毒，涉酒}	0.03	0.20	—
	{伤害，扰乱治安，涉毒，非法侵入}	0.01	—	—
	{扰乱治安，涉毒，涉酒，非法侵入}	0.01	0.26	—
5	{伤害，扰乱治安，涉毒，涉酒，非法侵入}	0.01	—	—
	{扰乱治安，涉毒，涉酒，抢劫，非法侵入}	0.01	—	—

注：—表示没有可选项。

分析表 6.2 可以发现，本节方法发现的一些统计显著的无序时空同现模式在现有两个方法中亦具有较高的同现频繁度，如模式{涉毒，涉酒}。然而，本节方法亦存在与现有方法相悖的挖掘结果，具体分析如下：

(1) 统计显著、但频繁度低的无序时空同现模式。以模式{扰乱治安，涉枪}为例，研究区域内扰乱治安的案件实例数(2881 个)显著多于涉枪的案件实例数(313 个)。如图 6.11(l)所示，涉枪案件的时空分布较为稀疏，导致该候选同现模式的频繁度度量指标值较低(PI = 0.12，STP = 0.08)，使得现有方法难以有效发现该同现模式。但是，本节方法发现在多元独立分布的零假设下很难得到相同或更高的频繁度，具体地，该模式中扰乱治安和涉枪的 *p*-value 分别为 0.03 和 0.02，该模式 *p*-value 取二者最大值(即 0.03)。因此，本节方法在时空要素实例个数差异较大的情形下亦能够有效发现统计显著的无序时空同现模式。

(2) 统计不显著、但频繁度高的无序时空同现模式。以模式{扰乱治安，涉毒}为例，扰乱治安和涉毒都具有大量的案件实例，实例数分别为 2881 和 2599。如图 6.11(c)和(d)所示，两类犯罪案件的时空分布在空间域和时间域内均高度重叠，导致该模式的频繁度指标值较高(PI = 0.50，STP = 0.25)，使得现有方法将该模式识别为频繁的无序时空同现模式。然而，两类案件除了在市中心区域均存在时空聚合结构外，其他区域内却呈现随机分布的趋势，导致全局范围内该模式的频繁度被过高估计。本节方法通过重建大量的独立分布的两类犯罪案件，发现零假设下亦能够经常观测到相等或较高的频繁度，具体地，该模式的 *p*-value 为 0.1。因此，本节方法能有效排除随机结构对无序时空同现模式决策的干扰。

进而，结合犯罪学中经典的破窗理论(Wilson et al., 1982)对挖掘得到的显著无序时空同现模式进行解释。破窗理论指出，环境中的不良现象(如建筑中长期被破坏的窗户)会传递社区监管不力的信息，意味着潜在的犯罪风险，从而将诱使不良现象的相继发生。因此，如果某类犯罪案件向其他类型犯罪案件传递了潜在犯罪机遇的信息，则将促使不同类型犯罪形成无序时空同现模式。基于犯罪理论深入理解无序时空同现模式背后的形成机理，可以为制定社区警务政策提供重要的决策信息，从而实现城市犯罪率的有效控制。以挖掘结果中显著无序时空同现模式{涉毒，涉酒}为例，在过度饮酒的无序环境中，人们更加愿意承担犯罪风险并且无畏法律制裁，进而鼓励毒品交易的发生。该模式意味着针对涉酒案件的警力干预(如酒吧区的巡逻)可以一定程度地打击和预防涉毒案件的发生。

进一步采用多个空间和时间同现距离构建多类犯罪案件间的时空邻近关系，以测试本节方法中同现距离的影响机制。当测试空间同现距离时，时间同现距离保持上一小节的取值，即 1 天；同理，在测试时间同现距离时，空间同现距离固定为 1000 米。图 6.12(a)和(b)展示了采用不同空间同现距离和不同时间同现距离时，本节方法探测得到的二元和三元显著无序时空同现模式的总数。可以发现，当空间或时间同现距离逐渐增加时，本节方法均会发现更多的显著无序时空同现模式。当使用较大的空间或时间同现距离时，候选模式的无序时空同现实例会增加，进而导致挖掘结果中包含更多的无序时空同现模式。上述分析表明，本节方法对空间和时间同现距离的设置比较敏感。尽管可以参考诸如空间自相关的方法(Yoo et al., 2012)选择一个合适的时空同现距离，但实际情况中不同地理要素往往在多个空间和时间距离上均存在时空同现的地理规律。为此，当缺乏足够先验知识的引导时，可以采用多个空间和时间同现距离，以发现多个距离尺度上的无序时空同现模式。依据多尺度分析领域内的普遍认识(Witkin, 1984; Leung et al., 2000)，若在多个尺度上均能发现某个无序时空同现模式，则该模式具有更高的可靠性。

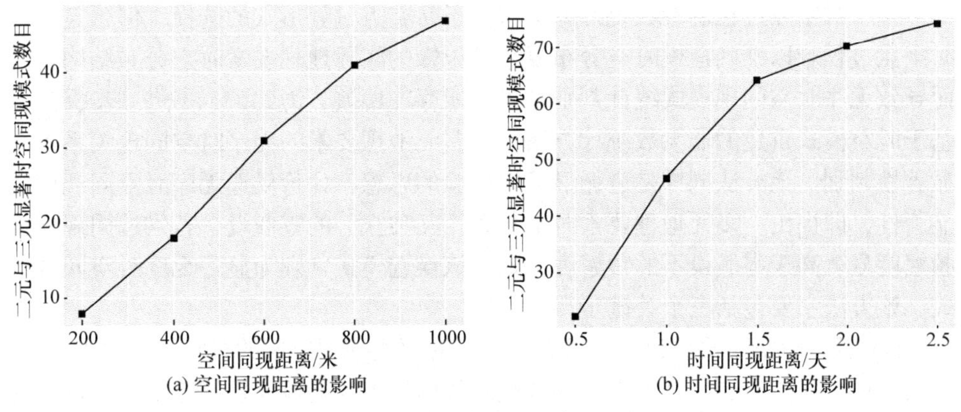

图 6.12　时空同现距离对本节方法性能的影响

以无序时空同现模式{伤害，涉毒，涉酒}为例，当时间同现距离固定为 1 天时，该模式在四个空间同现距离(400 米、600 米、800 米和 1000 米)下均具有统计显著性；当空间同现距离固定为 1000 米时，该模式显著存在于五个时间同现距离，分别为 0.5 天、1 天、1.5 天、2 天和 2.5 天。因此，可以认为该模式具有较高的可靠性，需要引起警方、政府等相关人员的高度重视。该无序时空同现模式的形成可能源于三个参与要素(伤害、涉毒和涉酒)具有潜在的共同犯罪环境(如酒吧)。观察图 6.11(b)、(d)和(h)可以发现三类犯罪案件主要集中发生于波特兰市中心，波特兰市酒吧亦聚集分布于相近区域，如图 6.13 所示。

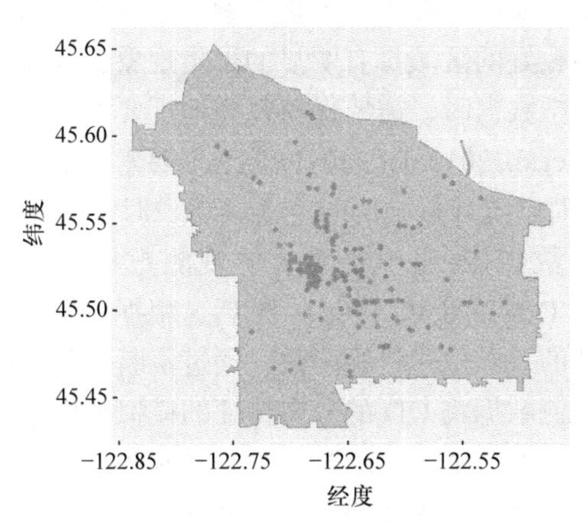

图 6.13　美国波特兰市酒吧的空间分布

6.5 基于时空模式重建的非参数统计方法

基于时空点过程的参数统计方法依赖于时空点过程形式的选择，但预定义的时空点过程难以准确建模时空分布复杂且未知的实际地理要素时空分布结构，从而导致无序时空同现模式统计判别结果可能存在偏差。为此，本书进一步提出了基于时空模式重建的非参数统计方法，对多元地理要素的无序时空同现关系进行显著性判别。该方法同样是遵循显著性检验的思想，评价候选无序时空同现模式显著性，即提出“多元地理要素时空分布相互独立”的零假设，若候选同现模式频繁度显著高于零假设下的频繁度，则将该候选模式判别为显著无序时空同现模式。该方法主要包括三个关键步骤：

(1) 基于时空模式重建的零模型构建：对每类地理要素的时空特征(如时空自相关性)进行定量描述，分别产生保持观测数据集中各类地理要素时空分布特征的模拟数据集，构建零模型；

(2) 基于显著性检验的无序时空同现模式判别：针对每个候选模式，计算参与其中的各类地理要素在大量模拟数据集中同现的频繁度，得到该候选模式频繁度的试验分布；

(3) 判别观测数据集中该候选模式频繁度的显著性。

下面将重点阐述该方法的实现步骤、算法描述以及实例分析。

6.5.1 基于时空模式重建的零模型构建

为了构建多元地理要素时空分布相互独立的零模型，需要针对每类地理要素 f_i 分别生成模拟数据。实际情况中，地理要素具有时空自相关性。例如，街头抢劫犯罪在道路流通性较好的区域具有明显的聚集现象，且在较偏路段集中发生在夜晚。因此，生成模拟数据时，需要保持每类地理要素的自相关性特征。基于模式重建策略(Wiegand et al., 2013a)，构建每类地理要素 f_i 的模拟数据，主要包括两个步骤：首先，采用时空统计量中的时空 K 函数、时空最邻近分布函数(G 函数)、时空空隙函数(F 函数)刻画地理要素 f_i 的观测数据集 OD 的时空分布特征(González et al., 2016; Diggle et al., 1995)；然后，根据观测数据集 OD 与模拟数据集 SD 时空分布特征的差异构建目标函数，通过不断优化目标函数，逐步生成更加接近地理要素 f_i 观测数据集 OD 的分布特征的模拟数据集 SD。具体描述为：

(1) 采用时空 K 函数、时空 G 函数、时空 F 函数这三个时空统计量刻画观测数据集 OD 的时空分布特征 $\chi_m^{\mathrm{OD}}(u,v)$ ($m=1,2,3$)，其中 u 和 v 分别表示地理要素 f_i 中的多个实例间的空间和时间邻近半径；$m=1,2,3$ 分别表示时空 K 统计量、时空邻近统计量、时空空隙统计量的编号；

(2) 在所研究的时空范围 $S\times T$ 中随机生成与地理要素 f_i 观测数据集 OD 中实例数量相同的初始模拟数据集 $\mathrm{SD}_h(h=0)$，其中 h 表示当前迭代次数；

(3) 计算第 h 次生成的模拟数据集 SD_h 的时空统计量 $\chi_m^{\mathrm{SD}_h}(u,v)\,(m=1,2,3)$；

(4) 计算观测数据集 OD 与模拟数据集 SD_h 时空分布特征的差异 $E(\mathrm{OD},\mathrm{SD}_h)$，表达为：

$$E(\mathrm{OD},\mathrm{SD}_h)=\sum_{m=1}^{3}\sqrt{\frac{w_m}{n_u\times n_v}\sum_{c=1}^{n_v}\sum_{b=1}^{n_u}[\chi_m^{\mathrm{OD}}(u_b,v_c)-\chi_m^{\mathrm{SD}_h}(u_b,v_c)]^2} \tag{6-19}$$

式中，u_b 表示第 b 个空间半径；v_c 表示第 c 个时间半径；n_u 和 n_v 分别表示空间和时间半径的数量；w_m 为调节系数，用于均衡时空统计量在零模型构建中的重要性；

(5) 在时空范围 $S\times T$ 中随机生成一个实例点，并与 SD_h 中任意一点进行替换，生成模拟数据集 SD_{h+1}。若 $E(\mathrm{OD},\mathrm{SD}_{h+1})<E(\mathrm{OD},\mathrm{SD}_h)$，则接受 SD_{h+1}，返回步骤③；否则，再次执行本步骤；

(6) 当 $E(\mathrm{OD},\mathrm{SD}_h)$小于一个较小的阈值 ε(本节中设为 0.005)或者 h 达到最大迭代次数 H(实验中设为 80000)，则输出 SD_h，终止循环。

采用上述方法对每个地理要素生成 N 组模拟数据集，完成零模型构建。下面以图 6.14(a)中某类地理要素的观测数据集 OD 为例，阐述模拟数据的生成过程。首先，计算 OD 的时空分布特征，各统计量如图 6.14(c)、(d)和(e)的网格曲面所示。按照上述方法生成的模拟数据 SD 如图 6.14(b)所示，然后计算其时空分布特征，

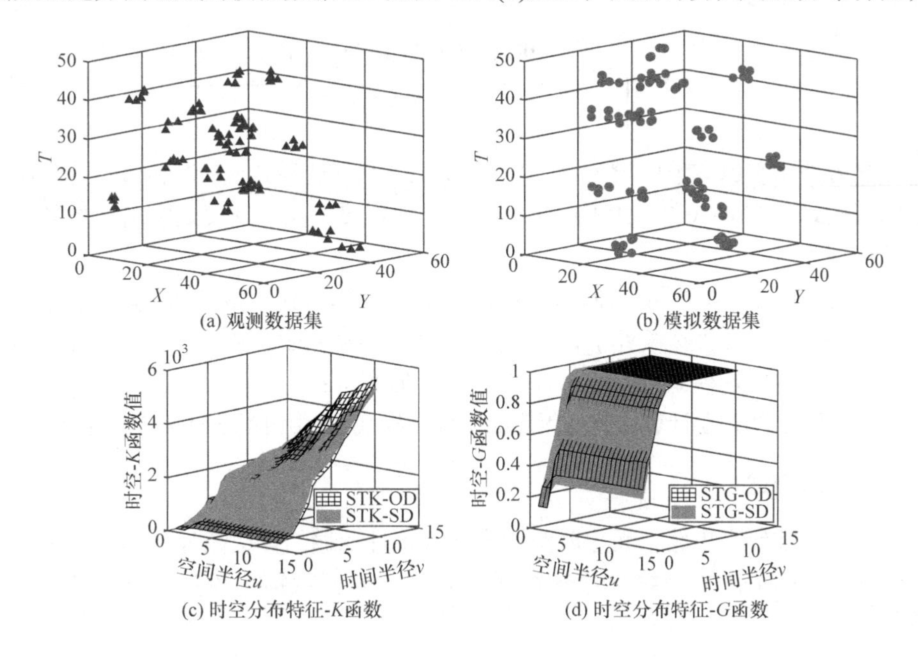

(a) 观测数据集　(b) 模拟数据集

(c) 时空分布特征-K函数　(d) 时空分布特征-G函数

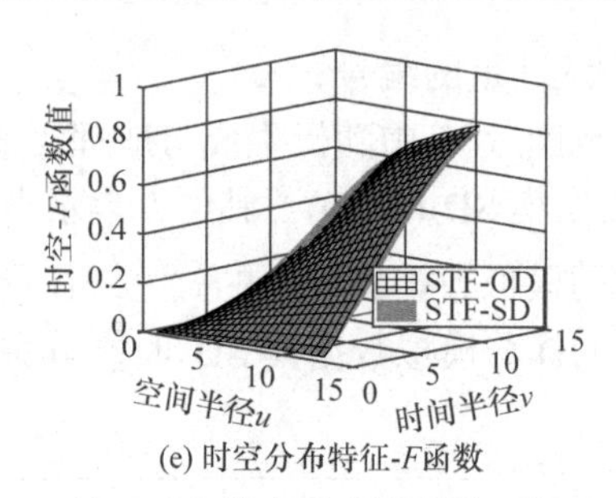

(e) 时空分布特征-F函数

图 6.14　基于时空模式重建的零模型构建示意图

结果如图 6.14(c)、(d)和(e)的灰色曲面所示。可以发现，模拟数据能够较好地保持观测数据集的时空分布特征。

6.5.2　基于显著性检验的无序时空同现模式判别

借助显著性检验思想，选取候选无序时空同现模式参与率 PR 作为检验统计量，判断多元独立分布的零假设是否成立。首先，给定观测数据集 OD，根据上述构建的零模型，生成 N 组(本节中设为 99)保持观测数据集中地理要素时空分布的模拟数据集$\{SD_1, SD_2, SD_3,\cdots, SD_N\}$。然后，对候选无序时空同现模式 $CP = \{f_1, f_2, f_3,\cdots, f_k\}$，在观测数据集 OD 和模拟数据集中，计算每类地理要素 f_i 的参与率，其中观测数据集 OD 中地理要素 f_i 的参与率记为 $PR_{OD}(f_i,CP)$，模拟数据集 SD_j 中地理要素 f_i 的参与率记为 $PR_{SD}^{j}(f_i,CP)$。最后，判断候选无序时空同现模式 CP 的显著性，表达为：

$$p = \max_{i=1}^{k}\left(\frac{\left(\sum_{j=1}^{N} PR_{SD}^{j}(f_i,CP) \geqslant PR_{OD}(f_i,CP)+1\right)}{(N+1)}\right) \tag{6-20}$$

给定显著性水平α(本节中设为 0.05)，若 $p<\alpha$，则候选模式 CP 识别为显著无序时空同现模式。式(6-20)中，PR 用于度量某类地理要素在候选模式中出现的频率，计算步骤为：

(1) 定义空间和时间半径，构建多元地理要素实例点间的时空邻近关系；

(2) 将 k 类地理要素 $f_1, f_2, f_3,\cdots, f_k$ 实例点中满足时空邻近关系的集合识别为候选无序时空同现模式 $CP=\{f_1, f_2, f_3,\cdots, f_k\}$ 的实例；

(3) 采用式(6-16)计算该候选无序时空同现模式 CP 中每类地理要素 f_i 的参与率。

6.5.3　算法描述

基于上述研究思路，无序时空同现模式统计挖掘的算法流程具体描述为：

(1) 借助时空 K 函数、时空 G 函数和时空 F 函数描述各时空要素时空分布特征；

(2) 基于模式重建策略，对每类地理要素构建满足与观测数据集时空分布差异足够小或迭代次数足够大约束下的 N 组模拟数据集；

(3) 对于每个候选无序时空同现模式，在观测数据集和模拟数据集中均计算各参与要素的时空参与率；

(4) 对每个候选无序时空同现模式进行显著性检验，返回所有统计显著的无序时空同现模式。

6.5.4 实例分析

实验中采用经济发达的长江三角洲城市群中某市作为研究区域。随着该市城镇化率的提高，大量流动人口涌入城市，为社会增加了管理困难等众多不安定因素，导致该市犯罪活动多样。基于多元犯罪事件时空位置识别具有相似建成环境和社会环境的多类犯罪事件间的无序时空同现模式，可以辅助该市公安事件的防控预警。为了验证本节方法的可行性，与 Mohan 等(2012)提出的偏序时空同现模式挖掘方法(简称为 STPM 方法)进行比较分析。实验中对 STPM 方法中时空邻近关系的定义进行了修正，旨在发现无序时空同现模式。

犯罪时空同现模式具有尺度依赖特征，随着分析尺度(即时空半径)的不同，不同类别犯罪事件将形成不同的无序时空同现模式。例如，微观尺度上，由于餐饮区域傍晚就餐人流量大，钱财和货物汇聚，从而吸引嫌疑人产生财产犯罪，如抢劫、盗窃(Yue et al., 2017)；中观尺度上，财产犯罪(如抢劫、诈骗)在下午易聚集发生在具有高度复合功能的 CBD 区域(Nakaya et al., 2010；柳林等, 2017)。因此，采用单一分析尺度难以准确描述多元犯罪事件间的同现规律。实验中，在[500～3000 米]×[1～7 天]的范围内，以 500 米和 1 天为步长，共设置 42 组时空邻域半径进行分析。若候选无序时空同现模式在多个时空邻域半径下被识别为显著模式，则表明该模式中不同犯罪事件间呈现牢固的同现规律，依据该模式可以进一步帮助公安部门制定针对性犯罪打击策略，提高打击犯罪效率。

实验主要对研究区域 2016 年犯罪数据进行应用分析，从原始数据中剔除时空信息记录缺失的数据，保留年犯罪案件数目大于 200 的犯罪事件，共包含十三类犯罪事件，分别是：诈骗(9318 个)、盗窃民宅(7532 个)、盗窃电动车(5643 个)、吸毒(3872 个)、扒窃(2223 个)、赌博(1824 个)、盗窃车内财物(1376 个)、盗窃商店(1291 个)、扰乱治安(1092 个)、盗窃自行车(650 个)、盗窃单位(515 个)、盗窃摩托车(413 个)、伤害(264 个)。

图 6.15 和图 6.16 展示了本节所提方法和 STPM 方法在多个时空半径下对部分无序时空同现模式的评价结果。可以发现：在较小分析尺度上，所提方法主要发现扒窃与室外盗窃的无序时空同现模式，以及吸毒与赌博的无序时空同现模式；在较大分析尺度上，主要发现吸毒与诈骗的无序时空同现模式，以及赌博、伤害

与扰乱治安的无序时空同现模式。并且所提方法通过候选模式频繁度的试验分布对该模式进行评价，无需人为设置频繁度阈值，降低了现有方法的主观性。若将时空参与指数 CPI 阈值设置为 0.3，STPM 方法仅能在较大分析尺度上得到无序时空同现模式，在较小分析尺度上很难发现有效的时空同现模式。

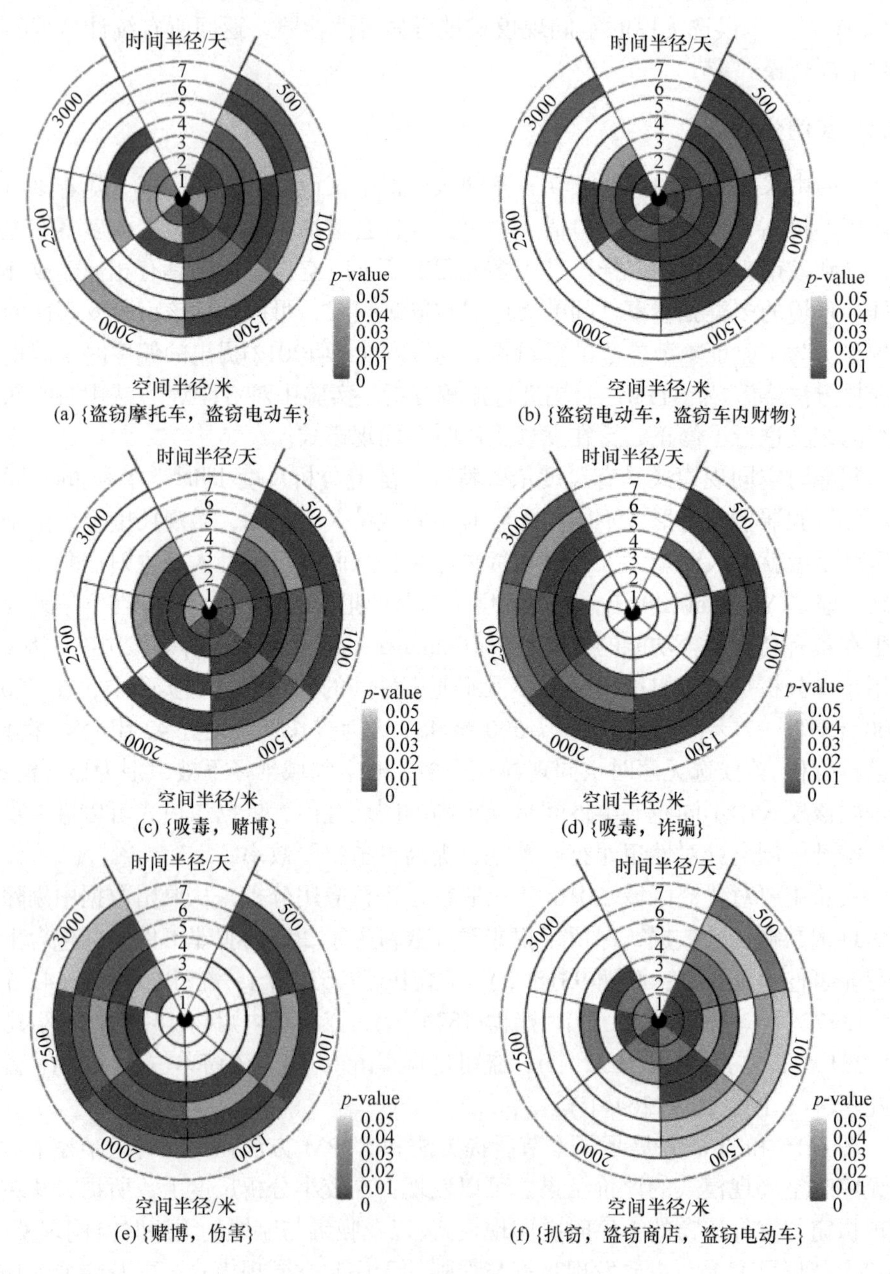

(a) {盗窃摩托车，盗窃电动车}　(b) {盗窃电动车，盗窃车内财物}

(c) {吸毒，赌博}　(d) {吸毒，诈骗}

(e) {赌博，伤害}　(f) {扒窃，盗窃商店，盗窃电动车}

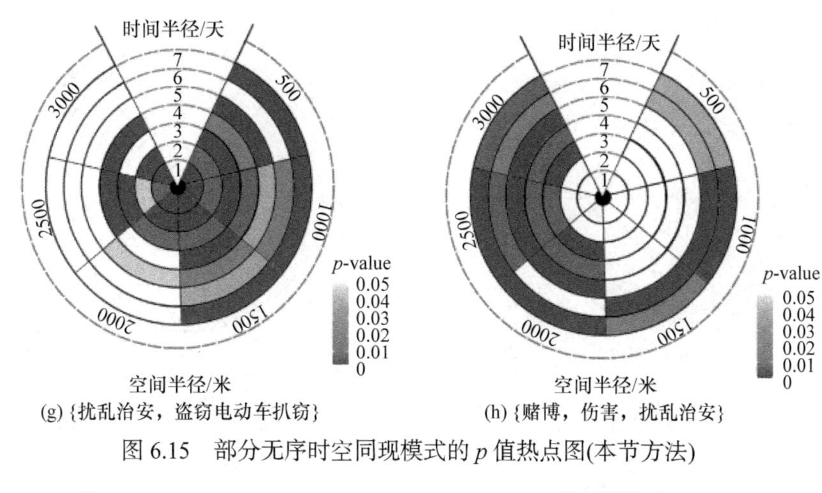

(g) {扰乱治安，盗窃电动车扒窃}　　(h) {赌博，伤害，扰乱治安}

图 6.15　部分无序时空同现模式的 p 值热点图(本节方法)

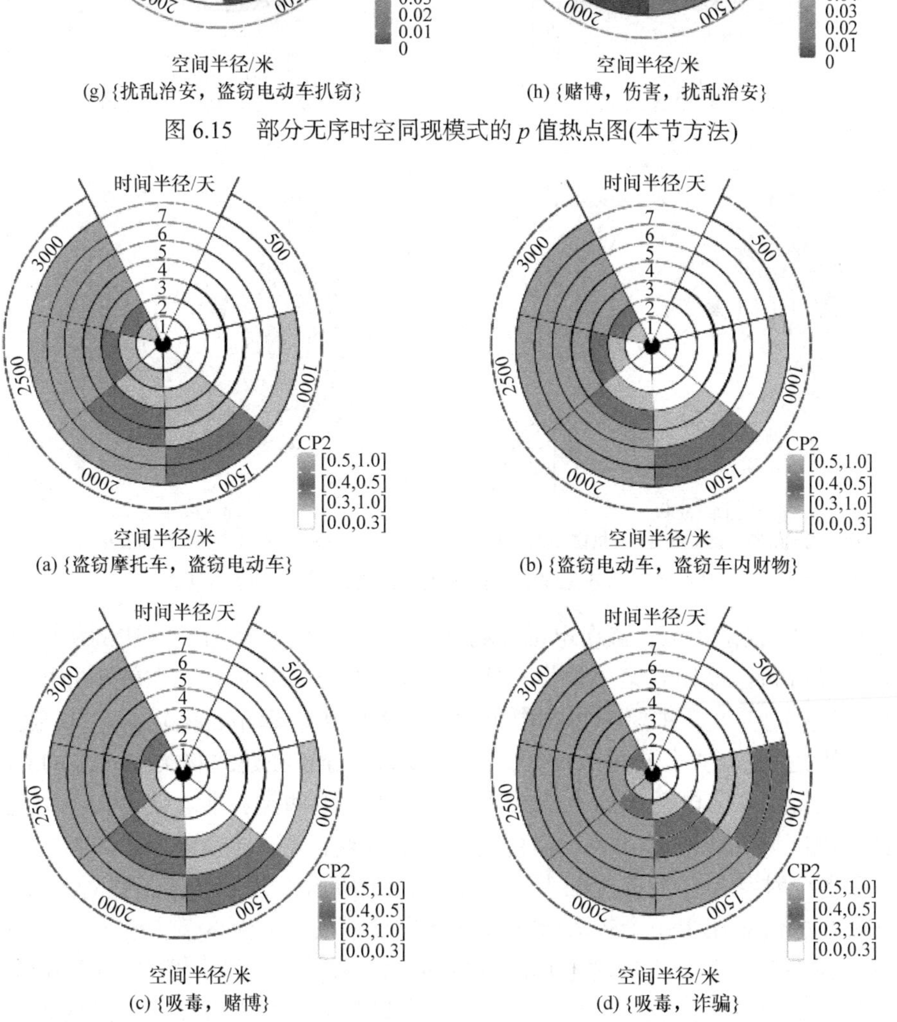

(a) {盗窃摩托车，盗窃电动车}　　(b) {盗窃电动车，盗窃车内财物}

(c) {吸毒，赌博}　　(d) {吸毒，诈骗}

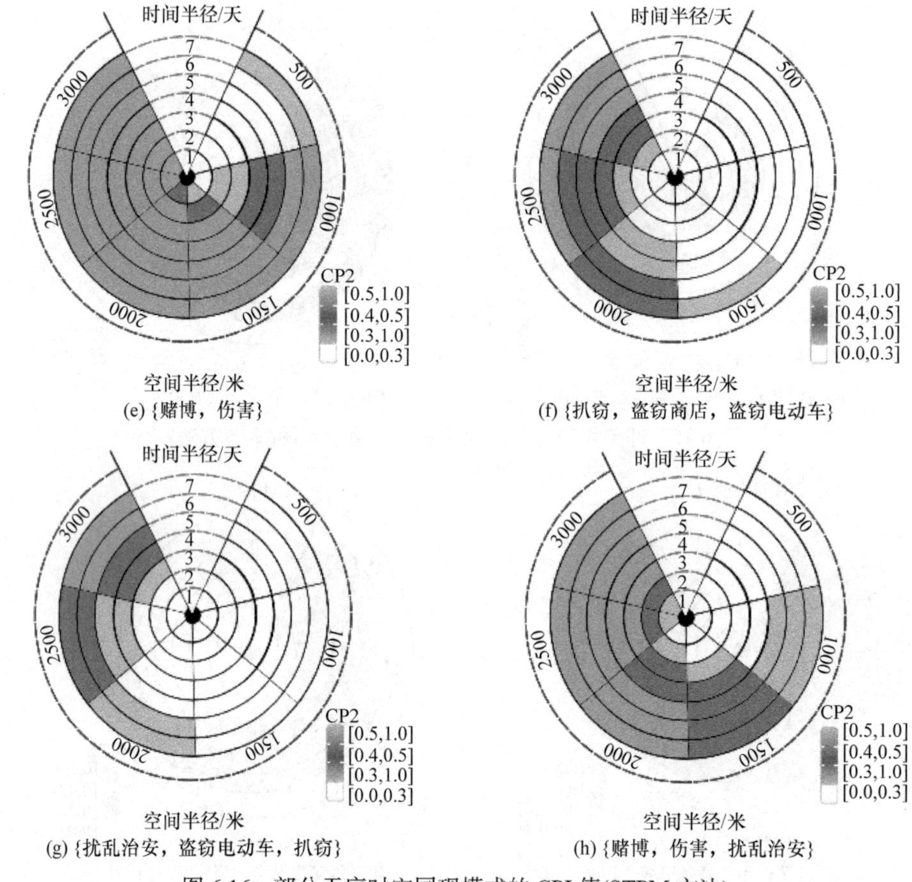

(e) {赌博，伤害}　(f) {扒窃，盗窃商店，盗窃电动车}

(g) {扰乱治安，盗窃电动车，扒窃}　(h) {赌博，伤害，扰乱治安}

图 6.16　部分无序时空同现模式的 CPI 值(STPM 方法)

以模式{扰乱治安，盗窃电动自行车，扒窃}为例，对两种方法的实验结果进行比较分析。该模式集中发生在实验区域主城区，具体地，在较小分析尺度(1000 米×3 天)上，主要分布在中小学校、餐饮店、超市，商场、公园等公共设施点附近；在较大分析尺度(2000 米×5 天)上，分布在建筑物类型较多的 CBD 区域。但是，盗窃电动车的案件数量明显高于其他两类犯罪，使得在三类犯罪事件同现区域外依然存在大量盗窃电动车案件点，进而导致该模式的参与指数 CPI 在多个时空半径下普遍偏小，如图 6.16(g)所示。若 CPI 阈值设置为 0.3，STPM 方法仅能在十一个较大分析尺度下发现该模式；而本节方法发现三类犯罪事件在多个中小分析尺度上均能构成显著的无序时空同现模式。如图 6.17 所示，在 1500 米×3 天这一分析尺度上，三类犯罪事件在零假设下的同现频率难以达到观测值。

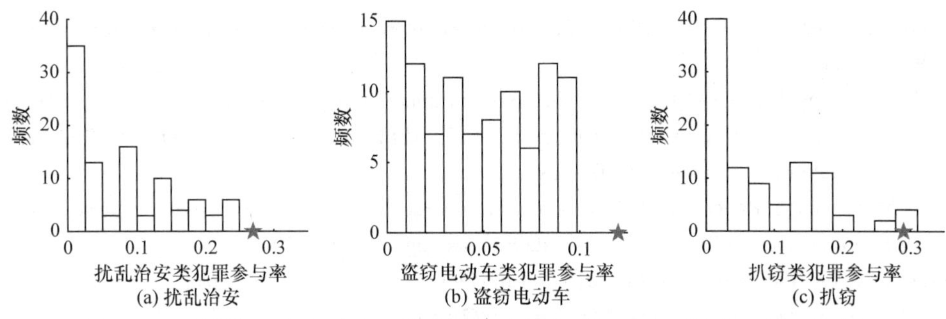

图 6.17　零假设下{扰乱治安，盗窃电动自行车，扒窃}中三类犯罪参与率分布
（“★”表示观测参与率）

6.6　本 章 小 结

时空同现模式对于理解不同地理要素间的时空交互具有重要意义。本章首先对现有时空同现模式挖掘的方法进行了系统的分类，并分析了各类方法代表性工作的主要思想、核心步骤及其优缺点。进而，针对当前时空同现模式挖掘模型中未顾及地理要素时空分布特征(如时空自相关)且结果显著性缺乏评价的问题，重点阐述了作者近年来提出的基于时空点过程的时空同现模式统计挖掘方法和基于时空模式重建的时空同现模式非参数统计挖掘方法。相比于现有方法，所提方法将时空同现模式挖掘任务建模为多元独立分布零假设下不同要素间时空依赖性的显著性检验问题，能够充分顾及地理要素内在的时空分布特征，从而对时空同现模式进行客观评价，降低了挖掘算法对频繁度阈值设置的依赖，并且能够有效排除随机结构对挖掘结果的干扰，提高时空同现模式挖掘结果的可靠性。最后，通过使用美国波特兰市和我国长江三角洲城市群中一核心城市的多类型犯罪数据集验证了本章方法的有效性与实用性。

参 考 文 献

陈袁芳，蔡建南，刘启亮，等. 2019. 城市犯罪时空同现模式的非参数检验方法. 武汉大学学报：信息科学版, 44(12): 1883-1892.

柳林，张春霞，冯嘉欣，等. 2017. ZG 市诈骗犯罪的时空分布与影响因素. 地理学报, 72(2): 315-328.

Cai J, Deng M, Liu Q, et al. 2019. A statistical method for detecting spatiotemporal co-occurrence patterns. International Journal of Geographical Information Science, 33(5): 967-990.

Celik M. 2015. Partial spatio-temporal co-occurrence pattern mining. Knowledge and Information Systems, 44(1): 27-49.

Celik M, Shekhar S, Rogers J P, et al. 2006a. Mixed-drove spatio-temporal co-occurence pattern mining: A summary of results//Proceedings of the 6th International Conference on Data Mining, NW Washington: 119-128.

Celik M, Shekhar S, Rogers J P, et al. 2006b. Sustained emerging spatio-temporal co-occurrence pattern mining: a summary of results//Proceedings of the 18th IEEE International Conference on Tools with Artificial Intelligence, Arlington: 106-115.

Celik M, Shekhar S, Rogers J P, et al. 2008. Mixed-drove spatiotemporal co-occurrence pattern mining. IEEE Transactions on Knowledge and Data Engineering, 20(10): 1322-1335.

Cronie O, Van Lieshout M N M. 2015. AJ-function for inhomogeneous spatio - temporal point processes. Scandinavian Journal of Statistics, 42(2): 562-579.

Diggle P J. 2003. Statistical Analysis of Spatial Point Patterns. 2nd edition. London: Edward Arnold.

Diggle P J, Chetwynd A G, Häggkvist R, et al. 1995. Second-order analysis of space-time clustering. Statistical Methods in Medical Research, 4(2): 124-136.

Diggle P J, Moraga P, Rowlingson B, et al. 2013. Spatial and spatio-temporal log-Gaussian Cox processes: Extending the geostatistical paradigm. Statistical Science, 28(4): 542-563.

Gabriel E, Diggle P J. 2009. Second - order analysis of inhomogeneous spatio - temporal point process data. Statistica Neerlandica, 63(1): 43-51.

Gabriel E, Rowlingson B, Diggle P. 2013. stpp: An R package for plotting, simulating and analyzing spatio-temporal point patterns. Journal of Statistical Software, 53(2): 1-29.

González J A, Rodriguez-Cortes F J, Cronie O, et al. 2016. Spatio-temporal point process statistics: A review. Spatial Statistics, 18: 505-544.

Huang Y, Shekhar S, Xiong H. 2004. Discovering colocation patterns from spatial data sets: A general approach. IEEE Transactions on Knowledge and Data Engineering, 16(12): 1472-1485.

Huang Y, Zhang L, Zhang P. 2008. A framework for mining sequential patterns from spatio-temporal event data sets. IEEE Transactions on Knowledge and data engineering, 20(4): 433-448.

Koubarakis M, Sellis T, Frank A U, et al. 2003. Spatio-temporal Databases: The CHOROCHRONOS Approach. Berlin: Springer.

Leibovici D G, Claramunt C, Le Guyader D, et al. 2014. Local and global spatio-temporal entropy indices based on distance-ratios and co-occurrences distributions. International Journal of Geographical Information Science, 28(5): 1061-1084.

Leung Y, Zhang J S, Xu Z B. 2000. Clustering by scale-space filtering. IEEE Transactions on Pattern Analysis and Machine Intelligence, 22(12): 1396-1410.

Mohan P, Shekhar S, Shine J A, et al. 2012. Cascading spatio-temporal pattern discovery. IEEE Transactions on Knowledge and Data Engineering, 24(11): 1977-1992.

Nakaya T, Yano K. 2010. visualising crime clusters in a space-time cube: An exploratory data-analysis approach using space-time kernel density estimation and scan statistics. Transactions in GIS, 14(3): 223-239.

Neyman J, Scott E L. 1958. Statistical approach to problems of cosmology. Journal of the Royal Statistical Society: Series B (Methodological), 20(1): 1-29.

Okabe A, Miki F. 1984. A conditional nearest-neighbor spatial-association measure for the analysis of conditional locational interdependence. Environment and Planning A, 16(2): 163-171.

Pillai K G, Angryk R A, Banda J M, et al. 2012. Spatio-temporal co-occurrence pattern mining in data sets with evolving regions//Proceedings of the 12th International Conference on Data Mining Workshops, Washington: 805-812.

Qian F, Yin L, He Q, et al. 2009. Mining spatio-temporal co-location patterns with weighted sliding window//Proceedings of the International Conference on Intelligent Computing and Intelligent Systems, Shanghai: 181-185.

Ripley B D. 1976. The second-order analysis of stationary point processes. Journal of Applied Probability, 13(2): 255-266.

Scott M S, Dedel K. 2006. Assaults in and Around Bars. 2nd Edition. Washington DC: Office of Community Oriented Policing Services.

Shekhar S, Huang Y. 2001. Discovering spatial co-location patterns: A summary of results//Proceedings of the 7 th International Symposium on Spatial and Temporal Databases, Redondo Beach: 236-256.

Shekhar S, Jiang Z, Ali R, et al. 2015. Spatiotemporal data mining: A computational perspective. ISPRS International Journal of Geo-Information, 4(4): 2306-2338.

Stoyan D, Stoyan H. 1994. Fractals, Random Shapes, and Point Fields: Methods of Geometrical Statistics. New York: John Wiley & Sons Inc.

Stoyan D. 1992. Statistical estimation of model parameters of planar Neyman-Scott cluster processes. Metrika, 39(1): 67-74.

Waagepetersen R P. 2007. An estimating function approach to inference for inhomogeneous Neyman-Scott processes. Biometrics, 63(1): 252-258.

Wang J, Hsu W, Lee M L. 2005. A framework for mining topological patterns in spatio-temporal databases//Proceedings of the 14th ACM international conference on Information and Knowledge Management, Bremen: 429-436.

Wiegand T, He F, Hubbell S P. 2013a. A systematic comparison of summary characteristics for quantifying point patterns in ecology. Ecography, 36(1): 92-103.

Wiegand T, Moloney K A. 2013b. Handbook of spatial point-pattern analysis in ecology. Boca Raton: Chapman and Hall/CRC.

Wilson J Q, Kelling G L. 1982. Broken windows. Atlantic Monthly, 249(3): 29-38.

Witkin A. 1984. Scale-space filtering: A new approach to multi-scale description. IEEE International Conference on Acoustics, Speech, and Signal Processing, 9: 150-153.

Yoo J S, Bow M. 2012. Mining spatial colocation patterns: A different framework. Data Mining and Knowledge Discovery, 24(1): 159-194.

Yue H, Zhu X, Ye X, et al. 2017. The local colocation patterns of crime and land-use features in Wuhan, China. International Journal of Geo-Information, 6(10): 307-321.

第 7 章 地理事件时空关联模式挖掘方法

7.1 引 言

对于地理现象而言，“动态性”是不能忽略的重要特征之一。动态性与时间密切相关，描述的是地理现象/目标的运动或变化特征。动态地理现象广泛存在于气象、交通、犯罪、公共卫生等诸多领域。例如，在传染病研究中，掌握个人的出行路径与行为活动等特征有助于传染病扩散风险评估与防控策略制定。因此，深刻理解地理现象/目标的动态性对时空模式分析、时空行为建模与时空预测等内容均具有重要的指导意义(Claramunt et al., 1998; Qian et al., 2009; 薛存金等, 2010)。

如何同时考虑地理现象/目标的动态特征以及不同现象/目标之间的关联关系，发展顾及动态特征的时空关联模式挖掘方法，亦是地理空间数据挖掘的核心研究内容之一。在现有的时空关联模式挖掘方法中，地理现象/目标的动态特征主要通过两种策略进行解决，分别为：①基于时间维度附加的策略；②基于空间属性变化的策略。基于时间维度附加策略主要是在经典空间关联模式挖掘(如空间同现模式挖掘)的基础上，进一步考虑时间维度，对空间关联模式的含义和特征进行拓展。例如，在时间和空间维度上同时施加无序时空邻近约束，可以发现同时满足空间域和时间域频繁共现的地理事件/目标集合，即无序时空同现模式(Wang, et al., 2005; Cai, et al., 2019)。无序时空同现模式中各类事件之间并没有严格的次序关系，为此，Huang 等给出了一种全序时空同现模式挖掘方法，以便发现形如{A→B→C}的链式演化规律(Huang et al., 2008a)。全序时空同现模式中各类事件需要遵循严格的先后次序，一种更为灵活的时空关联模式为偏序时空同现模式(Mohan et al., 2012; 杨波, 2013)，该类模式中不同目标满足部分有序即可。

基于空间属性变化的策略适用于时空序列数据，序列型数据是对地理属性的连续观测，面向该类数据的关联模式挖掘研究主要关注不同属性变化之间的相互依赖关系。例如，Chai 等从地理过程的角度出发，发展了一种面向地理过程的时空关联模式挖掘方法，用来研究内陆降水和太平洋暖池变化的遥相关关系(Chai et al., 2012)。具体而言，首先将时空目标表达为<时间、位置、属性>的三元组。其中，属性是描述时空目标特征的向量，如面积、几何中心、移动方向等。进而，将时空目标属性的连续观测序列视为地理过程，地理过程中相邻时刻的属性变化作为基本的分析单元(即可视为一个事件)，从而挖掘不同地理过程中事件间的关联模式。由于不同时空序列(地理过程)非空间邻近，模式挖掘过程中未考虑序列对应的空间位置信息，揭示的实质是一种遥相关模式。对于空间邻近的观测序列，则需要同时考虑序列的空间邻近性和属性的动态变化特征。为了发现邻近空间区域事件间的时空关联模式，Huang 等发展了一种时空演变模式挖掘方法(Huang et al., 2008b)，其挖掘规则的一般形式为：$(R_1,t,e_1)\rightarrow(R_2,t+\Delta t,e_2)$，即空间区域 R_1 内发生事件 e_1，则随后的Δt 内，在邻近区域 R_2 内会发生事件 e_2。该方法首先对研究区域进行空间划分，进而将观测序列映射至空间划分区域，并将同一序列相邻时刻属性值的显著变化定义为事件，从而揭示相邻空间区域内不同事件(属性变化)间的关联关系。

通过分析可以发现，现有的时空关联模式挖掘方法中，地理事件的动态性并没有得到充分的考虑。为此，本章围绕时空连续变化的动态地理事件，详细阐述地理事件动态性的表现形式和表达模型，并以空气污染事件为例，着重阐述本书提出的顾及地理事件动态性的时空关联模式挖掘方法。

7.2　地理事件动态性的表现形式与表达模型

7.2.1　地理事件动态性的表现形式

动态性通常描述地理现象/目标的空间位置、形态、属性等随时间的变化。在不同的学科领域，动态性的含义和表现形式也不尽相同(Goodchild et al., 2007)。在地理学领域，将动态性的含义归结为：行为(activity)、过程(process)、事件(event)、变化(change)及运动(movement)等方面(Yuan et al., 2007)，具体含义列于表 7.1。

表 7.1　地理学领域动态性的常见含义(Yuan et al., 2007)

术语	地理学领域动态性的含义	实例
行为	个体在某空间、时刻采取的动作，可能产生运动	去旅行
过程	属性、形态或模式的逐渐变化，“逐渐”的含义与尺度相关	气温逐渐上升
事件	可导致显著变化的现象的发生，“显著”的含义与具体场景相关	暴雨
变化	位置、状态或对象属性的变动	用地类型变化
运动	具有标识的地理实体在空间的位置变化	家→公司

由表 7.1 可知，行为的主体主要是人，通常伴随个体特征或运动轨迹的改变；变化的含义比较广，泛指目标或事件的位置、状态等属性的变动；运动主要针对移动目标，同一目标在运动过程中保持相同的标识；过程和事件的概念比较相近，

内涵也略有相同，但两者的侧重点有所区别，主要体现于三个方面，分别为：①过程更多强调变化的“渐变性”，而事件则强调变化的“突出性”，如交通事件、暴雨事件等；②事件主要强调“发生”，而过程可以描述变化，如开始、过渡、发展与演化等。以降雨为例，降雨事件表述的是降雨现象的发生，而降雨在空间与时间的变化则可以用“过程”进行详细刻画；③过程的渐变性更多与尺度相关，而事件的定义更多与应用场景相关，不同场景下事件的定义和特征也不相同(Yuan, 2007; Andrienko et al., 2011; Liu et al., 2016)。

地理事件的动态特征体现在地理事件的位置、形状、属性等多个方面，并非所有的地理事件可以抽象表达为时空点事件或固定区域的属性变化。例如，对于空气污染事件，整个事件包含发生、扩散、消失等多个阶段，所影响的空间区域也随时间的变化而各不相同。总体来讲，地理事件的动态性主要有三种表现方式：①固定位置/区域的属性变化。其中，属性往往是对该位置/地区的连续观察(如某区域一个月的气温观测值)。在这种情况下，事件通常被定义为偏离正常观测值的属性变化，如该区域的气温大幅下降。②有固定标识和固定形态的移动目标的运动或改变。例如，交通事故可以认为是车辆在行驶过程中状态急剧改变的事件。③无固定标识和固定形态的地理现象的演化。与移动目标不同，该类地理现象没有固定的标识号，且其形态、属性会随时间变化。对于该类地理现象的识别，主要依靠其独特属性的聚集特征。以台风事件为例，尽管其位置、形状、强度随时间不断发生改变，但同一事件可以被清晰地识别。由于该类地理事件位置、几何形态的多变性，且经常表现出移动、分裂、合并等复杂的动态特性，也称为复杂地理事件，如图 7.1 所示。对于该类复杂地理事件，人们更渴望掌握空气污染事件在空间上的传播规律，以及空气污染与其他要素(如气象条件)的联动变化规律(赵恒等, 2009; 吴立新等, 2014; 赵倩彪等, 2014)。

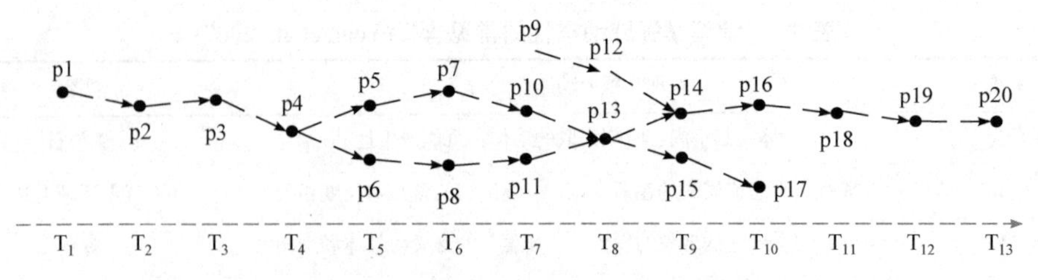

图 7.1 复杂地理事件的空间演化(聚合、分裂)过程(Liu et al., 2019)

7.2.2 地理事件动态性的表达模型

如何在地理信息系统中表达地理信息的动态特征，以更好地支持地理信息的有效分析和推理，是一个基础且关键的问题。针对该问题，领域的学者们进行了广泛的研究，表达方法大致可以分为三类：①基于时间戳的表达方法；②基于变化事件的表达方法；③基于运动行为的表达方法。基于时间戳表达方法的思想是在多个时间戳上对同区域的地理信息进行存储。每个时间戳上的观测数据视为一个全新的图层，并将不同图层按时间的先后顺序进行排列，如图 7.2 所示。该方法的优势在于可以快速地查看区域在任一时刻的空间状态，进而获取区域随时间的变化过程，其不足在于存在较大的数据冗余，尤其是在空间特征相对稳定的区域。此外，由于每个时间戳记录的是某一时刻区域的快照信息，相邻时刻的变化信息需要额外的计算。

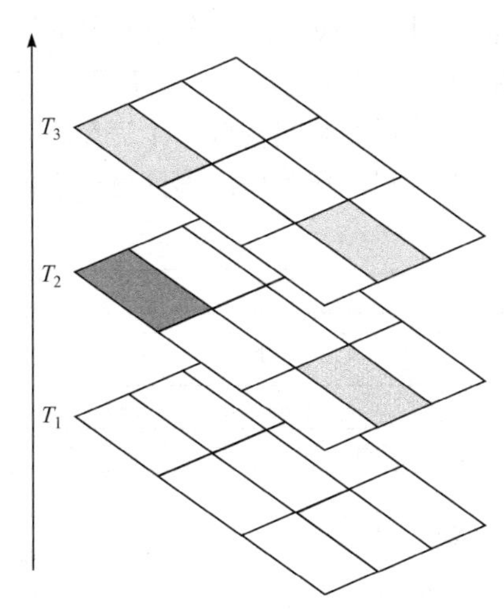

图 7.2　基于时间戳的地理事件动态表达

为了更好地分析、推理空间状态的变化，一种更为直接的思路是采取基于变化事件的地理动态表达方法。该类方法中，首先用一张基础"底图"表示空间区域的初始状态，后续时刻只记录前一时刻的空间变化，从而对空间变化进行更加快速的计算和分析。如图 7.3 所示，(a)记录了事件的初始状态，t_1 和 t_2 时刻分别记录了对应时刻发生属性变化的空间位置，在此基础上，可以通过空间叠置分析对当前时刻的空间状态进行分析推理。

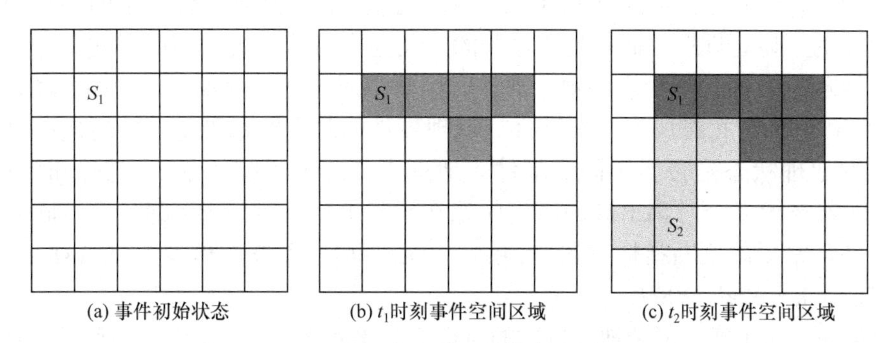

图 7.3　基于变化的地理信息动态表达

近年来，学者们普遍认为，“事件”模型是表示地理动态特征的有力工具。事实上，除了上文中将“事件”简单定义为邻近时刻的变化，“事件”具有更为丰富的含义，可以描述一段时间内某空间区域内地理现象的复杂变化，包括属性、位置、形态等特征的变化。例如，为了完整描述复杂地理事件的动态演化特性，Yuan 定义了一种复杂地理事件的多层次表达模型(Yuan, 2001)。如图 7.4 所示，复杂地理事件由三个不同的表达层次组成。其中，状态是地理事件表达模型中基本单元，表示某一位置在某一时刻的属性，如图 7.3 中 S_1 区域在 t_1 时刻的观测值。在此基础上，过程用来表示同一区域在连续多个时刻的属性观测值，如 S_1 区域在 t_1～t_2 时间区间内的观测；最后，若干空间相邻的过程组成整个地理事件，如图 7.3 中不同空间区域在多个时刻的观测共同构成一个完整的地理事件。显然，地理事件伴随有确定的开始、结束时间，且体现出多区域、多时相、多形态的特征。

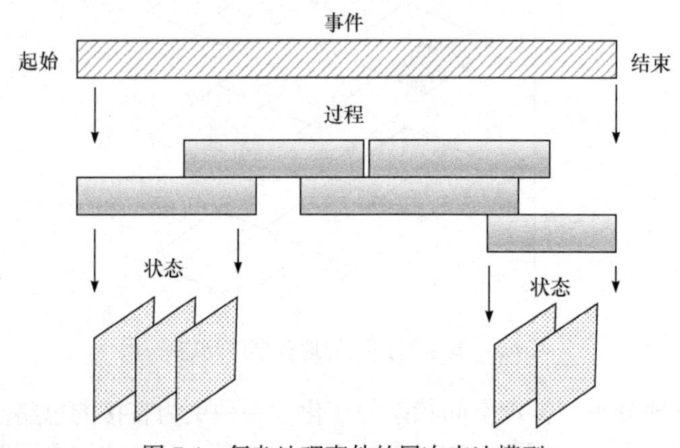

图 7.4　复杂地理事件的层次表达模型

在复杂地理事件层次表达模型的基础上，需要进一步解决两个主要问题：①地理事件的识别，主要用于判断地理事件的起始时刻，进而跟踪其时空发展变化过程；②地理事件的时空一体化表达方法。其中，地理事件的识别需解决两个问题，即显著性的定义和地理事件的时空跟踪。地理事件记录的是地理现象变化的“显著性”，而“显著性”的定义通常采取设置阈值的方式，即若某时刻地理状态值大于给定阈值，则该时刻状态属于某地理事件。例如，降雨量大于 50 毫米的状态属于暴雨事件。地理事件的时空跟踪则是要判断连续多个时刻的地理状态是否属于同一事件。地理事件时空跟踪的主要依据是时空邻近，即若连续多个时刻出现的事件状态在空间上也互相邻近，则认为是同一地理事件。常用的判断指标有拓扑相邻、重心距离、重叠面积等(McIntosh et al., 2005; Tucker et al., 2009)。

进而，为了实现复杂地理事件的时空一体化表达，首先定义了一种时空有向路径(Spatio-Temporal Directed Routes，STDR)的表达模型。时空有向路径的本质是一种单向链表，链表中结点表示事件发生的空间位置，链表指针表示不同结点的时间先后顺序。基于此，每个地理事件均可以表达为一个时空有向路径，数据中所有的地理事件可以用时空有向路径(有向链表)的集合进行表达，如图 7.5 所示。具体而言，若整个研究区域 S 可表达为 m 个空间剖分单元的集合，即 $S=\{S_1,S_2,\cdots,S_i,\cdots,S_m\}$，则地理事件 e 对应的有向路径可表达为形如 $\{(\alpha_1,T_1)\to(\alpha_2,T_2)\to\cdots(\alpha_i,T_i)\cdots\to(\alpha_n,T_n)\}$ 的链式结构，其中，$\alpha_i \in S$。

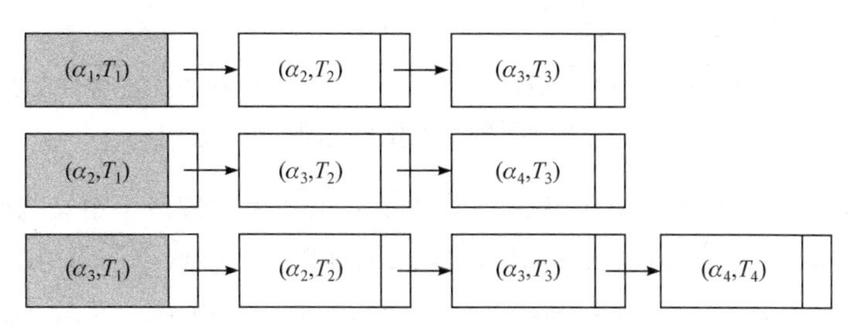

图 7.5　地理事件的时空有向路径表达

7.3　地理事件时空扩散模式统计挖掘方法

地理事件的形态、属性会随时间发生变化，且这种动态变化特性最终体现于空间的扩散或传播规律。为了揭示地理事件在空间上的传播扩散规律，下面着重阐述本书作者发展的一种地理事件时空扩散模式统计挖掘方法(He et al., 2019)。

7.3.1　基于时空有向路径的时空扩散模式挖掘方法

本节将地理事件在空间上的传播扩散规律定义为时空扩散模式。时空有向路径是以空间区域为基本项的有序序列，时空有向路径集合中的频繁子序列模式可以揭示地理事件在空间上的传播扩散规律。如图 7.6 所示，若图中事件表示空气污染事件，则(a)展示了四处污染事件的变化过程，时空有向路径分别是$\{<A, t>\to <C, t+\Delta t_1>\to <E, t+\Delta t_1+\Delta t_2>\}$和$\{<E, t>\to <D, t+\Delta t_1>\to <D, t+\Delta t_1+\Delta t_2>\}$，(b)为时空有向路径的二维空间投影图。事件$\{<A, t>\to <C, t+\Delta t_1>\to <E, t+\Delta t_1+\Delta t_2>\}$表明：污染首先于 A 区域发生，随后Δt_1的时间内逐渐扩散至 C 区域，并最终结束于 E 区域。显然，若污染事件总是遵循 $A\to C\to E$ 的空间传播顺序，则可能说明 A 区域是主要污染源，$A\to E$ 存在较好的扩散条件，且 E 区域的空气污染源于 A 区域。为了挖掘时空有向路径集合中的时空扩散模式，首先给出一些相关定义。

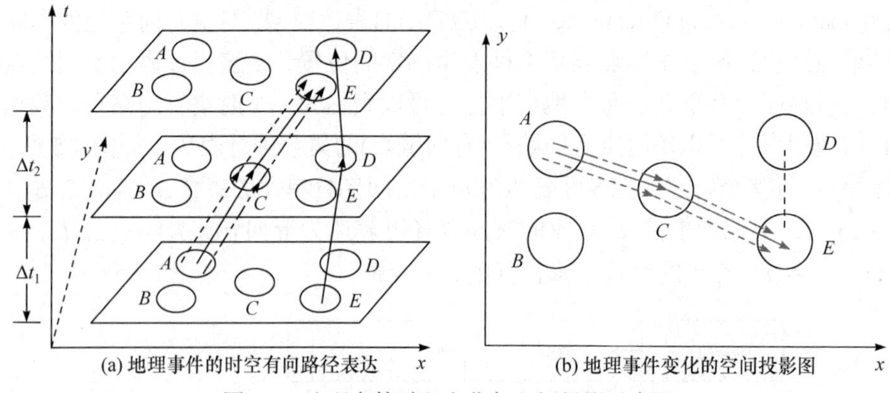

(a) 地理事件的时空有向路径表达　(b) 地理事件变化的空间投影图

图 7.6　地理事件时空变化与空间投影示意图

对于时空有向路径 r，r 中共包含的非重复空间单元数目 k 定义为路径长度，记为 $\text{len}(r)=k$。有向路径中包含的空间单元也称作其“组成项”(Item)。对于时空有向路径 $r_1=\{<\alpha_1,T_1>\to<\alpha_2,T_2>\to\cdots\to<\alpha_q,T_q>\}$ 和 $r_2=\{<\beta_1,T_{k+1}>\to<\beta_2,T_{k+2}>\to\cdots\to<\beta_p,T_{k+p}>\}$，若存在 $1\leqslant j_1<j_2<\cdots<j_p\leqslant q$，使得 $\beta_1\subseteq\alpha_{j1},\beta_2\subseteq\alpha_{j2},\cdots,\beta_p\subseteq\alpha_{jp}$，则称有向路径 r_1 包含 r_2，记为(r_1 contains r_2)。给定研究区域 $S=\{S_1,S_2,\cdots,S_i,\cdots,S_m\}$ 和时空有向路径集合 $E=\{e_1,e_2,\cdots,e_N\}$，其中任意时空有向路径 r 的支持度可计算为：

$$\sup\left(r\middle|(S,E)\right)=\min_{i=1}^{m}\left\{\frac{\sum_{j=1}^{N}\text{sign}\left(e_j\text{ contains }r\right)}{\sum_{j=1}^{N}\text{sign}\left(e_j\text{ contains }S_i\right)}\right\}\tag{7-1}$$

式中，sign 为取值 0 或 1 的逻辑运算；m 为空间子区域的数量；N 为时空有向路径的数量。给定最小支持度 min_sup，有向路径集合中大于 min_sup 阈值的路径定义为频繁扩散模式。时空扩散模式挖掘算法可以采用类似频繁子序列模式的挖掘算法，伪代码如算法 7.1 所示。

算法 7.1　时空扩散模式挖掘算法

Input:

(a) 空间剖分单元 $S=\{S_1,S_2,\cdots,S_i,\cdots,S_m\}$

(b) 时空有向路径集合 $E=\{e_1,e_2,\cdots,e_N\}$

(c) 最小支持度 min_sup;

Output:

时空扩散模式 FR

Steps:

---

1. $k=1$
2. $\mathrm{FR}_k=\{S_i|S_i\in S \text{ and } \sigma(S_i)\geqslant N\times \min\_\sup\}$; ## 频繁路径单元，长度为 1
3. **repeat**:
4. k=k+1
5. C_FR$_k$=apriori-gen (FR$_{k-1}$)　## 产生候选 k-序列
6. **for** each r in E **do**
7. C_r=subsequence (C_FR$_k$, r)　##识别包含在 r 中的候选
8. **for each** 每个候选 k-路径 fr $\in$ C_r **do**
9. σ (fr)= σ(fr)+1; {支持度计数增加}
10. **end for**
11. **end for**
12. $\mathrm{FR}_k=\{\mathrm{fr}|\mathrm{fr}\in \mathrm{C\_FR}_k \wedge \sigma(\mathrm{fr})\geqslant N\times \mathrm{minsup}\}$　##提取频繁 k-序列
13. **until** FR$_k$=∅
14. Return (∪FR$_k$)

另一方面，地理事件的时空有向路径记录了事件从开始至消亡的整个过程，其首结点则包含了事件开始发生的信息。对于空气污染事件，人们迫切地想知道空气污染究竟来自何处。显然，空气污染是逐渐变化的过程，如果某个空间区域总领先于其周围区域发生空气污染，则该区域很可能包含主要的污染源。因此，可以通过对时空有向路径的首结点进行统计分析来发现地理事件的潜在发源地。鉴于此，进一步定义了空间单元的事件发生度。对于时空有向路径集合 $E=\{e_1, e_2,\cdots,e_N\}$，空间单元 S_i 的事件发生度表达为：

$$\text{occuring\_degree}(S_i\mid E)=\sum\nolimits_{j=1}^{N}\text{sign}\left(e_j \text{ contains } S_i\right) \tag{7-2}$$

7.3.2　时空扩散模式的统计判别模型

为了对所得到的时空扩散模式的显著性进行统计判别，首先需要构建合适的零假设并生成模拟数据。由于时空扩散模式主要刻画的是地理事件在邻近空间区域间的扩散关系，零模型中需要假设相邻空间区域间相互独立，即不存在相互扩散模式，进而根据零模型生成模拟数据。由零模型生成的模拟数据需满足两个条件：①每个空间区域对应序列尽量保持和真实观测数据一致；②相邻空间区域对应观测不存在相互依赖关系。为此，可采取随机移位的策略生成模拟数据。图 7.7 展示了某一空间区域观测序列的自相关特征，显然，模拟生成数据的自相关特征与真实观测序列高度相似。图 7.8 展示了时空观测序列的时空自相关特征，其中，

空间滞后为一阶滞后。显然，真实观测数据呈现明显的时空自相关特征，而模拟生成数据并未呈现时空自相关特征，表明邻近区域对应观测序列之间不存在相互依赖关系。由此可见，随机移位的策略可以满足零模型的要求。

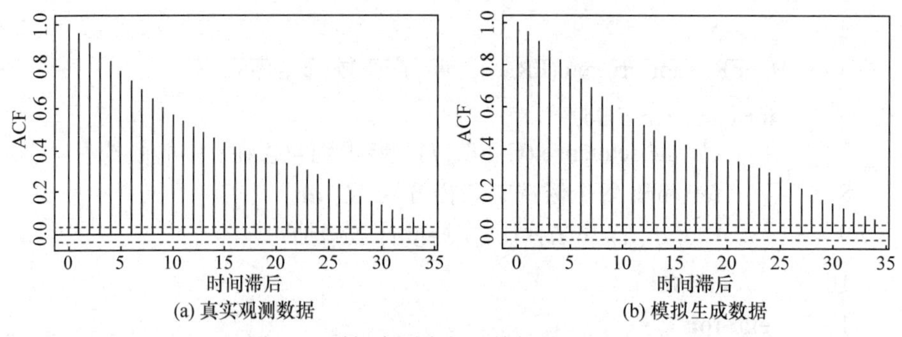

图 7.7　时间序列自相关特征的对比分析

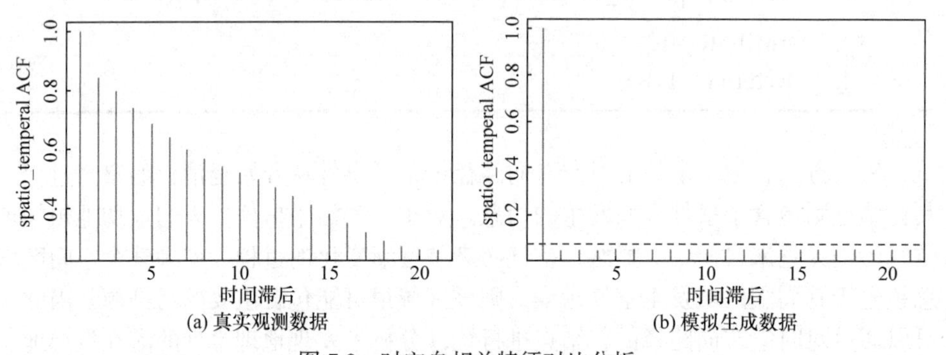

图 7.8　时空自相关特征对比分析

为此，采取随机移位策略生成模拟数据集，并根据模拟数据集对零假设(不同区域间不存在关联模式)进行假设检验，比较零假设与实际挖掘结果的差异，并将显著偏离原假设的模式定义为显著时空扩散模式。

具体而言，若将真实观测数据集记为 D，根据零假设生成 N 个模拟数据集，记为 $\{D_1, D_2, D_i, \cdots, D_N\}$。实际数据集 D 中时空扩散模式 P 对应的支持度指标记为 $\mathrm{Sup}_{\mathrm{obs}}(P)$，同一模式在数据 D_i 的支持度记为 $\mathrm{Sup}_i(P)$，则时空扩散模式的显著性可计算为：

$$p\text{-value}(P) = \frac{\sum \mathrm{sign}(\mathrm{Sup}_i(P) \geqslant \mathrm{Sup}_{\mathrm{obs}}(P)) + 1}{N + 1} \tag{7-3}$$

式中，sign 为取值 0 或 1 的符号运算。给定显著性水平 α，若 p-value(P)小于 α，则 P 为显著的时空扩散模式。特别需要指出的是，当对多个模式同时进行假设检验统计推断时，需注意多重假设检验问题，可采取经典的 BH 检验法对多重假设检验问题进行控制(Benjamini et al., 1995)。

7.4　地理事件时空演变模式统计挖掘方法

时空扩散模式揭示了地理现象同一属性(如 PM2.5 浓度)在空间上的传播特征和规律，并未揭示该现象变化与其他因素之间深层次的关联关系，从而难以发现这种关联模式的演变规律。为了揭示地理现象动态变化后的驱动因子，下面阐述一种融合本体模型的时空演变模式统计挖掘方法。

7.4.1　本体模型

地理现象动态变化的背后通常蕴藏着一定的“驱动因素”，尽管这种驱动因素是未知的(Allen et al., 1995; Yuan, 2007)。为了充分揭示地理现象、驱动因素及外界条件之间的潜在因果关系，Galton 发展了本体模型(Galton, 2012)。如图 7.9 所示，本体模型认为：①现象的发生是由其他驱动因素的变化所引发，即驱动因素对现象变化的“诱发”作用；②现象的发生同时需要外界条件满足一定要求，即环境状态对现象变化的“允许”作用；③现象的变化同时也会反作用于外界条件。这种类似“允许”“诱发”“改变”的关系是一种深层次的关联关系，并在一定程度上可揭示现象间的潜在的因果关系(Galton, 2012; Bleisch et al., 2014; Galton et al., 2015)。由此可见，本体模型的优势在于同时考虑了动态变化和静态环境的双重影响作用，从而可以更好地揭示现象动态变化的深层次关联因素。需要特别指出的是，本体模型中的“事件”有别于上文定义的地理事件，通常指地理现象属性的“变化”(Chai, 2012; Bleisch et al., 2014)。

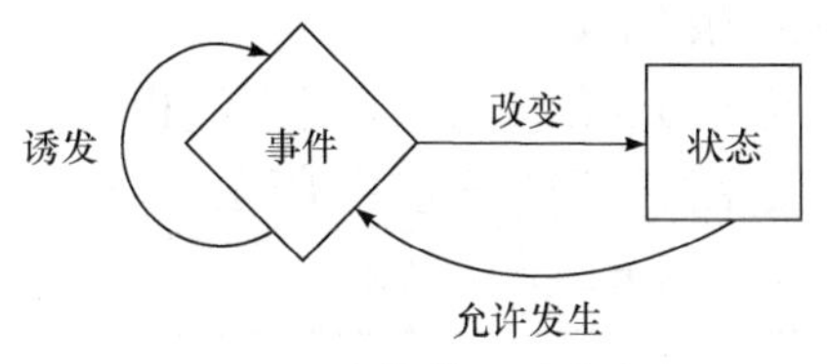

图 7.9　本体模型示意图

7.4.2　本体模型事件的自适应提取方法

本体模型中“事件”主要是为了刻画地理过程的变化特征，而“变化”通常定义为相邻两个时刻观测值的差异。显然，这种定义方式太过简单，不能反映地理过程整体的变化特征。由此带来的问题是对同一个持续变化过程进行重复计数，进而影响时空关联模式的挖掘结果。如图 7.10 所示，该过程是一个先上升后下降的连续变化，若采取固定窗口的划分方式(虚线框表示滑动窗口)，则将对同一个连续变化的过程进行重复计数。在时空关联模式挖掘中，一个核心任务是对关联模式实例进行计数并发现其中的频繁模式。因此，对同一变化的重复计数必将会影响时空关联模式的挖掘结果。

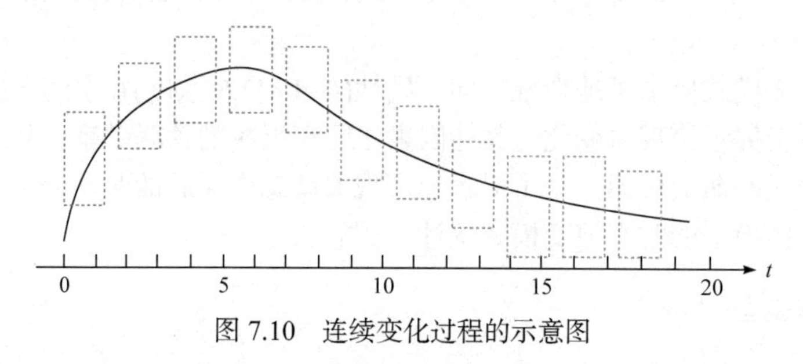

图 7.10　连续变化过程的示意图

为了使本体模型事件能充分反映地理过程的动态变化特征，可将地理过程视为一系列变化子过程的组合，如“上升”或“下降”。进而，给出一种本体模型事件的自适应提取方法，计算流程如算法 7.2 描述。

算法 7.2　变化子过程的自适应划分方法

Input:

(a)过程观测序列 $\boldsymbol{S}$

(b)最小累计变化阈值 $\boldsymbol{\varepsilon}$

Output:

离散子过程序列 $\boldsymbol{E}=\{e_1,e_2,\cdots,e_i\cdots\}$，其中 e_i 形如 $[\mathrm{up}\,/\,\mathrm{down},(t_{\mathrm{start}},t_{\mathrm{end}})]$，up /down 表示子过程的变化趋势，$(t_{\mathrm{start}}, t_{\mathrm{end}})$表示子过程发生的时间

Steps:

1. 提取过程序列 $\boldsymbol{S}$ 的极值点；
2. 选择相邻极值点之间变化量大于 $\boldsymbol{\varepsilon}$ 的子过程；
3. 根据子过程的变化特征进行离散化编码；
4. 返回离散子过程序列 $\boldsymbol{E}$，算法结束。

算法 7.2 中，最小累计变化阈值 ε 是为了防止对序列中随机微小波动的错误识别。如图 7.11 所示，整个过程包含 e_1～e_6 共六个“上升”或“下降”的变化子

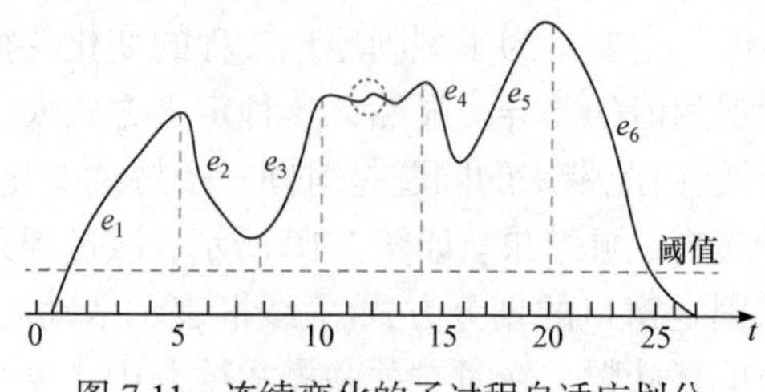

图 7.11　连续变化的子过程自适应划分

过程，$t=[10, 14]$区间视为平稳子过程。在此基础上，将地理过程中包含的变化子过程表达为本体模型的“事件”，即可完成本体模型事件的构建。

7.4.3　融合本体模型的时空演变模式统计挖掘方法

地理事件的发生一方面会受到区域地理环境的影响，同时也会受到邻近区域相关事件变化的影响。以空气污染事件为例，一方面，污染物浓度受到当地温度、湿度、地形等因素的影响；另一方面，也与邻近区域污染物浓度、风力等因素相关(空气污染物流动效应)。为了深入揭示空气污染事件变化背后的驱动因子和关联因素，需要研究空气污染事件与其空间邻近域内潜在相关要素间的动态变化规律。借鉴本体模型，发展了一种融合本体模型的时空演变模式挖掘方法。图 7.12 给出了空气污染事件的本体模型表达，其中邻近事件指邻近空间区域内潜在相关因素的动态变化事件。图 7.13 给出了空间邻近域的示意图，其中每个点表示一个空间区域。对于空气污染事件，不同方向的邻近空间区域对中心区域的影响因素和强度会存在差异。为此，以本体模型为基础，分别研究中心区域与不同方向邻近区域间的关联模式。在构建本体模型后，挖掘中心区域与邻近区域事件间的动态关联模式，实质是挖掘不同区域时空序列中的时序事件模式，可借助时序事件模式的挖掘方法，揭示空气污染变化与本地环境状态、邻近区域环境变化间深层次的联动变化规律(何占军等, 2018)。因此，不难发现上节时空扩散模式主要从事件层面发现地理现象的空间扩散变化特征，融合本体模型的时空演变模式则主要从“事件”和“状态”两个层面揭示邻近空间区域地理变化的动态关联规律。

图 7.12　空气污染事件的本体模型表达

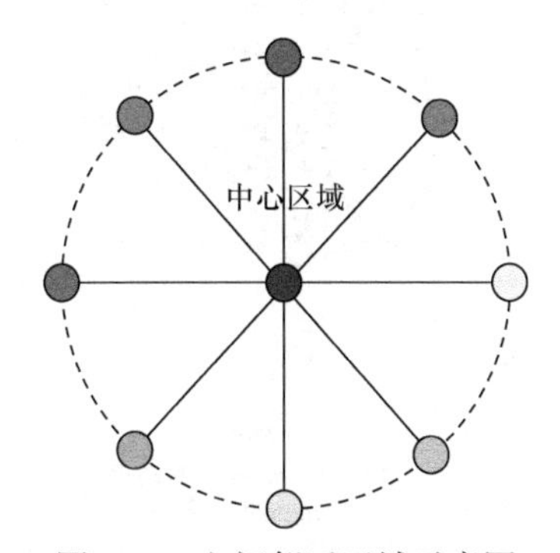

图 7.13　空间邻近区域示意图

7.5　实 例 分 析

本实验以京津冀地区 2014 年 12 月 10 日至 2015 年 3 月 31 日期间空气细颗粒污染物及气象数据为例进行分析，分析挖掘空气污染事件的空间扩散模式及主要关联因子。其中，时间观测粒度为小时，共计 2688 个观测值。

7.5.1　实验数据

实验区域覆盖了京津冀地区，共包含 150 个空气质量监测站点，空间分布如图 7.14(a)所示。实际上，空气质量监测站点监测的 PM2.5 浓度对应的是某一区域的观测值。为此，首先生成空气质量监测站点的 Voronoi 图，并用空气质量监测站点所在的 Voronoi 单元近似表达空气质量监测站点所监测的空间区域。然后，对

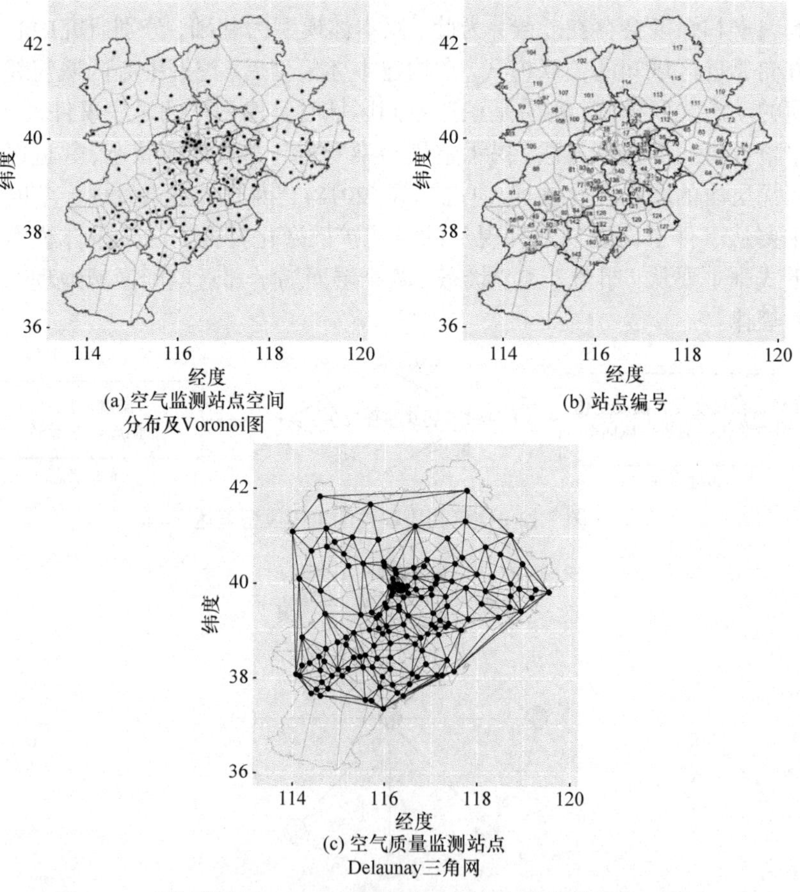

(a) 空气监测站点空间分布及Voronoi图

(b) 站点编号

(c) 空气质量监测站点Delaunay三角网

图 7.14　京津冀地区 PM2.5 监测站点空间分布状况及其邻近性描述

各站点依次进行编号，不同编号站点所在的空间分布如图 7.14(b)所示。进而，对不同站点的空间邻近性借助 Voronoi 的对偶图 Delaunay 三角网进行描述，如图 7.14(c)所示。分析图 7.14 可以发现，京津冀地区 150 个空气质量监测站点并非均匀分布，北京地区监测站点最多，而河北南部区域(如邢台、邯郸地区)等分布较少。

7.5.2　PM2.5 空气污染事件的时空扩散模式分析

首先，通过对整个研究区域 PM2.5 平均浓度与污染持续时间的空间分布概况进行探索分析，其中污染事件浓度阈值设置为 150mg/m^3。图 7.15 分别展示了各站点对应的污染平均浓度和持续时间。显然，平均污染浓度和污染持续时间的空间分布高度相似，且整个京津冀地区 PM2.5 污染最严重的区域为保定—石家庄地区，其次为衡水—沧州一带，北京地区呈较明显的南北递减趋势，张家口—承德等地污染最轻。

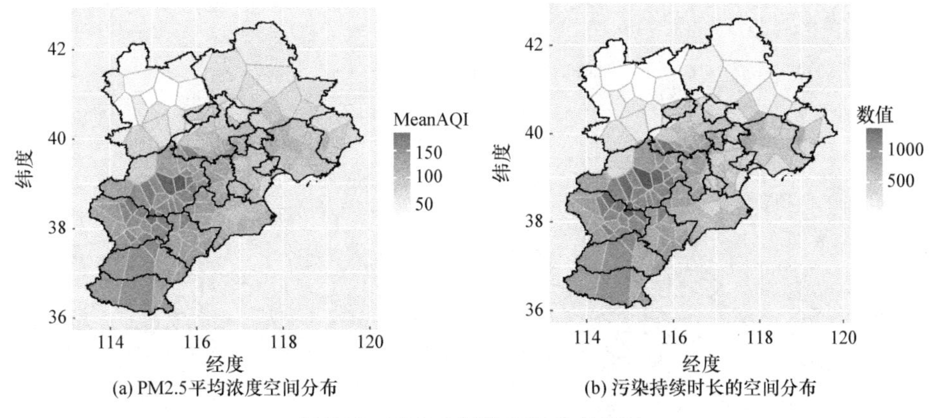

(a) PM2.5平均浓度空间分布　(b) 污染持续时长的空间分布

图 7.15　PM2.5 污染空间分布概况

然后，利用本章建立的地理事件表达模型计算整个观测期间所发生的空气污染事件，共计 496 次。并运用算法 7.1 探索地理事件中的时空扩散模式。其中，支持度为 0.1，允许的最大时间间隔为 6 小时，所得时空扩散模式的二维空间投影如图 7.16 所示。对于长度为 2、3 的扩散路径，按照支持度由高到低的顺序选取 8 条路径，列于表 7.2。以表 7.2 中{146→128}为例进行解释说明，该模式的含义为：若 146 号站点发生污染事件，则在随后的六个小时内，128 号站点也将会发生污染，且发生的可能性约为 45.3%。

结合图 7.16、表 7.2 可以发现，京津冀地区并未存在远距离的污染传播路径，但邻近区域的传播特征较为明显。其中，又以衡水、廊坊等地区的传播效应最为强烈，这说明衡水、廊坊地区应存在明显的 PM2.5 污染源。另一方面，尽管保定、石家庄等地区平均污染浓度最高(如图 7.15 所示)，但该地区的传播效应相对较弱，这可能与保定—石家庄的地形条件相关。该区域并非主要的污染源发生地，但该区域空气污染物不容易扩散，从而导致较长时间的汇集效应。此外，从图 7.16(b)、(c)亦可发现，廊坊到北京区域存在较强的传播效应，这也表明北京 PM2.5 的空气污染很可能与廊坊地区的工业排放有关。

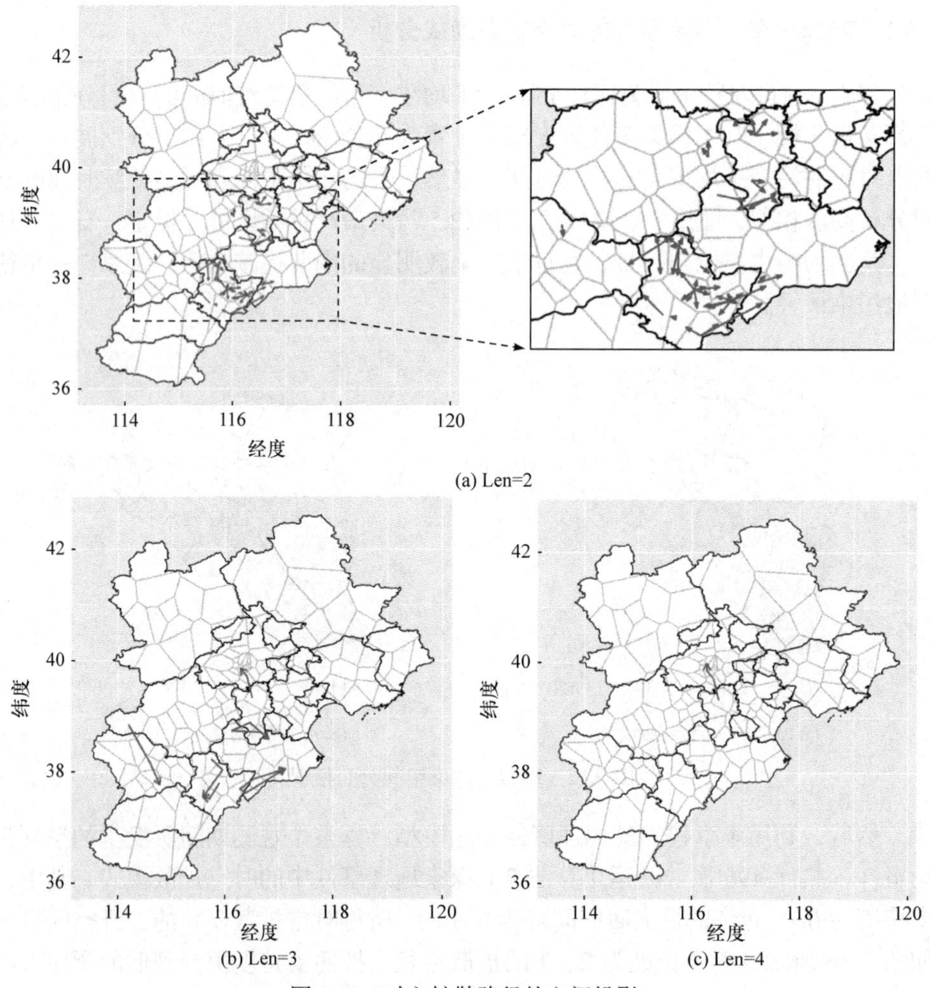

图 7.16 时空扩散路径的空间投影

表 7.2 时空扩散模式挖掘结果($\Delta T = 6\text{h}$)

扩散路径(Len = 2)	支持度	*p*-value	扩散路径(Len = 3)	支持度	*p*-value
{146→128}	0.453	0.00	{91→45→52}	0.217	0.00
{150→143}	0.409	0.01	{140→13→12}	0.186	0.00
{146→142}	0.355	0.01	{123→136→121}	0.169	0.01

续表

扩散路径(Len = 2)	支持度	*p*-value	扩散路径(Len = 3)	支持度	*p*-value
{150→144}	0.355	0.02	{123→141→121}	0.134	0.02
{149→145}	0.344	0.01	{146→144→143}	0.132	0.01
{150→148}	0.344	0.03	{149→131→129}	0.115	0.03
{142→96}	0.323	0.03	{150→147→143}	0.108	0.05
{149→131}	0.313	0.04	{149→133→129}	0.104	0.04

最后，对所有空气质量监测站点污染事件的发生度分布进行分析(如图 7.17 所示)，并将发生度排名前十的站点列于表 7.3。综合图 7.17 和表 7.3 可以发现，绝大多数空气污染事件开始于衡水、廊坊等地区，而不是平均污染浓度最高的保定—石家庄地区，与 7.3 节中时空扩散模式的分析结果一致。污染事件的地理起点很可能对应污染源的高排放区域，由此可推测，衡水、廊坊等区域存在显著污染源，应该适当加强排放控制。

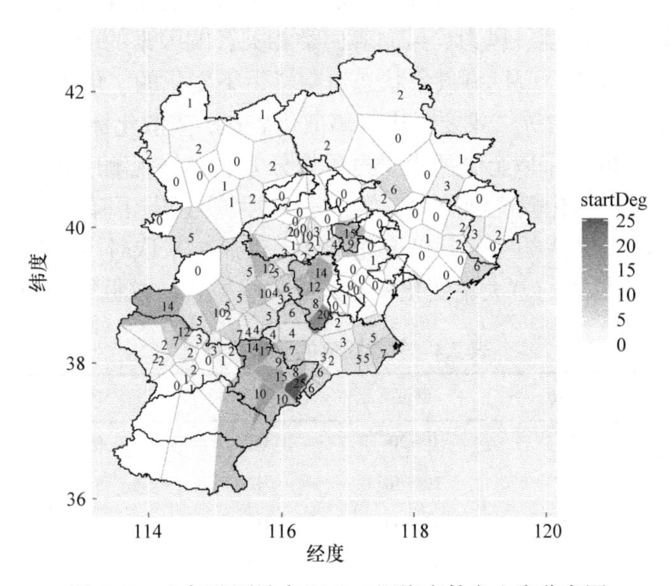

图 7.17 空气监测站点 PM2.5 污染事件发生度分布图

表 7.3 污染事件发生度排名前 10 的监测站点详细信息

排名	发生度计数	经纬度坐标	站点名称	所属地区
1	25	(116.269, 37.692)	泾县县委	衡水
2	20	(116.660, 38.712)	大城环保局	廊坊
3	17	(115.735, 38.230)	饶阳县环保局	衡水

续表

排名	发生度计数	经纬度坐标	站点名称	所属地区
4	16	(115.709, 37.520)	枣强县环保局	衡水
5	15	(115.893, 37.801)	武邑县环保局	衡水
6	15	(116.998, 39.890)	大城卫生局	廊坊
7	14	(115.53, 38.238)	安平县环保局	衡水
8	14	(116.505,39.328)	永清环保局	廊坊
9	14	(114.194,38.851)	阜平县环保局	保定
10	12	(116.398,39.132)	霸州顺达燃气站	廊坊

7.5.3 PM2.5 空气污染变化的时空关联因素探测

上一小节已经通过时空扩散模式挖掘方法揭示了京津冀地区 PM2.5 空气污染事件在空间的扩散情况。下面将进一步挖掘 PM2.5 变化的相关影响因素。实验数据中共包含温度、湿度、风力、风向等四类相关影响因素的信息。

首先，借鉴本体模型挖掘气象状态对空气污染变化的“允许”作用。具体地，先对温度、湿度、风力等气象要素进行离散化表达，离散化标准列于表 7.4。对于空气污染事件提取，采取上文所提子过程划分方法，将观测序列划分为若干子过程，并根据子过程变化幅度细分为三类，得到“大幅上升/下降”“中幅上升/下降”“小幅上升/下降”共六类空气污染变化事件。最后，采取时序关联模式挖掘算法(何占军等, 2018)提取与“大幅变化”相关的关联模式，挖掘结果列于表 7.5。

表 7.4　气象因素的离散化标准

温度	分级	湿度	分级	风力	分级
<–15	T1	0～20	H1	0～2	WS1
–15～–5	T2	20～40	H2	3～4	WS2
～5～5	T3	40～60	H3	5～6	WS3
5～15	T4	60～80	H4	7～8	WS4
>15	T5	80～100	H5	>9	WS5

表 7.5　空气污染变化事件与气象状态间的关联规则

编号	前件	后件	密度比	置信度	*p*-value
1	WS2	Drastic_up	1.35	6.8%	0.00
2	WS1	Drastic_up	1.58	7.7%	0.04
3	H5	Drastic_up	1.65	8.1%	0.03

续表

编号	前件	后件	密度比	置信度	*p*-value
4	H5-WS2	Drastic_up	1.96	9.6%	0.00
5	H1	Drastic_down	1.18	5.2%	0.03
6	H2	Drastic_down	1.33	5.8%	0.05
7	WS1	Drastic_down	1.50	6.5%	0.05

从表 7.5 可以看出，空气污染大幅上升主要发生在高湿度(H5)和低风力(WS1/WS2)的情形。相反地，空气污染大幅下降则伴随着低湿度(H1/H2)的情形。

为了进一步验证挖掘结果的有效性，将挖掘结果与统计卡方检验进行了对比分析。具体而言，分别统计不同空气污染变化状况下温度、湿度、风力的分布情况，并与预期值(独立分布)进行比较，卡方检验的二维相依表分别列于表 7.6 和表 7.7。显然，卡方检验结果表明，空气污染变化独立于温度，而与湿度、风力呈显著相关，这与表 7.5 中挖掘结果一致。

表 7.6 空气污染变化与湿度的二维相依表($p = 2.25\times10^{-8}$)

	观测值					期望值				
	H1	H2	H3	H4	H5	H1	H2	H3	H4	H5
Drastic_up	29	37	31	17	17	26	49	29	17	10
Drastic_down	6	52	34	15	10	26	49	29	17	11
Middle _up	14	57	37	26	5	28	52	30	18	11
Middle_down	5	38	38	13	13	21	40	23	14	8
Slight_up	16	38	28	17	13	22	42	24	15	9
Slight_down	25	51	21	22	5	25	47	27	16	10

表 7.7 空气污染变化与风力的二维相依表($p = 0.0005$)

	观测值					期望值				
	WS1	WS2	WS3	WS4	WS5	WS1	WS2	WS3	WS4	WS5
Drastic_up	13	81	29	7	1	8	60	40	17	6
Drastic_down	11	54	36	13	5	7	54	35	15	5
Middle_up	12	74	41	9	3	9	64	42	18	6
Middle_down	7	56	33	9	2	7	49	32	14	5
Slight_up	1	56	39	12	4	7	51	34	15	5
Slight_down	7	51	39	22	5	8	57	38	16	5

进而，借鉴本体模型挖掘邻近空间区域变化“事件”对本地空气污染事件的“诱发”作用。具体地，先指定参考中心站点(本地区域)，根据空气监测站点的

Delaunay 三角网进行邻近关系判定。如图 7.18 所示，展示了北京东四环北路监测站点(12 号站点)的二阶空间邻近图。在确定空间邻域后，需提取本体模型构建中的变化“事件”。在此，对于风力变量，根据风力大小分为五个等级(见表 7.4)；风向按方向分为八个类别；而对于温度和湿度变量，根据算法 7.2 自适应提取变化事件并按变化幅度将事件分为六类，不同变量的事件表达列于表 7.8。最后，采用融合本体模型的时空演变模式挖掘方法，发现本地空气污染事件“发生”与其空间邻近区域相关因素变化间的联动变化规律。以东四环北路站(12 号站点)为例，对应挖掘结果列于表 7.9。

表 7.8　不同变量的本体模型事件

变量	事件
温度	{T_drastic_up,T_middle_up,T_slight_up,T_drastic_down,T_middle_down,T_slight_down}
湿度	{H_drastic_up,H_middle_up,H_slight_up,H_drastic_down,H_middle_down,H_slight_down}
风力	{WS1,WS2,WS3,WS4,WS5}
风向	{WD_N, WD_NE, WD_E, WD_SE, WD_E, WD_SW, WD_W, WD_NW, None}
PM2.5	Start

表 7.9　北京东四环北路站空气污染事件的关联模式($\Delta T = 3$h，spatial_lag = 2)

编号	邻近站点编号	方向	前件	密度比	置信度	*p*-value
1	140	SE	Start	1.96	6.1%	0.02
2	140	SE	WD_SE	1.47	4.6%	0.00
3	140	SE	WS2	1.19	3.7%	0.03
4	28	SE	Start	1.58	6.3%	0.04
5	28	SE	WS2	1.22	4.8%	0.03
6	29	SE	Start	2.00	7.9%	0.00
7	29	SE	WS1	1.70	6.7%	0.03
8	29	SE	T_meadian_up	2.06	8.1%	0.05
9	29	SE	H_slight_down	2.13	8.4%	0.04
10	5	SW	Start	1.88	7.4%	0.02
11	5	SW	WS2	1.30	5.1%	0.00
12	10	NE	H_slight_up	2.11	8.3%	0.04
13	19	NW	WS2	1.39	5.5%	0.00
14	18	NW	WS2	1.21	4.8%	0.00

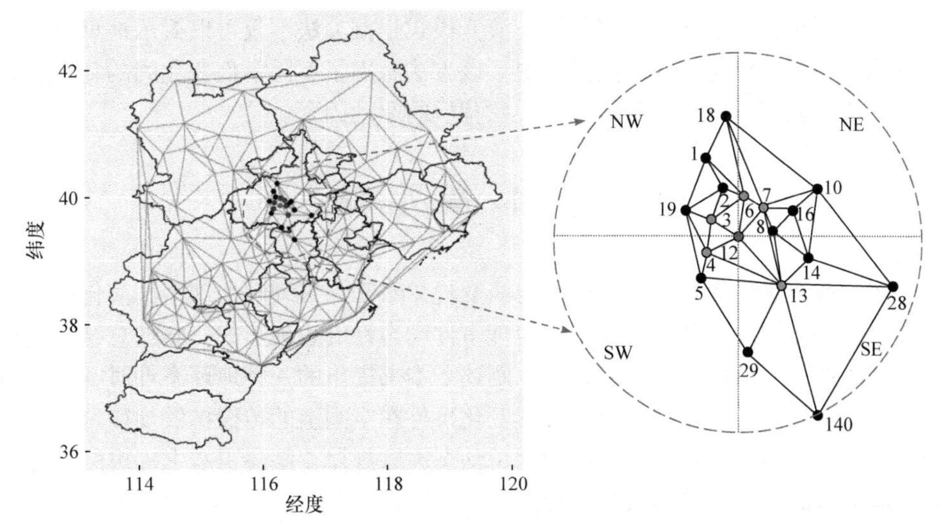

图 7.18　北京东四环北路监测站(12 号站点)的二阶空间邻近图

表 7.9 列出了北京东四环北路站点空气污染事件与其二阶邻近站点间的关联模式。其中，规则后件均为北京东四环北路站点发生的空气污染事件，前件所在列中“Start”表示邻近站点发生空气污染事件。同时，根据邻近站点与参考中心站点的位置将邻近站点分为东南(SE)、西南(WE)、东北(NE)、西北(NW)四个区域。因此，表 7.9 揭示了北京东四环北路站点发生的空气污染事件与其不同方向邻近站点间的关系。例如，规则 1 表明“若位于东南方位编号 140 站点处发生空气污染，则随后的 3 小时内北京东四环北路站点也会发生空气污染事件”。类似地，规则 2 表明“若位于东南方位编号 140 站点处刮东南风，则随后的 3 小时内北京东四环北路站点会发生空气污染事件”。综合表 7.9 中其他规则可得知：①不同方位邻近区域对该区域污染事件影响程度有所差异。相对而言，该区域污染事件的发生主要受到位于其南方邻近区域相关事件的影响，见表 7.9 中前 11 条规则；②同一方位邻近区域中不同类型事件对该区域污染事件影响程度也各不相同。相比于温度、湿度等因素的变化，邻近区域污染事件发生(如规则 1、4、6、10)与风力(如规则 3、5、7、11)对该区域空气质量影响更为显著。

综合表 7.5 和表 7.9 的挖掘结果可以发现：①空气污染浓度变化会受到本地气象因素的影响，其中，湿度和风力对空气污染浓度变化的影响较为显著，且高湿度、低风速更有利于空气污染浓度的累积；②空气污染事件的发生存在明显的邻近区域依赖效应。以 12 号站点所在区域为例，该区域空气污染事件发生的主要驱动因子有两类，分别为：东南方邻近站点发生空气污染事件和 3～4 级的东南风。换言之，该区域空气污染主要来源于邻近区域污染物的空气传输作用，而非本地产生。

由此可见，融合本体模型的时空演变模式挖掘方法不仅可以揭示地理事件发生所依赖的外界环境条件，同时，由于该方法考虑了不同事件变化间的动态联动关系，从而能够更有效地揭示地理现象背后的驱动因素。

7.6 本章小结

揭示地理事件的时空扩散过程与演变规律对于深入理解地理事件演化机制具有重要指导作用。本章首先介绍了地理事件动态性的表现形式，归纳总结了地理事件动态性的表达模型。进而，重点阐述了本书提出的一种地理事件时空扩散模式统计挖掘方法，用以揭示时空连续变化事件在空间上的传播扩散规律。为了进一步揭示地理事件变化背后的驱动因子动态关联规律，阐述了本书提出的一种融合本体模型的时空演变模式统计挖掘方法。最后，以京津冀区域 PM2.5 空气污染事件为例开展实验研究，通过实验表明地理事件时空扩散模式统计挖掘方法可以有效发现 PM2.5 空气污染扩散事件的频繁传播路径，刻画空气污染事件在空间上的扩散特征，有助于发现潜在的空气污染物空间来源；同时，融合本体模型的时空演变模式统计挖掘方法也可以更好地探测地理事件变化背后的驱动要素。

参考文献

何占军, 邓敏, 蔡建南, 等. 2018. 顾及背景知识的多事件序列关联规则挖掘方法. 武汉大学学报 · 信息科学版, 43(5): 766-772

吴立新, 吕鑫, 秦凯, 等. 2014. 秸秆焚烧期间徐州市空气污染物时空分布特征分析. 地理与地理信息科学, 30(1): 18-22+31.

薛存金, 周成虎, 苏奋振, 等. 2010. 面向过程的时空数据模型研究. 测绘学报, 39(1): 95-101.

杨波. 2013. 时空同现模式的研究. 上海: 华东理工大学.

赵恒, 王体健, 江飞, 等. 2009. 利用后向轨迹模式研究 TRACE-P 期间香港大气污染物的来源. 热带气象学报, 25(2): 181-186.

赵倩彪, 胡鸣, 张懿华. 2014. 利用后向轨迹模式研究上海市 PM2.5 来源分布及传输特征. 环境监测管理与技术, 26(4): 22-26.

Allen E, Edwards G, Bédard Y. 1995. Qualitative causal modeling in temporal GIS//International Conference on Spatial Information Theory, Vienna: 397-412.

Andrienko G, Andrienko N, Heurich M. 2011. An event-based conceptual model for context-aware movement analysis. International Journal of Geographical Information Science, 25(9): 1347-1370.

Benjamini Y, Hochberg Y. 1995. Controlling the false discovery rate: A practical and powerful approach to multiple testing. Journal of the Royal Statistical Society. Series B (Methodological): 289-300.

Bleisch S, Duckham M, Galton A, et al. 2014. Mining candidate causal relationships in movement patterns. International Journal of Geographical Information Science, 28(2): 363-382.

Cai J, Deng M, Liu Q, et al. 2019. A statistical method for detecting spatiotemporal co-occurrence patterns. International Journal of Geographical Information Science, 33(5): 967-990.

Chai S Y, Su F Z, Ma W L. 2012. An approach to discovering spatial-temporal patterns in geographical processes. Advances in Spatial Data Handling and GIS. Heidelberg: Springer.

Claramunt C, Parent C, Thériault M. 1998. Design Patterns for Spatio-temporal Processes. New York: Springer.

Galton A, Duckham M, Both A. 2015. Extracting Causal Rules from Spatio-Temporal Data. Cham: Springer.

Galton A. 2012. States, processes and events, and the ontology of causal relations//Proceedings of the 7th International Conference on Formal Ontology in Information Systems, Graz: 279-292.

Goodchild M F, Yuan M, Cova T J. 2007. Towards a general theory of geographic representation in GIS. International Journal of Geographical Information Science, 21(3): 239-260.

He Z, Deng M, Cai J, et al. 2019. Mining spatiotemporal association patterns from complex geographic phenomena. International Journal of Geographical Information Science, 34(6): 1162-1187.

Huang Y, Zhang L, Zhang P. 2008a. A framework for mining sequential patterns from spatio-temporal event data sets. IEEE Transactions on Knowledge and Data Engineering, 20(4): 433-448.

Huang Y, Kao L, Sandnes F, et al. 2008b. Efficient mining of salinity and temperature association rules from ARGO data. Expert Systems with Applications, 35(1): 59-68.

Liu J, Xue C, Dong Q, et al. 2019. A process-oriented spatiotemporal clustering method for complex trajectories of dynamic geographic phenomena. IEEE Access: 155951-155964.

Liu W, Li X, Rahn D A. 2016. Storm event representation and analysis based on a directed spatiotemporal graph model. International Journal of Geographical Information Science, 30(5): 948-969.

McIntosh J, Yuan M. 2005. A framework to enhance semantic flexibility for analysis of distributed phenomena. International Journal of Geographical Information Science, 19(10): 999-1018.

Mohan P, Shekhar S, Shine J A, et al. 2012. Cascading spatio-temporal pattern discovery. IEEE Transactions on Knowledge and Data Engineering, 24(11): 1977-1992.

Qian F, He Q M, He J F. 2009. Mining spread patterns of spatio-temporal co-occurrences over zones. International Conference on Computational Science and Its Applications: 677-692.

Tucker D F, Li X. 2009. Characteristics of warm season precipitating storms in the Arkansas-Red River basin. Journal of Geophysical Research, 114: D131108.

Wang J, Hsu W, Lee M L. 2005. A framework for mining topological patterns in spatio-temporal databases//Proceedings of the 14th ACM international conference on Information and knowledge management, Bremen: 429-436.

Yuan M. 2001. Representing complex geographic phenomena in GIS. Cartography and Geographic Information Science, 28(2): 83-96.

Yuan M. 2007. GIS approaches for geographic dynamics understanding and event prediction// Proceedings of SPIE, Orlando: 6578.

Yuan M, Hornsby K S. 2007. Computation and Visualization for Understanding Dynamics in Geographic Domains: A Research Agenda. Boca Raton: CRC Press.

第 8 章　总结与展望

8.1　本书主要内容总结

随着对地观测技术、传感网技术、互联网等技术的发展，地理空间数据的获取越来越便捷，数据量呈指数级增长，地理信息科学已进入大数据时代。对地观测大数据与人类行为大数据为全面开展自然地理要素和人文要素关联关系的定量研究提供了新的契机。如何从海量、多源、多类型地理空间数据中发现地理要素间的关联关系，对于地理现象的空间分布格局理解、关联因子探测、演化趋势预测等研究均具有重要的指导意义。地理空间关联模式挖掘作为发现人文与自然要素间关联关系的有力工具，受到了国内外学者的广泛关注，并有望成为地理大数据时代推进“人地关系”研究的重要突破口。

当前地理空间关联模式挖掘方法研究日趋成熟，并在众多应用领域中发挥了重要作用。但是，现有方法大多是事务型关联规则的概念延伸与挖掘模型在时空域的拓展，缺乏对地理现象空间认知理解与地理知识的引导，使得算法参数设置严重依赖于主观经验，挖掘结果的地理可解释性差、可靠性低，难以客观揭示地理要素间的关联关系。为此，本书在系统回顾国内外相关研究进展的基础上，充分考虑地理空间数据的特性，结合地理空间认知与空间统计理论，构建全局空间关联模式、局部空间关联模式、异常关联模式和时空关联模式的挖掘模型，开展了相关实例研究。具体内容主要包括：

(1) 详细阐述了地理空间关联模式挖掘的问题由来、发展脉络、方法分类以及代表性工作，在此基础上，提炼了当前研究的核心问题及其在地理空间关联模式挖掘四个重要环节上的具体表现。进而，分析了地理空间关联模式挖掘与传统事务型关联模式挖掘的差异，探讨了地理空间认知理论对于地理空间关联模式挖掘的指导意义，建立了地理空间关联模式挖掘的认知基础。

(2) 系统回顾了空间点数据全局关联模式的代表性挖掘方法，分析发现现有空间关联模式挖掘方法严重依赖于人为主观设置的频繁度阈值，忽略了地理要素自相关特征的影响。为此，详细阐述了本书作者基于非参数统计思想提出的三种统计挖掘方法，分别用于发现欧氏空间同现模式、网络空间同现模式以及空间同分布模式，并且采用生态物种、城市设施以及健康数据集验证了所提方法的有效性。

(3) 深入解释了空间点数据局部关联模式的产生原因及其地理内涵，通过归纳分析现有工作，发现目前方法中人为设置的划分或聚类参数难以自适应空间同现模式分布的不均匀性，且主观选择的模式筛选参数不能客观评价结果的有效性。为此，本书发展了一种基于自适应模式聚类的局部关联模式多层次统计挖掘方法，实现空间关联模式从全局到局部的统计显著性评价，界定了其有效的空间影响域，并运用所提方法识别了不同湿地物种间的多层次共生关系，验证了方法的有效性。

(4) 描述了异常关联模式的挖掘任务，分析了空间关联模式在局部层次的异常表现形式。现有方法在局部层次仅能揭示空间关联模式分布的区域性差异，难以进一步刻画不同要素间关联强度的空间变异，且挖掘结果可能受到区域形状大小与要素分布模型等诸多假设的限制。为此，本书给出了地理空间异常关联模式的地理内涵，发展了相应的非参数统计挖掘方法，并采用该方法探测了城市出租车供需不平衡区域，论证了该方法的有效性。

(5) 对时空关联模式挖掘方法的代表性工作进行了分类描述与深入剖析，明确指出当前时空关联模式挖掘模型中未顾及地理要素时空分布特征(如时空自相关)且没有对挖掘结果进行显著性评价的问题。为此，本书从时空统计学的角度出发，提出了两种时空关联模式的挖掘方法，并结合城市犯罪数据集，验证了所提方法对于揭示犯罪事件并发规律的实用价值。

(6) 系统回顾了地理事件时空关联模式挖掘方法的代表性工作，分析发现现有方法难以分析时空连续变化的地理事件。为此，本书发展了两种顾及地理事件动态性的时空关联模式统计挖掘方法，拓展了现有方法面对复杂地理事件的适用性，并以京津冀地区空气污染事件为例对所提方法进行了实例分析。

8.2　未来研究工作展望

本书结合作者自身的研究对当前地理空间关联模式挖掘的理论方法及其实际应用进行了梳理与总结。然而，面对海量、高动态、多模态、全周期的地理大数据，当前地理空间关联模式挖掘方法的计算性能与适应性仍有待进一步提升，作者认为未来需要在以下几个方面开展深入的研究工作，具体包括：

(1) 地理大数据的“5V”与“5 度”特征对地理空间关联模式挖掘的计算性能提出了严峻挑战。尽管当前关于并行计算等高性能计算研究已经开展了大量工作，但高性能计算模型中地理数据特性的建模仍未引起足够的重视，需要研究面向地理大数据的实时或近实时关联模式的高性能计算方法。

(2) 人类行为大数据多以数据流(如人流、车流和信息流)的形式存在，不同于对地观测大数据所聚焦的位置数据，流数据能够表达不同地理位置或区域间的交互信息，需要进一步认知时空流数据中地理空间关联模式的新型表现形式及其地理内涵，并发展相应的流数据关联模式挖掘方法。

(3) 地理大数据通常具有多模态特征，如多粒度、多形态、多特征等，这些多模态信息使得复杂地理要素的刻画更加精细，面向空间点数据的地理空间关联模式挖掘方法难以发挥地理大数据多模态信息的价值，为此，需要研究融合多模态信息的复杂地理要素空间/时空关联模式的挖掘方法。

(4) 地理现象从诞生、发展、变化到消亡的全生命周期特征表达在地理大数据时代已成为可能，如何实现地理空间大数据关联关系演化特征的全链建模将更加困难，建立面向地理空间大数据全周期过程的同现演化模式动态挖掘模型是未来值得关注的一项研究热点。

彩　图

(a) 网络约束下的均质分布

(b) 网络约束下的非均质分布

图 3.14　基于分布强度函数的网络约束建模

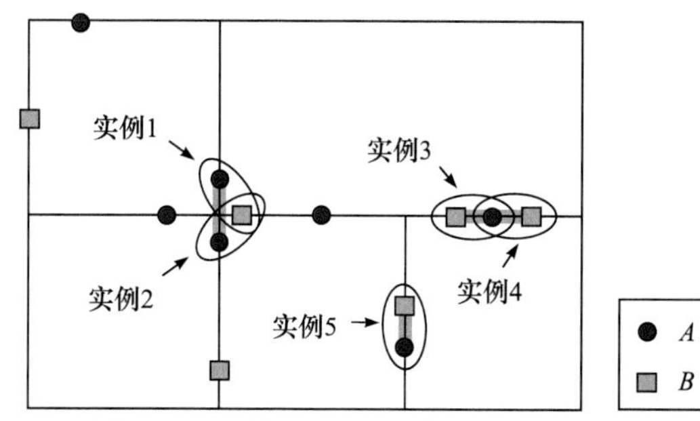

图 3.15　网络空间同现模式{A, B}的实例

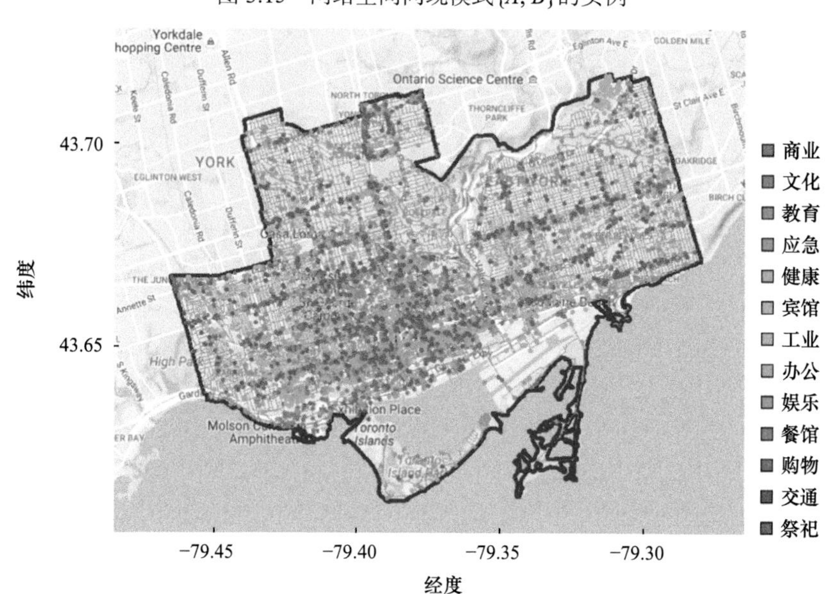

图 3.16　加拿大多伦多市南部地区设施兴趣点与道路网络的空间分布

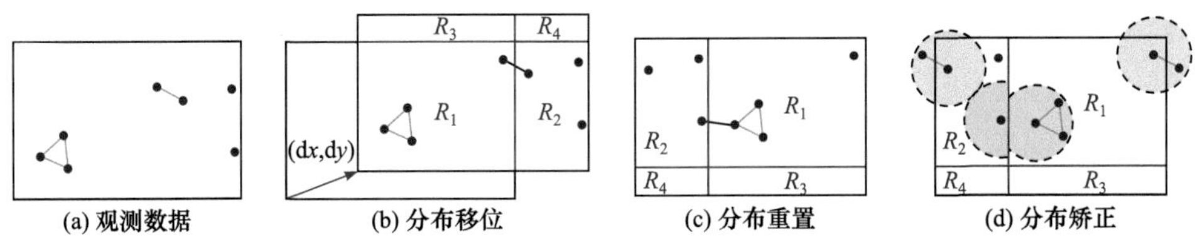

图 3.24　基于分布移位矫正方法的分布结构重建

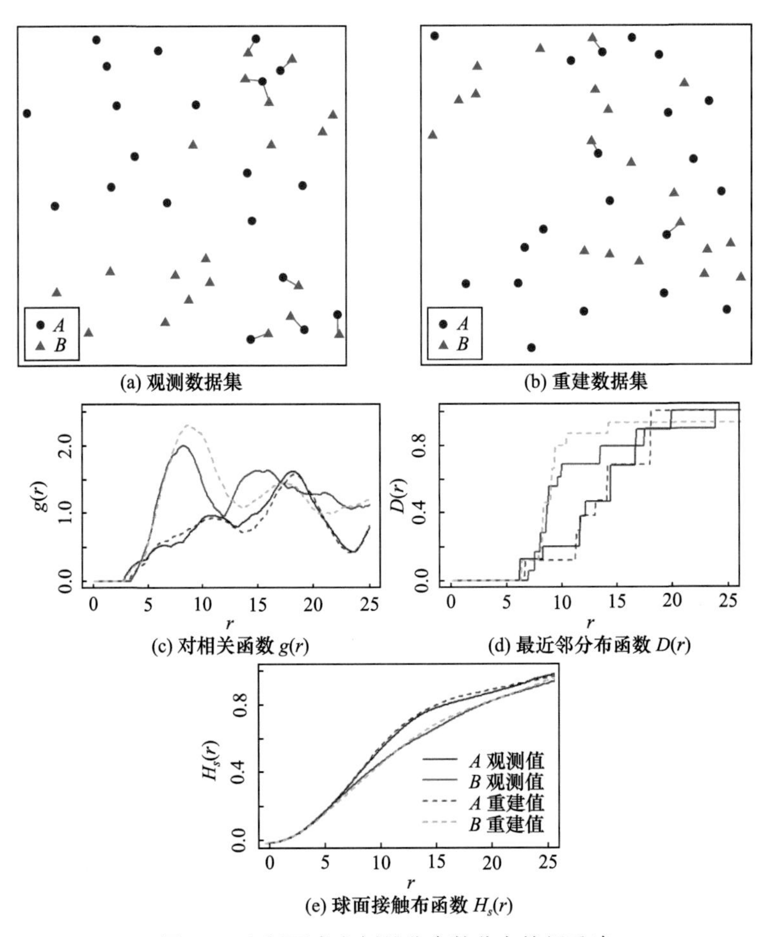

图 4.4　空间要素实例的非参数分布特征重建

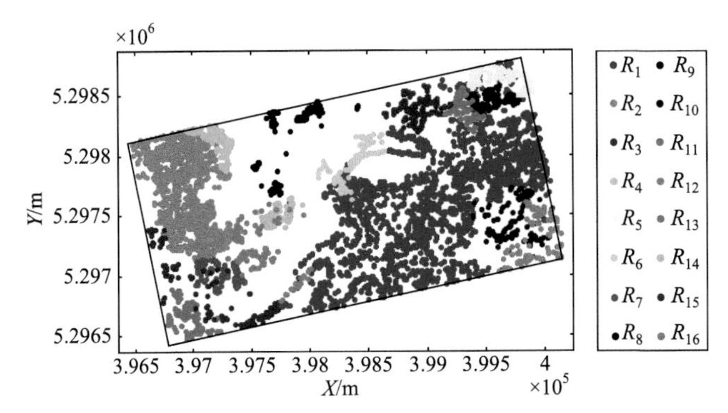

图 4.9 生态物种数据集中 KNNG 方法的挖掘结果

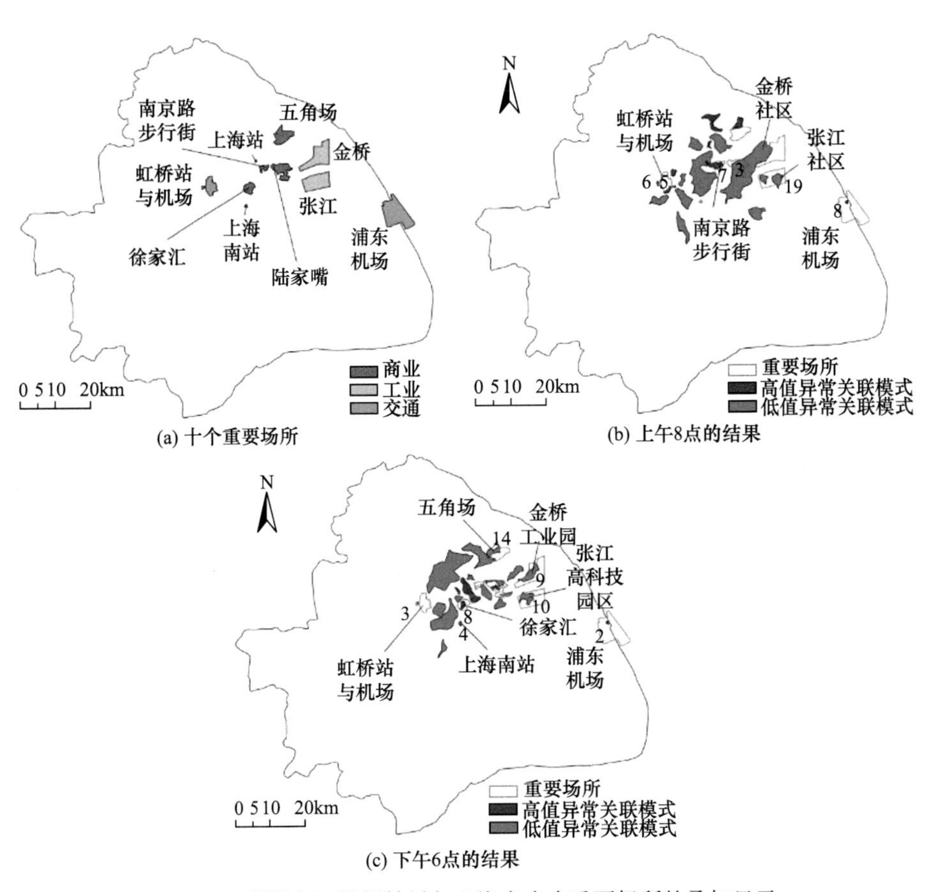

图 5.9 所提方法挖掘结果与上海市十个重要场所的叠加显示

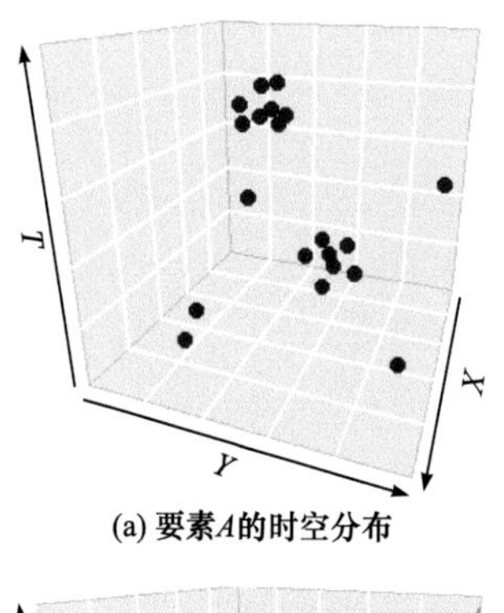

(a) 要素A的时空分布

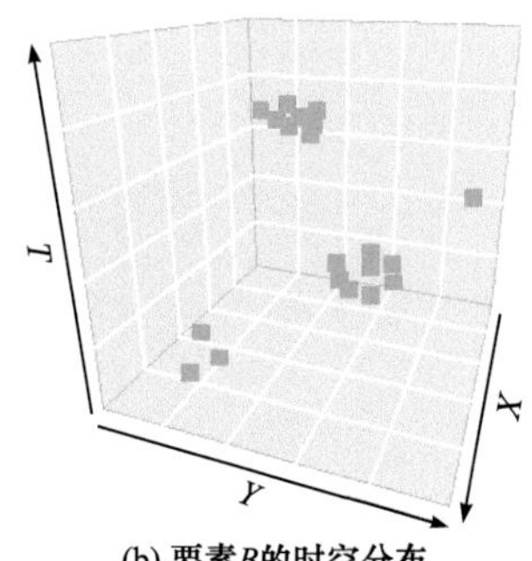

(b) 要素B的时空分布

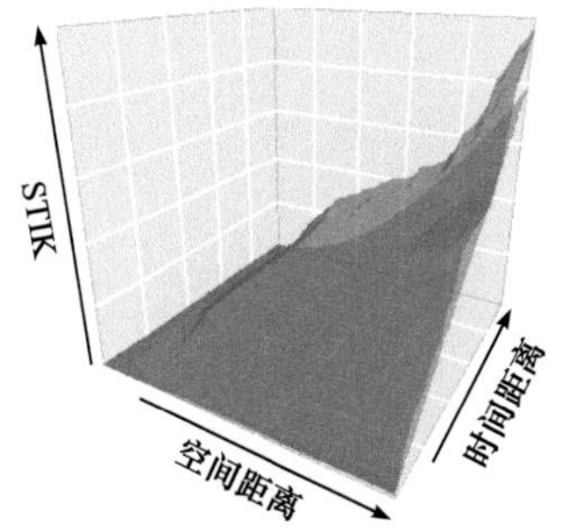

(c) 要素A的时空非均质K函数估计曲面

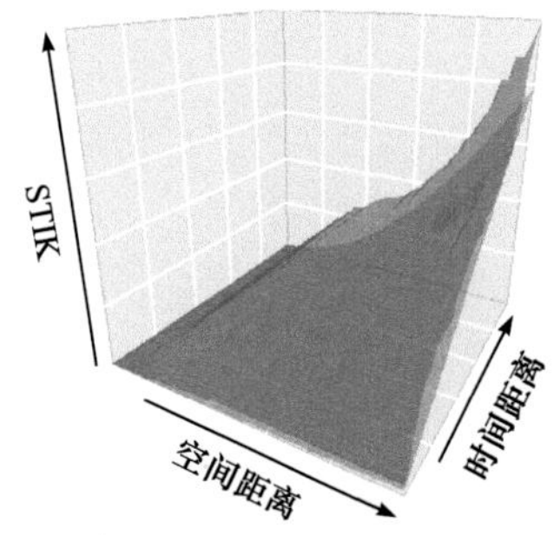

(d) 要素B的时空非均质K函数估计曲面

图 6.7　时空要素分布及其非均质 K 函数估计曲面

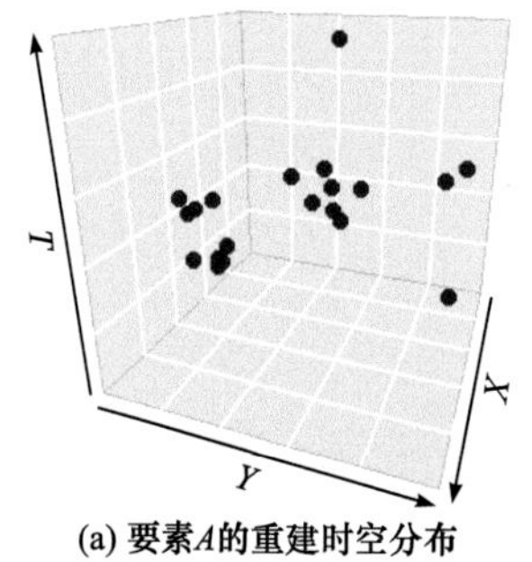

(a) 要素A的重建时空分布

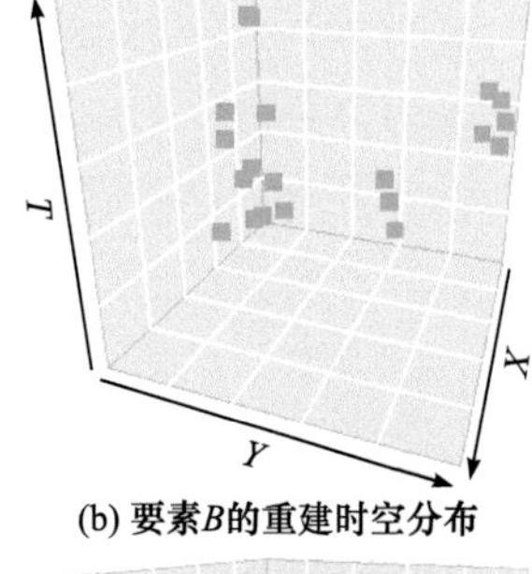

(b) 要素B的重建时空分布

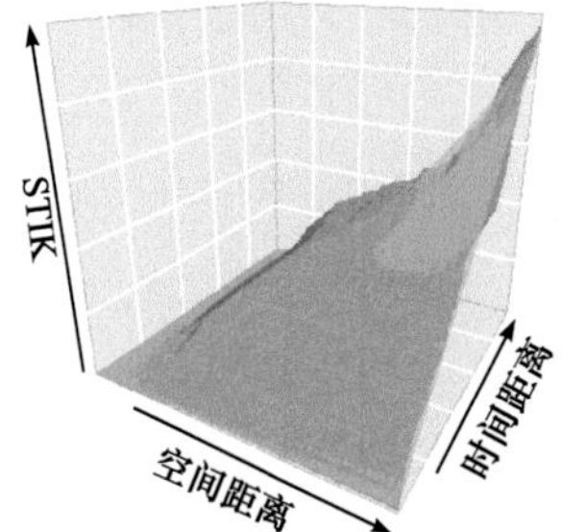

(c) 要素A的时空非均质K函数拟合曲面

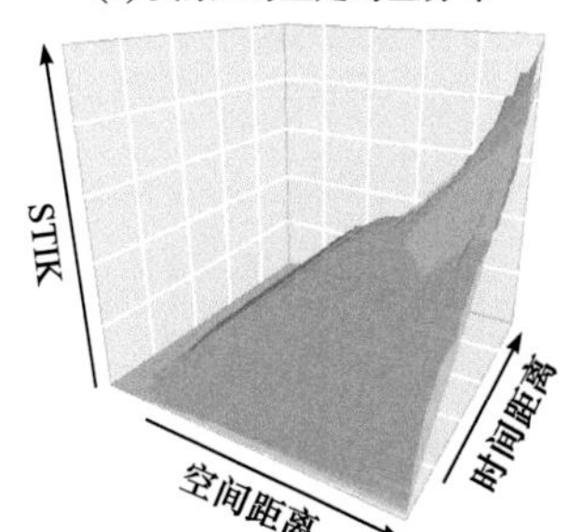

(d) 要素B的时空非均质K函数拟合曲面

图 6.8　时空要素的重建分布及其时空非均质 K 函数拟合曲面